智能制造工程师系列

# 综合自动化系统安装与调试

主　编：熊国灿　董嘉伟　张　豪
副主编：高金晖　魏仁胜　李俊粉　黄　涛
参　编：孟淑丽　王艳淼　顾　刚　陈慧敏　杨　军

机械工业出版社

本书以"IFAE智能产线综合实训系统"为项目载体，设置4个学习情境12个项目总计36个任务。按照由易到难、由简单到复杂、由部分到总体的顺序介绍综合自动化系统和智能产线的概念、专项技术、单站安装与调试和综合集成，通过本书的学习，读者可掌握智能制造中智能产线系统综合装调的知识与技能，培养自动化系统或设备操作、安装、调试、维护、管理及技术服务等岗位职业能力。

本书既可作为"西门子杯"中国智能制造挑战赛离散行业自动化方向的训练指导书，也可作为职业院校电气自动化技术、机电一体化技术及相关专业的参考教材，还可作为相关技术人员的参考书。

本书配有教学视频（扫描书中二维码直接观看）及电子课件等教学资源，需要配套资源的教师可登录机械工业出版社教育服务网 www.cmpedu.com 免费注册后下载。

**图书在版编目（CIP）数据**

综合自动化系统安装与调试/熊国灿，董嘉伟，张豪主编. —北京：机械工业出版社，2023.6（2025.1重印）
（智能制造工程师系列）
ISBN 978-7-111-73098-9

Ⅰ.①综⋯　Ⅱ.①熊⋯　②董⋯　③张⋯　Ⅲ.①自动化系统-设备安装②自动化系统-调试方法　Ⅳ.①TP27

中国国家版本馆 CIP 数据核字（2023）第 073830 号

机械工业出版社（北京市百万庄大街22号　邮政编码100037）
策划编辑：罗　莉　　　　　　　责任编辑：罗　莉
责任校对：郑　婕　翟天睿　　　封面设计：鞠　杨
责任印制：常天培
北京机工印刷厂有限公司印刷
2025 年 1 月第 1 版第 2 次印刷
184mm×260mm · 23.5 印张 · 624 千字
标准书号：ISBN 978-7-111-73098-9
定价：99.00 元

电话服务　　　　　　　　　　网络服务
客服电话：010-88361066　　机　工　官　网：www.cmpbook.com
　　　　　010-88379833　　机　工　官　博：weibo.com/cmp1952
　　　　　010-68326294　　金　书　网：www.golden-book.com
**封底无防伪标均为盗版**　　机工教育服务网：www.cmpedu.com

# 前 言

本书为特高建设——北京市职业院校工程师学院项目及西门子智能制造工程师系列图书之一。本书采用项目驱动式的学习情境编写模式，以"西门子杯"中国智能制造挑战赛离散行业自动化方向（工程实践）的技能大赛平台"IFAE 智能产线综合实训系统"为项目载体，提炼智能产线的基本认知、专项应用技术、系统安装与调试等方面的知识和技能，将综合自动化系统主要技术有机融合，由易到难、由简单到复杂、由部分到总体，使读者掌握综合自动化系统安装与调试技术所必须掌握的知识和技能，培养自动化系统或设备操作、安装、调试、维护、管理及技术服务等岗位职业能力。本书可作为"西门子杯"中国智能制造挑战赛离散行业自动化方向的训练指导书，也可作为职业院校电气自动化技术、机电一体化技术及相关专业的参考教材，还可作为相关技术人员的参考书。

本书在编写过程中充分考虑职业教育人才培养要求和课程特点，以智能制造行业的技术岗位人才培养为目标，在内容组织和安排上有以下特点：

1. 采用项目驱动式学习情境编写模式。以"IFAE 智能产线综合实训系统"为项目载体，依据认知→参与→集成→拓展的学习方式和教学规律将本书内容整合为 4 个学习情境：学习情境一为认知准备篇——初识综合自动化系统；学习情境二为专项技术篇——智能产线系统专项技术；学习情境三为实战操作篇——智能产线各工作站单站安装与调试；学习情境四为综合集成篇——智能产线系统综合调试。充分展现智能制造中智能产线系统综合装调的知识与技能。

2. 遵循认知规律，循序渐进展开内容。每个学习情境包含若干项目和任务，由易到难，从简单到复杂，由单元到整体，循序渐进逐步完成综合自动化系统安装与调试各项知识和技能的实践训练。在编写过程中突出识图能力、安装接线能力、程序设计与调试能力、故障分析与排除能力和创新能力的培养，满足智能制造技术人才培养中对基础扎实、知识系统、能力综合的要求。

3. 采用任务驱动的编写模式。在组织和实施过程中，由一个个引导问题和技能训练点为主题引领读者对知识和技能的学习和训练，知识学习和技能训练穿插应用，体现内容上的"活"和形式上的"活"。

4. 融入思政元素，强化育人目标。在每个学习情境的安排上，从知识讲解到技能实操，不刻板说教，力求用潜移默化的形式把相关思政元素融入其中。

本书由北京经济管理职业学院熊国灿、上海建桥学院董嘉伟、北京德普罗尔科技有限公司张豪担任主编；北京德普罗尔科技有限公司高金晖，北京经济管理职业学院魏仁胜、李俊粉、黄涛担任副主编；北京经济管理职业学院孟淑丽、王艳淼、陈慧敏、杨军和北京德普罗尔科技有限公司顾刚参与了编写和审阅工作。北京德普罗尔科技有限公司顾刚为本书提供了大量素材资料。北京经济管理职业学院电气自动化技术专业学生孙荣强、高默涵、卢谦、张郑冉、肖菲、刘涵、曾艺参与了部分章节的校稿工作，北京经济管理职业学院人工智能学院相关领导和同事也给予了很多支持和帮助，同时本书在编写过程中参阅了大量文献资料，对于提供这些资源的作者，在此一并表示衷心感谢。

由于编者水平有限，书中难免存在不妥和错误之处，恳请各位同仁、专家及读者不吝指教，提出宝贵意见，以便今后修订和完善。

课程介绍

编　者

# 二维码清单

| 名　称 | 图形 | 页码 | 名　称 | 图形 | 页码 |
|---|---|---|---|---|---|
| IFAE 智能产线工艺展示动画 | | 3 | 触摸屏监控产线运行视频 | | 340 |
| 主件供料工作站运行视频 | | 20,34, 46,64, 71,307 | 主件供料工作站的气动回路图和电气原理图 | | 52 |
| 次品分拣工作站运行视频 | | 28,88, 110,115 | 主件供料工作站测试程序 | | 64 |
| 旋转工作站运行视频 | | 131,150 | 次品分拣工作站的气动回路图和电气原理图 | | 95 |
| 方向调整工作站运行视频 | | 165,185 | 次品分拣工作站测试程序 | | 110 |
| 产品组装工作站运行视频 | | 204,222 | 旋转工作站的气动回路图和电气原理图 | | 137 |
| 产品分拣工作站运行视频 | | 236,254 | 旋转工作站测试程序 | | 150 |
| 智能产线整机运行视频 | | 324,345 | 方向调整工作站的气动回路图和电气原理图 | | 172 |

（续）

（续）

# 目　　录

# 学习情境一　初识综合自动化系统
## （认知准备篇）

**情境描述：** 智能制造生产线是指利用智能制造技术实现产品生产过程的一种生产组织形式。它覆盖了自动化设备、数字化车间、智能化工厂3个层次，贯穿了智能管理、智能监控、智能加工、智能装配、智能检测、智能物流6大智能制造环节；融合"数字化、自动化、信息化、智能化"4化共性技术；包涵智能工厂与工厂控制系统、在制品与智能机器、在制品与工业云平台、智能机器与智能机器、工厂控制系统与工厂云平台、工厂云平台与用户、工厂云平台与协作平台、智能产品与工厂云平台等工业互联网8类连接的全面解决方案。

# 项目1　智能制造产线认知

| 项目1　智能制造产线认知 | 学时：4学时 |
| --- | --- |

## 学习目标

**知识目标**

（1）了解自动化产线分类发展及应用

（2）了解典型自动化产线的基本组成

（3）了解IFAE智能产线实训系统的结构特点

（4）熟悉IFAE智能产线实训系统的工作流程

（5）熟悉智能产线常见安全标识

（6）了解设备运行前检查事项及其重要性

（7）掌握点检表的填写范例

（8）了解智能产线的操作规程

**能力目标**

（1）能用工艺流程图描述智能产线工作流程

（2）能正确识别智能产线常见的安全标识

（3）能按要求规范填写智能产线点检表

（4）能按操作规程正确操作智能产线

**素质目标**

（1）学生应树立职业意识，并按照企业的"8S"（整理、整顿、清扫、清洁、素养、安全、节约、学习）质量管理体系要求自己

（2）操作过程中，必须时刻注意安全用电，严禁带电作业，严格遵守电工安全操作规程

（3）爱护工具和仪器仪表，自觉地做好维护和保养工作

（4）具有吃苦耐劳、严谨细致、爱岗敬业、团队合作、勇于创新的精神，具备良好的职业道德

## 教学重点与难点

**教学重点**

（1）IFAE智能产线基本组成

（2）点检表的规范填写及正确汇报方法

**教学难点**

（1）点检表的正确填写

（2）点检表的正确描述

（续）

| 任务名称 | 任务目标 |
| --- | --- |
| 任务 1.1　认识 IFAE 智能产线 | （1）认识自动化生产线的基本组成<br>（2）认识 IFAE 智能产线实训系统的基本组成<br>（3）了解 IFAE 智能产线实训系统的工作流程 |
| 任务 1.2　智能产线安全操作 | （1）熟悉智能产线常见的安全标识，培养智能产线操作安全意识<br>（2）了解设备运行前检查事项及其重要性<br>（3）掌握点检表的填写范例及正确描述和汇报方法<br>（4）了解智能产线操作规程 |

# 任务 1.1　认识 IFAE 智能产线

## ▶ 任务工单

任务 1.1-1　认识自动化生产线

| 任务名称 | | | | 姓名 | |
| --- | --- | --- | --- | --- | --- |
| 班级 | | 组号 | | 成绩 | |
| 工作任务 | 任务描述：查阅文献和资料，了解自动化生产线的应用情况及基本组成特点；针对实训室 IFAE 智能产线实训平台，学习了解典型产线的基本组成及工作流程，能用流程图形式描述产线的工艺流程<br>◆ 阅读和查阅文献资料，了解自动化生产线的发展及应用情况，了解自动化生产线的基本组成，并完成引导问题<br>◆ 观看 IFAE 智能产线工艺展示动画，了解 IFAE 智能产线的结构组成及工艺流程<br>◆ 用流程图的形式表示 IFAE 智能产线的工作流程 | | | | <br>IFAE 智能产线工艺展示动画 | |
| 任务目标 | 知识目标<br>• 了解自动化生产线发展及应用<br>• 了解典型自动化生产线的基本组成<br>• 了解 IFAE 智能产线实训系统的结构特点<br>• 熟悉 IFAE 智能产线实训系统的工作流程<br>能力目标<br>• 能正确理解自动化生产线的基本组成<br>• 能介绍清楚 IFAE 智能产线的基本组成及各站功能特点<br>• 能用流程图的形式表示 IFAE 智能产线的工作流程<br>素质目标<br>• 良好的协调沟通能力、团队合作及敬业精神<br>• 良好的职业素养，遵守实践操作中的安全要求和规范操作注意事项<br>• 勤于思考、善于探索的良好学习作风<br>• 勤于查阅资料、善于自学、善于归纳分析 | | | | | |

（续）

| 任务准备 | 工具准备<br>• A4 纸、便利贴、彩色笔、看板<br>软硬件环境<br>• 智能自动化工厂综合实训平台—标准版及以上版本 | | |
| --- | --- | --- | --- |
| 任务分配 | 职务 | 姓名 | 工作内容 |
| | 组长 | | |
| | 组员 | | |
| | 组员 | | |

## 🔁 任务资讯与实施

【引导问题 1】 查阅相关资料，举例说说你所理解或者接触的自动化生产线有哪些？

_____

_____

_____

_____

### 1.1.1 自动化生产线

自动化生产线是在没有人直接参与的情况下，由自动执行装置（包括各种执行部件、机构，如电动机、电磁铁、电磁阀、气动元件、液压元件等），经各种检测装置（包括各种检测仪器，传感器，仪表等），检测各装置的工作进程、工作状态，经逻辑、数理运算、判断，按生产工艺要求的程序，自动进行生产作业的流水线。图 1-1-1 为某工厂自动化生产线示意图，加工对象自动地由一台机床传送到另一台机床，并由机床自动地进行加工、装卸、检验等；工人的任务仅是调整、监督和管理自动线，不参加直接操作。

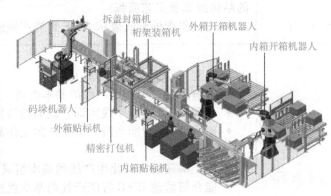

图 1-1-1　某工厂自动化生产线示意图

自动化技术广泛用于工业、农业、军事、科学研究、交通运输、商业、医疗、服务和家庭等方面。采用自动化生产线不仅可以把人从繁重的体力劳动、部分脑力劳动以及恶劣、危险的工作环境中解放出来，而且能扩展人的器官功能，极大地提高劳动生产效率，增强人类认识世界和改造世界的能力。

【引导问题2】 查阅相关资料，简述自动化生产线的基本组成。

_____

_____

_____

_____

## 1.1.2 自动化生产线的基本组成

自动化生产线可以视为一个机电一体化系统，一个典型的机电一体化系统主要由机械本体部分、检测与传感部分、电子控制单元、执行器和动力部分组成。

以智能产线工作站第3站旋转工作站为例，如图1-1-2所示。

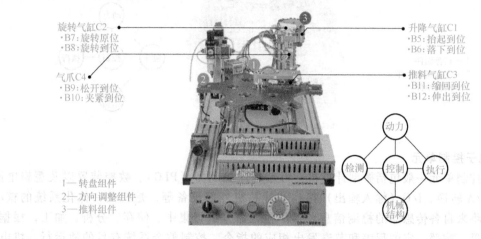

图1-1-2 旋转工作站

### 1. 机械本体部分

自动化生产线的机械本体部分包括：机身、框架、运动机构和机械连接等，是系统所有功能元素的机械支撑结构。由于机电一体化产品技术性能、水平和功能的提高，机械本体要在机械结构、材料、加工工艺性以及几何尺寸等方面适应产品高效率、多功能、高可靠性和节能、小型、轻量、美观等要求。如图1-1-3所示。

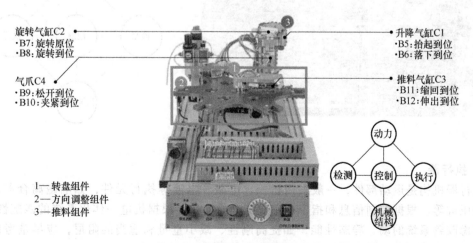

图1-1-3 旋转工作站机械本体

## 2. 检测与传感部分

检测与传感部分包括各种传感器及其信号检测电路，对系统运行中所需要的本身和外界环境的各种参数及状态进行检测，变成可识别的信号，传输到信息处理单元，经过分析、处理后产生相应的控制信息。其功能一般由专门的传感器及转换电路完成，如图 1-1-4 所示。

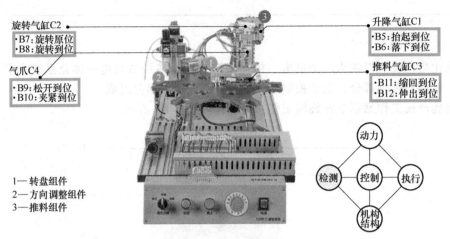

旋转气缸C2
•B7：旋转原位
•B8：旋转到位

气爪C4
•B9：松开到位
•B10：夹紧到位

升降气缸C1
•B5：抬起到位
•B6：落下到位

推料气缸C3
•B11：缩回到位
•B12：伸出到位

1—转盘组件
2—方向调整组件
3—推料组件

图 1-1-4　旋转工作站检测传感部分

## 3. 电子控制单元

电子控制单元一般包括微型计算机、可编程序控制器（PLC）、数控装置以及逻辑电路、A/D 与 D/A 转换、I/O（输入输出）接口和计算机外部设备等，是机电一体化系统的核心。主要负责将来自各传感器的检测信息和外部输入命令进行集中、储存、分析、加工，根据信息处理结果，按照一定的程序和节奏发出相应的指令，控制整个系统有目的地运行。机电一体化系统对控制和信息处理单元的基本要求是提高信息处理速度，提高可靠性，增强抗干扰能力以及完善系统自诊断功能，实现信息处理智能化。如图 1-1-5 所示。

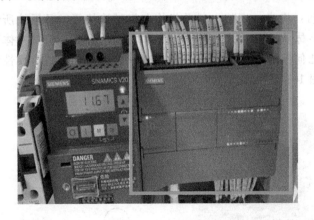

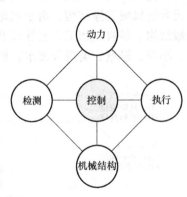

图 1-1-5　旋转工作站电子控制单元

## 4. 执行器

执行器机构是运动部件，一般采用机械、电磁、电液等执行元件，如电磁离合器、电动机、液压缸等。根据控制信息和指令，完成要求的动作。根据机电一体化系统的匹配性要求，需要考虑改善系统的动、静态性能，如提高刚性、减小重量和适当的阻尼，应尽量考虑组件化、标准化和系列化，提高系统整体可靠性等，如图 1-1-6 所示。

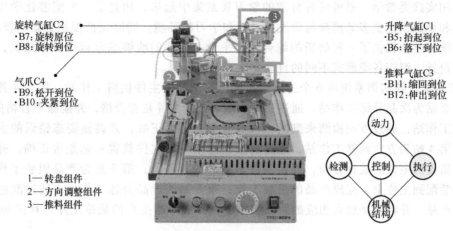

旋转气缸C2
·B7: 旋转原位
·B8: 旋转到位

气爪C4
·B9: 松开到位
·B10: 夹紧到位

升降气缸C1
·B5: 抬起到位
·B6: 落下到位

推料气缸C3
·B11: 缩回到位
·B12: 伸出到位

1—转盘组件
2—方向调整组件
3—推料组件

图 1-1-6　旋转工作站执行器

### 5. 动力部分

动力部分包括电源、气源、液压等，它可以按照系统控制的要求，为系统提供所需的能量和动力，保证系统的正常运行。用尽可能小的动力输入获得尽可能大的功能输出，是机电一体化产品的显著特征之一。

驱动部分是在控制信息作用下提供动力，驱动各执行机构完成各种动作和功能。由于电力电子技术的高度发展，高性能的步进驱动、直流伺服和交流伺服驱动方式大量应用于机电一体系统，如图 1-1-7 所示。

图 1-1-7　旋转工作站动力源

【引导问题 3】　观察 IFAE 智能产线实训系统，阅读相关资料，简述该系统的基本组成及各工作站的基本功能。

_____

_____

_____

_____

## 1.1.3　学习载体——IFAE 智能产线实训系统介绍

### 1. IFAE 智能产线实训系统基本组成

离散行业智能制造综合实训系统抽象自真实工业中的自动化生产线，涵盖了供料、检测、组装、装卸运输等典型工业场景，可面向学

任务 1.1-2　认识 IFAE
智能产线实训系统

生开展应用实践类教学。系统将各分散的学习要素集中起来，构建了一个能够让学生参与设计、构建和调试，让更多老师参与研发、设计和学习的环境，同时支持模块更新、技术迭代。此外，系统为学生提供了一种崭新的综合实验平台，使他们能够综合运用所学知识，触类旁通，进而设计、组织各类形式不同的自动化生产系统模型。

IFAE 智能产线实训系统由 6 个工作站组成，第 1 站为主件供料工作站，实现主件的上料功能；第 2 站为次品分拣工作站，通过高度检测来判断主件是否合格，并剔除不合格的；第 3 站为旋转工作站，通过方向检测来判断主件放置姿态是否正确，并调整姿态错误的主件的放置方向；第 4 站为方向调整工作站，通过材质检测来判断主件放置姿态是否正确，并进一步调整姿态错误的主件的放置方向，确定主件最终的放置姿态；第 5 站为产品组装工作站，将两种辅料装配到主件上，完成产品的组装工作；第 6 站为产品分拣工作站，通过颜色检测区分不同的产品，并将产品放入相应的物流通道中，完成产品生产的最终工序，具体如图 1-1-8 所示。

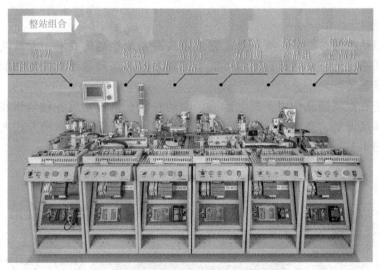

图 1-1-8　IFAE 智能产线实训系统组成示意图

【引导问题 4】　观察 IFAE 智能产线实训系统运行演示情况，阅读相关资料，简述 IFAE 的工艺流程。

_____

_____

_____

_____

【技能训练 1】　请用流程图的形式表示 IFAE 智能产线实训系统的工艺流程。

## 2. IFAE 智能产线实训系统的工艺流程（见图 1-1-9）

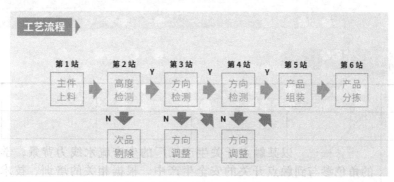

图 1-1-9 IFAE 智能产线实训系统工艺流程

### 任务评价与反馈

教师对学生工作过程与任务结果进行评价，并将评价结果填入表 1-1-1 中。

表 1-1-1 任务综合评价表

班级：　　　　　姓名：　　　　　学号：

| 任务名称 | | | | |
|---|---|---|---|---|
| 评价项目 | | 等　级 | 分值 | 得分 |
| 考勤（10%） | | 无无故旷课、迟到、早退现象 | 10 | |
| 工作过程<br>（60%） | 资料收集与学习 | 资料收集齐全完整，能完整学习相关资料并能正确理解知识内容 | 5 | |
| | 引导问题回答 | 能正确回答所有引导问题并能有自己的理解和看法 | 10 | |
| | 任务实施 | 正确讲解典型自动化生产线的基本组成 | 5 | |
| | | 正确讲解 IFAE 智能产线的各站功能及结构特点 | 10 | |
| | | 正确讲解 IFAE 智能产线的工作流程 | 5 | |
| | | 用流程图表示 IFAE 智能产线的工作流程 | 5 | |
| | 工作态度 | 态度端正、工作认真、主动 | 5 | |
| | 协调能力 | 与小组成员、同学之间能合作交流，协同工作 | 5 | |
| | 职业素养 | 能做到安全生产，文明操作，保护环境，爱护设备设施 | 10 | |
| 任务成果<br>（30%） | 工作完整 | 能按要求完成所有学习任务 | 10 | |
| | 操作规范 | 能按照设备及实训室要求规范操作 | 5 | |
| | 任务结果 | 知识学习完整、正确理解，按要求完成任务，成果提交完整 | 15 | |
| 合　　计 | | | 100 | |

### 任务小结

总结本任务学习过程中的收获、体会及存在的问题，并记录到下面空白处。

_____

_____

_____

_____

任务 1.2-1
认识安全标识

## 任务 1.2 智能产线安全操作

### ⮞ 任务工单

| 任务名称 | | | 姓名 | |
|---|---|---|---|---|
| 班级 | | 组号 | 成绩 | |

| | |
|---|---|
| 工作任务 | 任务描述：以某触点开关生产工厂的生产流水线为背景，学生以操作员的角色参与到触点开关的安全生产中，根据相关的培训、技术资料，完成智能产线设备运行前检查事项，填写点检表；依据智能产线的操作规程，完成设备的手动、自动操作、人机界面操作<br>◆ 查找和识别 IFAE 智能产线各工作站上的安全标志<br>◆ 对产线运行前进行检查，填写点检表<br>◆ 了解产线操作规程，上电手动和自动模式操作产线，并规范记录操作过程<br>◆ 了解产线人机界面功能，并记录操作过程 |
| 任务目标 | 知识目标<br>• 掌握产线生产过程中的安全标志<br>• 了解设备运行前检查事项及其重要性<br>• 掌握点检表的填写范例<br>• 了解产线操作规程<br>• 了解产线人机界面功能<br>能力目标<br>• 能正确识别智能产线上的安全标志<br>• 能按规范正确填写点检表<br>• 能按操作要求正确完成产线的手动操作、自动操作和人机界面操作<br>• 能正确记录产线操作过程<br>素质目标<br>• 良好的协调沟通能力、团队合作及敬业精神<br>• 良好的职业素养，遵守实践操作中的安全要求和规范操作注意事项<br>• 勤于思考、善于探索的良好学习作风<br>• 勤于查阅资料、善于自学、善于归纳分析 |
| 任务准备 | 工具准备<br>• A4 纸、便利贴、彩色笔、看板<br>软硬件环境<br>• 智能自动化工厂综合实训平台—标准版及以上版本 |

| 任务分配 | 职务 | 姓名 | 工作内容 |
|---|---|---|---|
| | 组长 | | |
| | 组员 | | |
| | 组员 | | |

**任务资讯与实施**

【技能训练 1】 安全标志查找，找出智能产线中所使用的常见安全标志并填写在表 1-2-1 中。

表 1-2-1 常见安全标志及说明

| 安 全 标 志 | 记 录 说 明 |
|---|---|
|  |  |
|  |  |
|  |  |
|  |  |

【技能训练 2】 安全标志绘制与粘贴，找出智能产线中存在的危险点，并画出简易标志进行张贴，并填写在表 1-2-2 中。

表 1-2-2 安全标志绘制

| 危 险 点 | 简 易 标 志 |
|---|---|
|  |  |
|  |  |
|  |  |
|  |  |
|  |  |

【技能训练 3】 安全标志的讲解，各小组做智能产线安全标志的讲解，能够讲出所粘贴的安全标志的名称、类型、作用，填写在表 1-2-3 中。

表 1-2-3 安全标志的名称、类型、作用

| 安 全 标 志 | 名 称 | 类 型 | 作 用 |
|---|---|---|---|
|  |  |  |  |
|  |  |  |  |
|  |  |  |  |
|  |  |  |  |
|  |  |  |  |

## 1.2.1 安全标志的重要性

根据 GB 2894—2008《安全标志及其使用导则》，安全标志是用以表达特定安全信息的标志，由图形符号、安全色、几何形状（边框）或文字构成。分为禁止标志、警告标志、指令标志、提示标志等。安全标志是向工作人员警示工作场所或周围环境的危险状况，指导人们采取合理行为标志的。安全标志能够提醒工作人员预防危险，从而避免事故发生；当危险发生时，能够指示人们尽快逃离，或者指示人们采取正确、有效、得力的措施，对危害加以遏制。

因此，对已经悬挂有安全标志的场所，我们应当时刻保持使其处于完好状态，对于未悬挂安全标志的场所，需要及时补齐和完善。

### 1.2.2　常见安全标志类型

1）禁止标志：禁止人们不安全行为的图形标志，禁止标志的几何图形是带斜杠的圆环，其中圆环与斜杠相连用红色；图形符号用黑色，背景用白色，见图 1-2-1a。

2）警告标志：提醒人们对周围环境引起注意，以避免可能发生危险的图形标志，警告标志的几何图形是黑色的正三角形、黑色符号和黄色背景，见图 1-2-1b。

3）指令标志：强制人们必须做出某种动作或采用防范措施的图形标志，指令标志的几何图形是圆形，蓝色背景，白色图形符号，见图 1-2-1c。

4）提示标志：向人们提供某种信息（如标明安全设施或场所等）的图形标志，提示标志的几何图形是方形，绿色背景，白色图形符号及文字，见图 1-2-1d。

a) 禁止标志　　　b) 警告标志　　　c) 指令标志　　　d) 提示标志

图 1-2-1　安全标志示例

### 1.2.3　安全标志的配备

《安全标志及其使用导则》第 9.5 条规定，多个标志在一起设置时，应按警告、禁止、指令、提示类型的顺序，先左后右，先上后下地排列。安全标志不仅类型要与所警示的内容相吻合，而且设置位置要正确合理，否则就难以真正充分发挥其警示作用。

GB/T 33000—2016 在《企业安全生产标准化基本规范》中有明确的要求，在 5.4.4 警示标志中有如下几点：

1）标志的配备，企业应按照有关规定和工作场所的安全风险特点，在有重大危险源、较大危险因素的工作场所，设置明显的、符合有关规定要求的安全警示标志。

2）标志的内容，应标明安全风险内容、危险程度、安全距离、防控办法、应急措施等内容，在有重大隐患的工作场所和设备设施上设置安全警示标志，标明治理责任、期限及应急措施；在有安全风险的工作岗位设置安全告知卡，告知从业人员本企业、本岗位主要危险及有害因素、后果、事故预防及应急措施、报告电话等内容。图 1-2-2 所示为某车间的安全标志。

3）标志的维护：企业应定期对警示标志进行检查维护，确保其完好有效。

4）标志的使用：企业应在设备设施施工、吊装、检修等作业现场设置警戒区域和警示标志，在检查维修现场的坑、井、渠、沟、陡坡等场所设置围栏和警示标志，进行危险提示、警示，告知危险的种类、后果及应急措施，如疏散通道、消防栓等。

【引导问题 1】　按作业时间间隔和作业内容的不同，设备点检分为（　　　　），（　　　　）两类，作业周期在一个月以内的点检为（　　　　），作业周期在一个月以上的点检为（　　　　）。

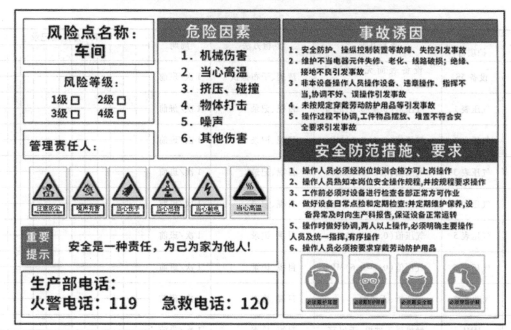

图 1-2-2　某车间的安全标志的应用案例

## 1.2.4　点检的定义

设备点检就是借助于人的感官和检测工具，按照预先制定的技术标准，定点、定标准、定人、定周期、定方法、定量、定作业流程地对设备进行检查的一种设备管理方法。它通过对设备的全面检查和分析来达到对设备进行量化评价的目的。设备点检是一种先进的设备维护管理制度，它的指导思想是推行全员和全面质量管理，以"预防维修"来取代"计划维修"。

任务 1.2-2　认识智能产线操作规程

## 1.2.5　点检的分类

按作业时间间隔和作业内容的不同，设备点检分为日常点检、定期点检两类。

日常点检：作业周期在一个月以内的点检为日常点检或称日常检查。日常点检的对象为在用的主要生产设备，由设备操作人员和设备维修人员根据规定的标准，以感官为主借助便携式仪器，每日或每周一次，对设备的关键部位进行技术状态检查和监视，了解设备在运行中的声音、动作、振动、温度、压力等是否正常，并对设备进行必要的维护和调整，检查结果记入日常点检卡中。日常点检的目的是及时发现设备异常，防患于未然，保证设备正常运转。

定期点检：作业周期在一个月以上的点检为定期点检或称计划点检。定期点检设备维修人员和专业检查人员根据点检卡的要求，凭感官和专用检测工具，定期对设备的技术状态进行全面检查和测定。除包括日常点检的工作内容外，其检查作业主要是测定设备的劣化程度、精度和功能参数，查明设备异常的原因，记录下次检修时应消除的缺陷。定期点检的主要目的是确认设备的缺陷和隐患，掌握设备的劣化状态，为进行精度调整和安排修理计划提供依据，使设备保持规定的性能。

【技能训练 4】 各个小组按照已发放的点检表对设备进行检查，填写点检表 1-2-4。

表 1-2-4 日常点检表

| 序号 | 点检维护项目 | 点检基准 | 点检方法 | 周期 | 年　月点检记录 | | | | | | | | | | |
|---|---|---|---|---|---|---|---|---|---|---|---|---|---|---|---|
| 1 | 设备 5S | 设备表面无脏污，无杂物 | 清理、干布擦拭 | 1 次/班前 | | | | | | | | | | | |
| 2 | 气压表 1 | 气压值(0.4~0.6)MPa | 目视、记录 | 1 次/班前 | | | | | | | | | | | |
| 3 | 气压表 2 | 气压值(0.4~0.6)MPa | 目视、记录 | 1 次/班前 | | | | | | | | | | | |
| 4 | 气压表 3 | 气压值(0.4~0.6)MPa | 目视、记录 | 1 次/班前 | | | | | | | | | | | |
| 5 | 气压表 4 | 气压值(0.4~0.6)MPa | 目视、记录 | 1 次/班前 | | | | | | | | | | | |
| 6 | 气压表 5 | 气压值(0.4~0.6)MPa | 目视、记录 | 1 次/班前 | | | | | | | | | | | |
| 7 | 气压表 6 | 气压值(0.4~0.6)MPa | 目视、记录 | 1 次/班前 | | | | | | | | | | | |
| 8 | 气动管路 | 无弯折、无泄漏 | 目视、检查 | 1 次/班前 | | | | | | | | | | | |
| 9 | HMI | 触摸屏无破损、无报警 | 目视、检查 | 1 次/班前 | | | | | | | | | | | |
| 10 | 操作按钮 | 无损坏、功能正常 | 目视、检查 | 1 次/班前 | | | | | | | | | | | |
| 11 | 网络连接 | 网线连接无松动 | 目视、检查 | 1 次/班前 | | | | | | | | | | | |
| 12 | CPU 模块 | CPU 模块状态指示灯无红色 | 目视、检查 | 1 次/班前 | | | | | | | | | | | |
| 13 | 柱状报警灯 | 柱状报警灯无红色报警提示 | 目视、检查 | 1 次/班前 | | | | | | | | | | | |
| 异常记录 | 异常描述 | | 处置内容 | | 点检者 | | | | | | | | | | | |
| | | | | | 组长确认 | | | | | | | | | | | |

说明：1.【判定符号】良好√、异常×；2.【异常反馈路径】点检者→ 组长→老师；3. 点检基准为数值的需要填写点检的数值。

【技能训练 5】 智能产线手动操作过程记录（以表格、文字、框图等形式）。

_____

_____

_____

【技能训练 6】 智能产线自动操作过程记录（以表格、文字、框图等形式）。

_____

_____

_____

## 1.2.6　操作规程的定义

设备操作规程一般是指有关部门为保证本部门的生产、工作能够安全、稳定、有效运转而制定的，相关人员在操作设备或办理业务时必须遵循的程序或步骤。

## 1.2.7　操作规程

1）设备安全确认，注意设备上的安全提示标签，"当心机械伤人""有电危险"；检查第1站~第6站的各机构上面是否有异物，以防设备运行时卡坏设备；检查各气路连接状态，气管是否有弯折、漏气。如图1-2-3所示。

2）设备上电，IFAE每个工作站的总电源为220V，PLC的供电电源为24V。首先将设备的电源线插入220V的插座中，然后按照以下顺序依次合上开关。如图1-2-4所示。

图1-2-3　设备安全确认　　　　　　　　　　　　图1-2-4　设备上电

3）设备上气，IFAE工作站的气动元器件包括气缸、气爪，这些元器件都需要有气压才能动作，提供气压的设备为气泵。给设备上气的具体操作：将站与站之间通过气管和三通连接起来；打开气泵；将工作站的气阀开关旋钮打到ON。如图1-2-5所示。

图1-2-5　设备上气

4）设备复位，对于有复位需求的设备，在手动或自动运行之前，需对设备进行复位操作。首先按下停止按钮，将模式选择切换至复位状态，再按下起动按钮，设备开始复位。复位完成后，工作站上各执行机构须处于初始位置。如图1-2-6所示。

图1-2-6　设备复位

### 1.2.8 操作流程

**1. 手动操作流程**

情形一：设备处于静止状态，根据复位流程进行复位，然后将模式选择开关设置为手动，按下起动按钮，工作站动作一次，等待单步动作完成后，再次按下起动按钮，直到工作站的工艺流程结束。

情形二：设备处于自动运行状态，需先按下停止按钮，结束设备运行，然后根据情形一的描述操作。

注意：如果在进行模式切换前没有按下停止按钮，则工作站继续保持原有运行状态。如图1-2-7所示。

图 1-2-7 手动运行模式

**2. 自动操作流程**

情形一：设备处于静止状态，根据复位流程进行复位，然后将模式选择开关设置为自动，按下起动按钮，工作站开始运行，直到工作站的工艺流程结束。

情形二：设备处于手动运行状态，需等待单步动作完成，然后根据情形一的描述操作。生产结束，确认产线上无物料，停止设备。

注意：如果在进行模式切换前没有按下停止按钮，则工作站继续保持原有运行状态。

## 任务评价与反馈

教师对学生工作过程与任务结果进行评价，并将评价结果填入表1-2-5中。

表 1-2-5 任务综合评价表

| 班级： | 姓名： | 学号： | | |
|---|---|---|---|---|
| | 任务名称 | | | |
| | 评价项目 | 等 级 | 分值 | 得分 |
| | 考勤（10%） | 无无故旷课、迟到、早退现象 | 10 | |
| 工作过程（60%） | 资料收集与学习 | 资料收集齐全完整,能完整学习相关资料并能正确理解知识内容 | 5 | |
| | 引导问题回答 | 能正确回答所有引导问题并能有自己的理解和看法 | 5 | |
| | 任务实施 | 技能训练1~3 认识安全标识,包括安全标识绘制与粘贴、正确讲解 | 10 | |
| | | 技能训练4 智能产线点检表填写与汇报 | 10 | |
| | | 技能训练5,6 手动、自动操作过程记录 | 10 | |
| | 工作态度 | 态度端正、工作认真、主动 | 5 | |
| | 协调能力 | 与小组成员、同学之间能合作交流,协同工作 | 5 | |
| | 职业素养 | 能做到安全生产,文明操作,保护环境,爱护设备设施 | 10 | |
| 任务成果（30%） | 工作完整 | 能按要求完成所有学习任务 | 10 | |
| | 操作规范 | 能按照设备及实训室要求规范操作 | 5 | |
| | 任务结果 | 知识学习完整、正确理解,按要求完成任务,成果提交完整 | 15 | |
| | 合计 | | 100 | |

## 🔁 任务小结

总结本任务学习过程中的收获、体会及存在的问题，并记录到下面空白处。

_____

_____

_____

# 学习情境二　智能产线系统专项技术（专项技术篇）

　　**情境描述：**智能产线系统涉及机械、电气、传感检测、液压与气动、PLC 控制、通信网络、软件编程等相关技术，本学习情境就智能产线系统所涉及的气动技术和传感检测技术作具体学习和专项训练，通过本学习情境的学习和实践，学习有关智能产线系统的气动技术和传感检测技术知识和技能。

# 项目2 气动应用技术

| 项目 2　气动应用技术 | 学时：4 学时 |
| --- | --- |

**学习目标**

知识目标

(1) 掌握气动回路的基本组成

(2) 了解气缸、磁性开关、节流阀、三联件在整个气动回路中的作用、使用方法、符号表示、应用场景

(3) 了解气爪、升降气缸、笔形气缸、旋转气缸的符号表示

(4) 了解电磁阀的符号、符号含义、分类以及控制区别

(5) 了解磁性开关与气缸、PLC、电磁阀的连接关系

(6) 了解气动系统结构和气动回路图关系

(7) 掌握基本气动回路图的识读和分析方法

能力目标

(1) 能正确识别智能产线工作站的气动部件，包括类型、功能、符号表示

(2) 能正确识读和分析系统气动回路图

素质目标

(1) 学生应树立职业意识，并按照企业的"8S"（整理、整顿、清扫、清洁、素养、安全、节约、学习）质量管理体系要求自己

(2) 操作过程中，必须时刻注意安全用电，严禁带电作业，严格遵守电工安全操作规程

(3) 爱护工具和仪器仪表，自觉地做好维护和保养工作

(4) 具有吃苦耐劳、严谨细致、爱岗敬业、团队合作、勇于创新的精神，具备良好的职业道德

**教学重点与难点**

教学重点

(1) 气动回路系统组成及各部件功能及应用特点

(2) 气动回路图识读

教学难点

(1) 磁性开关与气缸、PLC、电磁阀的连接关系

(2) 气动回路系统分析

（续）

| 任务名称 | 任务目标 |
|---|---|
| 任务 2.1　认识气动回路系统 | （1）认识气动回路系统的基本组成<br>（2）认识气动回路系统主要功能部件的作用、符号及应用特点 |
| 任务 2.2　识读和分析气动回路 | （1）气动回路图识读<br>（2）气动系统分析 |

任务 2.1　认识气动控制系统

# 任务 2.1　认识气动回路系统

## 任务工单

| 任务名称 | | | 姓名 | |
|---|---|---|---|---|
| 班级 | | 组号 | 成绩 | |

| | |
|---|---|
| 工作任务 | ◆ 扫描二维码，观看主件供料工作站运行视频<br>◆ 认识工作站气动回路系统的组成，完成引导问题<br>◆ 观察供料工作站，阅读和查阅相关资料，填写工作站气动回路组成元器件清单表及气缸参数<br>◆ 观察工作站的运行过程，测试气动回路中电磁阀、磁性开关相关部件参数情况<br><br>主件供料工作站运行视频 |
| 任务目标 | 知识目标<br>• 掌握气动回路的基本组成<br>• 了解气缸、磁性开关、节流阀、三联件在整个气动回路中的作用、使用方法、符号表示、应用场景<br>• 了解气爪、升降气缸、笔形气缸、旋转气缸的符号表示<br>• 了解电磁阀的符号、符号含义、分类以及控制区别<br>• 了解磁性开关与气缸、PLC、电磁阀的连接关系<br>能力目标<br>• 能正确识别智能产线工作站的气动元件，包括类型、功能、符号表示<br>素质目标<br>• 良好的协调沟通能力、团队合作及敬业精神<br>• 良好的职业素养，遵守实践操作中的安全要求和规范操作注意事项<br>• 勤于思考、善于探索的良好学习作风<br>• 勤于查阅资料、善于自学、善于归纳分析 |
| 任务准备 | 工具准备<br>• 扳手（17#）、螺丝刀（一字/内六角）、万用表<br>技术资料准备<br>• 智能自动化工厂综合实训平台各工作站的技术资料，包括工艺概览、组件列表、输入输出列表、气动原理图<br>环境准备<br>• 实践安装操作场所和平台 |

（续）

| 任务分配 | 职务 | 姓名 | 工作内容 |
|---|---|---|---|
| | 组长 | | |
| | 组员 | | |
| | 组员 | | |

## 任务资讯与实施

【引导问题1】　观察实训室 IFAE 智能产线实训系统，请指出哪些设备或部件属于气动系统中的部件？

_____

_____

_____

【引导问题2】　查阅资料，气动系统由压缩空气的产生、（　　　　　　）、（　　　　　　）组成。

【引导问题3】　气动三联件是指（　　　　　　）、（　　　　　　）和（　　　　　　）。

### 2.1.1　气动系统基本组成及其各部分作用

**1. 气动系统组成**

气动系统由压缩空气的产生、压缩空气的传输、压缩空气的消耗（工作机）组成。基本组成如图 2-1-1 所示。

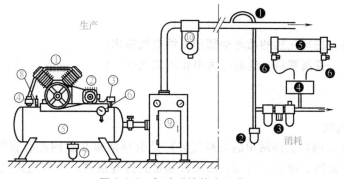

图 2-1-1　气动系统基本组成

① 压缩机：把机械能转变为气压能。

② 电动机：给压缩机提供机械能，即把电能转变成机械能。

③ 压力开关：当压力开关被调节到最高压力则停止电动机；调节到最低压力，重新激活电动机。

④ 单向阀：阻止压缩空气反方向流动。

⑤ 储气罐：储存压缩空气。

⑥ 压力表：显示储气罐内的压力。

⑦ 自动排水器：无需人工操作，排掉凝结在储气罐内所有的水。

⑧ 安全阀：当储气罐内的压力超过允许限度，可将压缩空气排出。

⑨ 冷冻式空气干燥器：将压缩空气冷却到零上若干度，以减少系统中的水分。

⑩ 主管道过滤器：它清除主要管道内灰尘、水分和油。主管道过滤器必须具有最小的压力降和油雾分离能力。

### 2. 气动三联件

气源处理元件主要包括过滤减压装置和干燥器等。一般分为两联件和三联件，结构如图 2-1-2 所示。

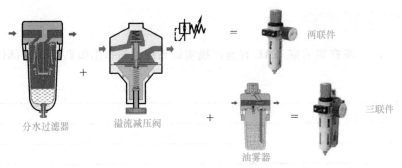

图 2-1-2　气源处理元件-气动两联件和三联件

（1）分水过滤器

分水过滤器的作用是把空气中的冷凝水、油滴和颗粒大的固态灰尘等杂质过滤掉从而输出洁净的空气。

（2）溢流减压阀

溢流减压阀的作用是当系统中的工作压力超过调定值时，把多余的压缩空气排入大气，以保持进口压力的调定值。实际上，溢流减压阀是一种用于保持回路工作压力恒定的压力控制阀。

（3）油雾器

油雾器的作用是把雾化后的油雾全部随压缩空气输出。

【引导问题 4】　查阅资料，气缸分为单作用式气缸、（　　　　　　　）、（　　　　　　　）。

## 2.1.2　气缸的分类与功能

### 1. 单作用式气缸

单作用式气缸（例如工作站中的推料气缸）是引导活塞在缸内进行直线往复运动的圆筒形金属机件，是由缸筒、端盖、活塞、活塞杆和密封件等组成。单作用式气缸多用于短行程、其推力及运动速度均要求不高场合，如气吊、定位和夹紧等装置上。

### 2. 双作用式气缸

双作用式气缸（例如工作站中的双轴气缸）是引导活塞在缸内进行直线往复运动的圆筒形金属机件，是由缸筒、端盖、活塞、活塞杆和密封件等组成，双作用式气缸分为 TN 型和 TR 型，此工作站采用的是 TR 型。在两个方向上需要输出力的直线运动，且其输出力要求不太大的场合都可使用双作用式气缸。

### 3. 摆动气缸

摆动气缸（例如工作站中的旋转气缸）是进气导管和导气头都固定而气缸本体则可以转动并且作用于机床夹具和线性卷曲装置上的一种气缸，是引导活塞在其中进行直线往复运动的圆筒形金属机件。主要由导气头、缸体、活塞及活塞杆组成。摆动气缸的工作状态是按一定的角度和方向到指定位置，最常用的旋转角度是90°，45°，180°，360°的选择。

【技能训练1】 按照控制流程中出现的先后顺序，列出每个气缸的名称、功能作用、应用场景、关键参数等，填入表2-1-1中。

表 2-1-1 工作站气缸参数清单表

| 序号 | 气缸型号 | 名称 | 初始状态 | 功能作用 | 应用场景 | 关键参数 |
|------|----------|------|----------|----------|----------|----------|
| 1 | | | | | | |
| 2 | | | | | | |
| 3 | | | | | | |
| 4 | | | | | | |
| 5 | | | | | | |
| 6 | | | | | | |

【引导问题5】 画出整个气动回路图中气缸的符号图。

## 2.1.3 气动回路图中的气缸符号图

常用气缸符号图见表2-1-2。

表 2-1-2 常用气缸符号

| 气 缸 名 称 | 气 缸 型 号 | 气 缸 符 号 |
|---|---|---|
| 推料气缸 | CDJ2B12-60Z-M9BW-B | |
| 升降气缸 | TR10x20 | |
| 旋转气缸 | HRQ2 | |
| 气爪 | HFY20 | |
| 无杆气缸 | RMT16x300S | |

【技能训练2】 完成现场验收测试（SAT），在表 2-1-3 中填写磁性开关的位号，安装位置，功能，是否检测到位。

表 2-1-3 磁性开关信息清单表

| 序号 | 设备名称 | 安装位置 | 功　能 | 是否到位 |
|---|---|---|---|---|
| 1 | | | | □是　□否 |
| 2 | | | | □是　□否 |
| 3 | | | | □是　□否 |
| 4 | | | | □是　□否 |
| 5 | | | | □是　□否 |
| 6 | | | | □是　□否 |
| 7 | | | | □是　□否 |
| 8 | | | | □是　□否 |

## 2.1.4 磁性开关

### 1. 磁性开关的概念

磁性接近开关是接近开关的一种，它能通过传感器与物体之间的位置关系变化，将非电量或电磁量转化为所希望的电信号，从而达到控制或测量的目的。用于气缸的磁性开关有 3 种：电子舌簧式形成开关、气动舌簧式形成开关和电感式行程开关。

电子舌簧式行程开关，内装有舌簧片、保护电路和指示灯，被合成树脂塑封在盒子内。当行程开关进入磁场（如气缸活塞上的永久磁环）时，触点闭合，行程开关输出一个电控信号。

气动舌簧式行程开关，其原理相当于一个喷嘴挡板，开关里的色舌簧片将输入信号 P 口的气流关断。当信号开关进入磁场时，舌簧片被吸合打开，气流接通，P 口流向 A 口输出。

非接触式电感式行程开关，它由一个带铁磁性屏蔽层谐振电路线圈组成。行程开关进入磁场（如气缸活塞上的永久磁环）时，屏蔽层内的磁场强度达到饱和，因此谐振电路的电流发生变化。此电流的变化经放大器转化为输出信号。

**2. 磁性开关的作用及使用注意事项**

磁性开关在智能产线中的主要作用是检测执行元件—气缸的动作是否到位。例如气爪执行元件在得到夹紧命令后，进行动作，动作到位后，相应的磁性开关会有感应，并将信号传递给 PLC，由控制程序取消气爪夹紧命令，进行下一步控制。

磁性开关的使用时如要使用磁性接近开关，要注意以下几点：

第一，使用前确认好使用环境，比如是否用来检测金属物体，是否用来检测液体，被检测物体是否带有磁性，这样才能选择更好的磁性接近开关，因为磁性接近开关分两个类型，一个是电感型，另一个是电容型。

第二，确认驱动电源类型，直流或者交流电。

第三，使用状态：常开还是常关。

第四，意向类型：有圆柱、方形、凹形、凸型等。

第五，安装类型：封闭型或者非屏蔽型。

第六，安装方式：导引式，插入式，直线式，L 式。

第七，检测频率，即每秒检测物体的数量。

【引导问题6】　查阅资料，简述节流阀的种类及其作用。

_____

_____

_____

_____

## 2.1.5　节流阀

在气动自动化系统中，通常需要对压缩空气的流量进行控制，如气缸的运动速度，延时阀的延时时间等。对流过管道（或元件）的流量进行控制，只需改变管道的截面积就可以了。从流体力学的角度看，流量控制是在管路中制造一种局部阻力，改变局部阻力的大小，就能控制流量的大小。实现流量控制的方法有两种：一种是固定的局部阻力装置，如毛细管、孔板等；另一种是可调节的局部阻力装置，如节流阀。

节流阀是依靠改变阀的流通面积来调节流量的。要求节流阀流量的调节范围较宽，能进行微小流量调节，调节精确，性能稳定，阀芯开度与通过的流量成正比；常用节流阀有平板阀、针阀和球阀。

单向节流阀是由单向阀和节流阀组合而成的流量控制阀，常用做气缸的速度控制，又称为速度控制阀。这种阀仅对一个方向的气流进行节流控制，旁路的单向阀关闭，在反方向上气流可以通过开启的单向阀自由流过（满流）。这种阀用于气动执行元件的速度调节时应尽可能直接安装在气缸上。如图 2-1-3 所示，可以通过操作节流阀上的微调旋钮来调节气阀的气压值。

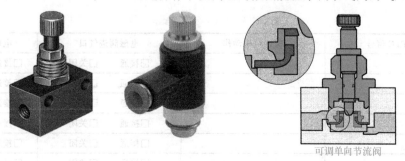

可调单向节流阀

图 2-1-3　节流阀

【引导问题7】 电磁阀是气动控制元件中最主要的元件，按照操纵方式有（　　　　）和（　　　　）两类。

### 2.1.6　电磁阀

电磁阀是气动控制元件中最主要的元件。按操纵方式可分为直动式和先导式两类。

1）直动式电磁阀：直动式电磁阀是利用电磁力直接推动阀杆（阀芯）换向。根据阀芯复位的控制方式，有单电控和双电控两种。直动式电磁阀的特点是结构简单、紧凑、换向频率高。但用于交流电磁铁时，如果阀杆卡死就有烧坏线圈的可能。阀杆的换向行程受电磁铁吸合行程的限制，因此只适用于小型阀。使用直动式的双电控电磁阀应特别注意的是：两侧的电磁铁不能同时通电，否则将使电磁线圈烧坏。图 2-1-4 所示为直动式电磁阀。

2）先导式电磁阀：先导式电磁阀由小型直动式电磁阀和大型气控换向阀构成，又称作电控换向阀。它是利用直动式电磁阀输出的先导气压来操纵大型气控换向阀（主阀）换向的，该阀的电控部又称电磁先导阀。

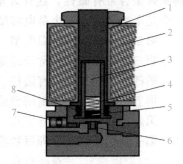

二位二通直动式电磁阀

图 2-1-4　直动式电磁阀
1—静铁心　2—线圈　3—动铁心
4、8—弹簧　5—密封垫
6—阀座　7—手动装置

按先导式电磁阀气控信号的来源可分为自控式（内部先导）和他控式（外部先导）两种。直接利用主阀的气源作为气控信号的阀称为自控式电磁阀。自控式电磁阀在换向的瞬间会出现压力降低的现象，特别是在输出流量过大时，有可能造成阀换向失灵。为了保证阀的换向性能或降低阀的最低工作压力，由外部供给气压作为主阀控制信号的阀称为他控式电磁阀。图 2-1-5 所示为先导式电磁阀。

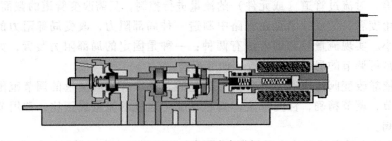

图 2-1-5　先导式电磁阀

【技能训练3】 完成现场验收测试（SAT），使用万用表，在表 2-1-4 中列出 PLC 与电磁阀的对应关系。

表 2-1-4　PLC 与电磁阀对应表

| 序号 | PLC 信号 | 执行机构动作 | 电磁阀进气口 | | 电磁阀出气口 | |
|---|---|---|---|---|---|---|
| 1 | | | □接通 | □关闭 | □接通 | □关闭 |
| 2 | | | □接通 | □关闭 | □接通 | □关闭 |
| 3 | | | □接通 | □关闭 | □接通 | □关闭 |
| 4 | | | □接通 | □关闭 | □接通 | □关闭 |
| 5 | | | □接通 | □关闭 | □接通 | □关闭 |
| 6 | | | □接通 | □关闭 | □接通 | □关闭 |

### 2.1.7　电磁阀与 PLC 对应关系

**1. 单电控电磁阀**

单电控电磁阀只有一个电磁线圈，一般用在两位三通电磁阀，线圈电压等级一般采用 DC 24V、AC 220V 等。两位三通电磁阀分为常闭型和常开型两种，常闭型指线圈没通电时气路是断的，常开型指线圈没通电时气路是通的。

常闭型两位三通电磁阀动作原理：线圈通电，气路接通；线圈一旦断电，气路就会断开，这相当于"电动"。

例如智能产线第 1 站的升降气缸电磁阀。当 PLC 发出升降气缸落下信号时，电磁阀通电，气路接通；当 PLC 发出升降气缸抬起信号时，电磁阀断电，气路断开。

**2. 双电控电磁阀**

双电控电磁阀有两个电磁线圈，一般用在两位五通电磁阀，两位五通双电控电磁阀动作原理是给正动作线圈通电，则正动作气路接通（正动作出气孔有气），即使给正动作线圈断电后正动作气路仍然是接通的，将会一直维持到给反动作线圈通电为止。给反动作线圈通电，则反动作气路接通（反动作出气孔有气），即使给反动作线圈断电后反动作气路仍然是接通的，将会一直维持到正动作线圈通电为止。这相当于自锁。

例如智能产线第 1 站的气爪电磁阀就是两位五通双电控电磁阀。设备的初始状态是气爪张开，也就是电磁阀的正动作线圈得电，反动作线圈断电；此时若想要气爪夹紧，PLC 必须同时发出正动作线圈断电、反动作线圈得电两个信号，气爪电磁阀才能执行反动作使得气缸夹紧；气爪张开时同理。

【引导问题 8】　下列关于电磁阀中位密封、中位排气、中位压力三种电磁阀不同的工作状态描述正确的是（　　　）

A. 在两个线圈都不给电的情况下，气缸前腔和后腔的压力保持在最后一个线圈失电后的状态不变，进气口关闭、排气口关闭的是中位密封型。

B. 在两个线圈都不给电的情况下，气缸前腔和后腔都无压力，进气口关闭，气缸前后腔内的压力分别经电磁阀两个排气口排出的是中位排气型。

C. 在两个线圈都不给电的情况下，气缸前腔和后腔的压力保持在最后一个线圈失电后的状态不变，并持续给压，使气缸前腔和后腔压力与进气端压力一致；进气口打开、排气口关闭的是中位压力型。

D. 以上均正确。

### 2.1.8　电磁阀的中封式、中泄式、中压式

三位五通电磁阀是采用双电控线圈，当两个电磁铁都不得电时，阀芯在两侧弹簧的平衡推动下处于中间位置，这个中间位置电磁阀中气路的通断决定了此电磁阀是中封、中泄还是中压类型。

中封式：在两个线圈都不给电的情况下，气缸前腔和后腔的压力保持在最后一个线圈失电后的状态不变，进气口关闭，排气口关闭（长时间处于此状态，由于各连接处有微小泄漏，这种平衡慢慢会被打破）。

中泄式：在两个线圈都不给电的情况下，气缸前腔和后腔都无压力，进气口关闭，气缸前后腔内的压力分别经电磁阀两个排气口排出。

中压式：在两个线圈都不给电的情况下，气缸前腔和后腔的压力保持在最后一个线圈失电后的状态不变，并持续给压，使气缸前腔和后腔压力与进气端压力一致，进气口打开，排

气口关闭。

三位五通电磁阀是采用双电控线圈,当两个电磁铁都不得电时,阀芯在两侧弹簧的平衡推动下处于中间位置,这个中间位置电磁阀中气路的通断决定了此电磁阀是中封、中排还是中压类型。

## 任务评价与反馈

教师对学生工作过程与任务结果进行评价,并将评价结果填入任务综合评价表2-1-5中。

表2-1-5　任务综合评价表

| 班级: | | 姓名: | 学号: | | |
|---|---|---|---|---|---|
| 任务名称 | | | | | |
| 评价项目 | | 等　级 | | 分值 | 得分 |
| 考勤(10%) | | 无无故旷课、迟到、早退现象 | | 10 | |
| 工作过程(60%) | 资料收集与学习 | 资料收集齐全完整,能完整学习相关资料并能正确理解知识内容 | | 10 | |
| | 引导问题回答 | 能正确回答所有引导问题并能有自己的理解和看法 | | 20 | |
| | 任务实施 | 技能训练1　工作站气缸参数清单表 | | 5 | |
| | | 技能训练2　磁性开关信息清单表 | | 5 | |
| | | 技能训练3　PLC与电磁阀对应表 | | 5 | |
| | 工作态度 | 态度端正、工作认真、主动 | | 5 | |
| | 协调能力 | 与小组成员、同学之间能合作交流,协同工作 | | 5 | |
| | 职业素养 | 能做到安全生产,文明操作,保护环境,爱护设备设施 | | 5 | |
| 任务成果(30%) | 工作完整 | 能按要求完成所有学习任务 | | 10 | |
| | 操作规范 | 能按照设备及实训室要求规范操作 | | 10 | |
| | 任务结果 | 知识学习完整、正确理解,提交完整任务成果 | | 10 | |
| 合计 | | | | 100 | |

## 任务小结

总结本任务学习过程中的收获、体会及存在的问题,并记录到下面空白处。

_____

_____

_____

任务2.2　识读和分析气动回路

# 任务2.2　识读和分析气动回路

## 任务工单

| 任务名称 | | | 姓名 | |
|---|---|---|---|---|
| 班级 | | 组号 | 成绩 | |
| 工作任务 | ◆ 扫描二维码,观看次品分拣工作站运行视频<br>◆ 阅读知识点,完成引导问题<br>◆ 观察本组工作站的气动系统,阅读和查阅相关资料,识读和分析本工作站的气动系统回路图<br>◆ 根据所给的资料,各小组对照工作站技术资料中的气动回路图,指出图中的部件构成并分析该工作站气动回路的基本工作过程 | | | 次品分拣工作站运行视频 |

| | 知识目标 |
|---|---|
| 任务目标 | • 了解气动系统结构和气动回路图关系<br>• 掌握基本气动回路图的识读和分析方法<br>能力目标<br>• 能正确识读和分析系统气动回路图<br>素质目标<br>• 良好的协调沟通能力、团队合作及敬业精神<br>• 良好的职业素养，遵守实践操作中的安全要求和规范操作注意事项<br>• 勤于思考、善于探索的良好学习作风<br>• 勤于查阅资料、善于自学、善于归纳分析 |
| 任务准备 | 技术资料准备<br>• 智能自动化工厂综合实训平台各工作站的技术资料，包括工艺概览、组件列表、输入输出列表、气动原理图<br>环境准备<br>• 实践安装操作场所和平台 |

| 任务分配 | 职务 | 姓名 | 工作内容 |
|---|---|---|---|
| | 组长 | | |
| | 组员 | | |
| | 组员 | | |

## 任务资讯与实施

【技能训练1】 同一工作站的 A、B 组，交换气动回路图，将工作站的气动元件连接起来；例如：B 组按照 A 组的气动回路图去连接 A 组工作站的气动元件。

### 2.2.1 气动回路图的构成与绘制

**1. 气动控制系统结构图**（见图 2-2-1）

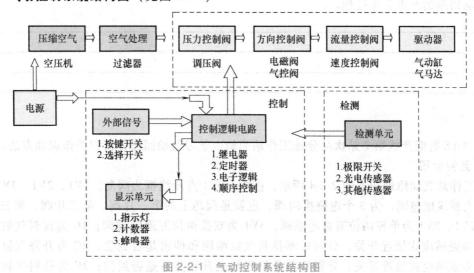

图 2-2-1 气动控制系统结构图

### 2. 气动系统的基础构成

气动系统是由气源、气源处理元件、控制元件、执行元件（驱动装置）等组成，如图 2-2-2 所示。

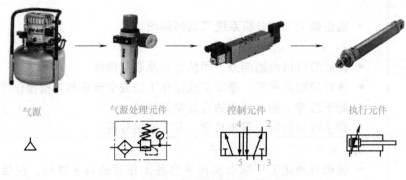

图 2-2-2　气动系统的基础构成

### 3. 气动系统结构与气动回路图的关系（见图 2-2-3）

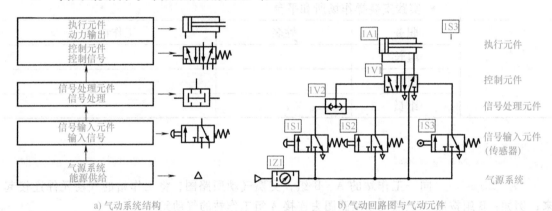

a) 气动系统结构　　　　　　　　　b) 气动回路图与气动元件

图 2-2-3　气动系统结构与气动回路图的关系

【引导问题 1】　对照工作站技术资料中的气动回路图，指出图中的元件构成并分析该工作站气动回路的基本工作过程。

_____

_____

_____

_____

## 2.2.2　气动回路分析

以 IFAE 智能产线第 2 站次品分拣工作站为例，学习气动回路分析相关知识和方法。

### 1. 元件介绍

该工作站气动原理图如图 2-2-4 所示，图中，0V1 点画线框为阀岛，1V1、2V1、3V1 分别被 3 个点画线框包围，为 3 个电磁换向阀，也就是阀岛上的第一片阀、第二片阀、第三片阀，其中，1V1、2V1 为单控两位五通电磁阀，3V1 为双控两位五通电磁阀；1C 为排料气缸，1B1 和 1B2 为磁感应式接近开关，分别检测排料气缸缩回和伸出是否到位；2C 为升降气缸，2B1 和 2B2 为磁感应式接近开关，分别检测升降气缸上升和落下是否到位；3C 为推料气缸，3B1

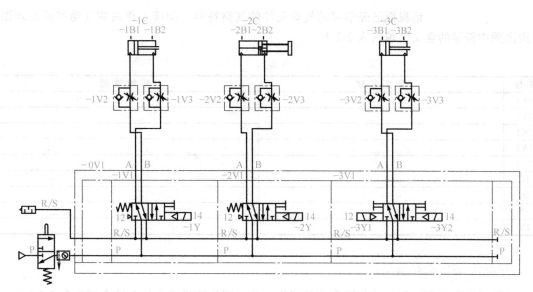

图 2-2-4  次品分拣站气动回路图

和 3B2 为磁感应式接近开关，分别检测排料气缸缩回和伸出是否到位。

1Y 为控制排料气缸的电磁阀的电磁控制信号；2Y 为控制升降气缸的电磁阀的电磁控制信号；3Y1、3Y2 为控制推料气缸的电磁阀的两个电磁控制信号。

1V2、1V3、2V2、2V3、3V2、3V3 为单向节流阀，起到调节气缸推出和缩回的速度。

**2. 动作分析**

当 1Y 失电时，1V1 阀体的气控端起作用，即左位起作用，压缩空气经由单向节流阀 1V3 的单向阀到达气缸 1C 的右端，从气缸左端经由单向阀 1V2 的节流阀，实现排气节流，控制气缸速度，最后经 1V1 阀体由气体从 3/5 端口排出。简单地说就是由 A 路进 B 路出，气缸属于缩回状态。

当 1Y 得电时，1V1 阀体的右位起作用，压缩空气经由单向节流阀 1V2 的单向阀到达气缸 1C 的左端，从气缸右端经由单向阀 1V3 的节流阀，实现排气节流，控制气缸速度，最后经 1V1 阀体由气体从 3/5 端口排出。简单地说就是由 B 路进 A 路出，气缸属于伸出状态。

当 2Y 失电时，2V1 阀体的左位起作用，压缩空气经由单向节流阀 2V2 的单向阀到达气缸 2C 的左端，从气缸右端经由单向阀 2V3 的节流阀，实现排气节流，控制气缸速度，最后经 2V1 阀体由气体从 3/5 端口排出。简单地说就是由 A 路进 B 路出，气缸属于伸出状态。

当 2Y 得电时，2V1 阀体的右位起作用，压缩空气经由单向节流阀 2V3 的单向阀到达气缸 2C 的右端，从气缸左端经由单向阀 2V2 的节流阀，实现排气节流，控制气缸速度，最后经 2V1 阀体由气体从 3/5 端口排出。简单地说就是由 B 路进 A 路出，气缸属于缩回状态。

当 3Y1 得电时，3Y2 失电时，3V1 阀体的左位起作用，压缩空气经由单向节流阀 3V3 的单向阀到达气缸 3C 的右端，从气缸左端经由单向阀 3V2 的节流阀，实现排气节流，控制气缸速度，最后经 2V1 阀体由气体从 3/5 端口排出。简单地说就是由 A 路进 B 路出，气缸属于缩回状态。

当 3Y2 得电时，3Y1 失电时，3V1 阀体的右位起作用，压缩空气经由单向节流阀 3V2 的单向阀到达气缸 3C 的左端，从气缸右端经由单向阀 3V3 的节流阀，实现排气节流，控制气缸速度，最后经 2V1 阀体由气体从 3/5 端口排出。简单地说就是由 B 路进 A 路出，气缸属于伸出状态。

【技能训练2】 请根据已经学习的气动元件的气路符号，阅读工作站的气动回路原理图。请指出图中符号的含义，填入表2-2-1。

表2-2-1 气动回路图元件符号识别记录表

| 符 号 | 含 义 名 称 | 功 能 说 明 |
|---|---|---|
| 0V1 | | |
| 1V1 | | |
| 2V1 | | |
| 1V2 | | |
| 2V2 | | |
| 1C | | |
| 2C | | |
| 1Y | | |
| 2Y | | |

## 任务评价与反馈

教师对学生工作过程与任务结果进行评价，并将评价结果填入任务综合评价表2-2-2中。

表2-2-2 任务综合评价表

| 班级： | 姓名： | 学号： | | | |
|---|---|---|---|---|---|
| | 任务名称 | | | | |
| | 评价项目 | 等 级 | | 分值 | 得分 |
| | 考勤（10%） | 无无故旷课、迟到、早退现象 | | 10 | |
| 工作过程<br>（60%） | 资料收集与学习 | 资料收集齐全完整，能完整学习相关资料并能正确理解知识内容 | | 10 | |
| | 引导问题回答 | 能正确回答所有引导问题并能有自己的理解和看法 | | 15 | |
| | 任务实施 | 技能训练1 工作站气动元件连接 | | 10 | |
| | | 技能训练2 气动回路图元件符号识别记录表 | | 10 | |
| | 工作态度 | 态度端正、工作认真、主动 | | 5 | |
| | 协调能力 | 与小组成员、同学之间能合作交流，协同工作 | | 5 | |
| | 职业素养 | 能做到安全生产，文明操作，保护环境，爱护设备设施 | | 5 | |
| 任务成果<br>（30%） | 工作完整 | 能按要求完成所有学习任务 | | 10 | |
| | 操作规范 | 能按照设备及实训室要求规范操作 | | 10 | |
| | 任务结果 | 知识学习完整、正确理解，按要求完成任务，成果提交完整 | | 10 | |
| | 合计 | | | 100 | |

## 任务小结

总结本任务学习过程中的收获、体会及存在的问题，并记录到下面空白处。

_____

_____

_____

# 项目3　传感检测技术

**项目描述：**传感器就像人的眼睛、耳朵、鼻子等感官，可以获取和检测环境和事物的相关信息。在智能产线系统中，加工工件的位置、颜色、高度以及执行机构的运行状态等许多信息的检测需要相应的传感器来完成，传感器检测技术在智能产线系统中起到重要的作用。本项目主要通过介绍智能产线工作站常用的传感检测元件的基本功能和应用特点来初步学习传感检测技术应用方法。

| 项目3　传感检测技术 | 学时：4学时 |
|---|---|
| **学习目标** | |

**知识目标**

（1）认识智能产线中常用传感器的功能作用及类别

（2）了解接近开关、限位开关、激光位移传感器在产线中的作用、使用方法、符号表示、应用场景

**能力目标**

（1）能正确识别智能产线工作站的传感检测元件，包括类型、功能、符号表示

（2）能根据产线相应的标识符号理清传感器和PLC的对应关系

**素质目标**

（1）学生应树立职业意识，并按照企业的"8S"（整理、整顿、清扫、清洁、素养、安全、节约、学习）质量管理体系要求自己

（2）操作过程中，必须时刻注意安全用电，严禁带电作业，严格遵守电工安全操作规程

（3）爱护工具和仪器仪表，自觉地做好维护和保养工作

（4）具有吃苦耐劳、严谨细致、爱岗敬业、团队合作、勇于创新的精神，具备良好的职业道德

**教学重点与难点**

**教学重点**

（1）接近开关及限位开关的电路符号及应用特点

（2）传感器和PLC的对应关系

**教学难点**

（1）传感器检测元件在各工作站的应用特点

（2）传感器和PLC输入点的对应关系

（续）

| 任务名称 | 任务目标 |
|---|---|
| 任务 3.1　认识智能产线中的传感器 | （1）认识智能产线中的传感检测元件的功能种类及应用特点<br>（2）能初步理清智能产线中传感器和 PLC 的对应关系 |

## 任务 3.1　认识智能产线中的传感器

### ⊠》任务工单

| 任务名称 | | | | 姓名 | |
|---|---|---|---|---|---|
| 班级 | | 组号 | | 成绩 | |
| 工作任务 | ◆ 扫描二维码，观看主件供料工作站运行视频<br>◆ 阅读资讯内容，完成引导问题，认识工作站所用的检测传感部件的功能、原理、符号表示、使用方法、应用场景<br>◆ 观察供料工作站，阅读和查阅相关资料，填写本组工作站传感器参数清单表<br>◆ 查询和阅读相关资料，完成本组工作站传感器的类型和功能清单表填写任务 | | | | 主件供料工作站运行视频 |
| 任务目标 | 知识目标<br>• 了解接近开关、限位开关、激光位移传感器在产线中的作用、使用方法、符号表示、应用场景<br>能力目标<br>• 能正确识别智能产线工作站的传感检测元件，包括类型、功能、符号表示<br>• 能初步理清智能产线中传感器和 PLC 的对应关系<br>素质目标<br>• 良好的协调沟通能力、团队合作及敬业精神<br>• 良好的职业素养，遵守实践操作中的安全要求和规范操作注意事项<br>• 勤于思考、善于探索的良好学习作风<br>• 勤于查阅资料、善于自学、善于归纳分析 | | | | |
| 任务准备 | 工具准备<br>• 扳手（17#）、螺丝刀（一字/内六角）、万用表<br>技术资料准备<br>• 智能工厂自动化工厂综合实训平台各工作站的技术资料，包括工艺概览、组件列表、输入输出列表、电气原理图<br>环境准备<br>• IFAE 智能产线实训室，合适的实践安装操作场所和平台 | | | | |
| 任务分配 | 职务 | 姓名 | | 工作内容 | |
| | 组长 | | | | |
| | 组员 | | | | |
| | 组员 | | | | |

## 任务资讯与实施

【引导问题1】 观察供料工作站运行过程，请回答供料工作站的物料传输运行过程中如何检测物料是否运行到达某一位置。

_____

_____

_____

【引导问题2】 查询和阅读相关资料，请回答常用的接近开关有哪些类型并举例说明。

_____

_____

_____

_____

### 3.1.1 接近开关

接近开关是一种无需与运动部件进行机械直接接触而可以操作的位置开关，当物体接近开关的感应面到动作距离时，不需要机械接触及施加任何压力即可使开关动作，从而驱动直流电器或给计算机（PLC）装置提供控制指令。接近开关是一种开关型传感器（即无触点开关），它既有行程开关、微动开关的特性，同时具有传感性能，且动作可靠，性能稳定，频率响应快，应用寿命长，抗干扰能力强、并具有防水、防震、耐腐蚀等特点。接近开关的种类有电感式，电容式，霍尔式，交、直流型。

接近开关在航空、航天技术以及工业生产中都有广泛的应用。在日常生活中，如宾馆、饭店、车库的自动门，自动热风机上都有应用。在安全防盗方面，如资料档案、财会、金融、博物馆、金库等重地，通常都装有由各种接近开关组成的防盗装置。在测量技术中，如长度，位置的测量；在控制技术中，如位移、速度、加速度的测量和控制，也都使用着大量的接近开关。

在自动控制系统中可作为限位、计数、定位控制和自动保护环节等。在智能产线中，接近开关主要是用于装置的定位。

#### 1. 电容式接近开关工作原理

这种开关的测量通常是构成电容器的一个极板，而另一个极板是开关的外壳。这个外壳在测量过程中通常是接地或与设备的机壳相连接。当有物体移向接近开关时，不论它是否为导体，由于它的接近，总要使电容的介电常数发生变化，从而使电容量发生变化，使得和测量头相连的电路状态也随之发生变化，由此便可控制开关的接通或断开。这种接近开关检测的对象不限于导体，也可以是绝缘的液体或粉状物等。如图 3-1-1 所示。

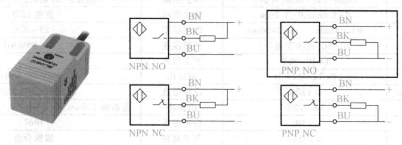

图 3-1-1 电容式接近开关

电容式接近开关规格参数见表 3-1-1。

表 3-1-1 电容式接近开关规格参数

| 规格参数 | | | | |
|---|---|---|---|---|
| 安装方式 | 埋入式 | 非埋入式 | 消耗电流 | ≤10mA |
| 额定距离 Sn | 5mm | 8mm | 保护回路 | 短路保护、过载保护、逆极性保护 |
| 确保距离 Sa | 0~4mm | 0~6.4mm | 输出指示 | 黄色 LED |
| 外形规格 | 18mm×18mm×36mm | | 环境温度 | −25~70℃ |
| 输出方式 | NO/NC(取决于型号) | | 环境湿度 | 35%~95%RH |
| 电源电压 | DC10~30V | | 开关频率 | 700Hz　　500Hz |
| 标准标靶 | Fe18 * 18 * 1t | Fe 24 * 24 * 1t | 冲击耐压 | AC 1000V 50/60Hz 60s |
| 开关点偏移[%/Sr] | ≤±10% | | 绝缘阻抗 | ≥50MΩ(DC500V) |
| 迟滞范围[%/Sr] | 1%~20% | | 耐振动 | 复振幅 1.5mm 10~50Hz(X,Y,Z 方向各 2h) |
| 重复误差 | ≤3% | | 防护等级 | IP67 |
| 负荷电流 | ≤100mA | | 外壳材料 | PBT |
| 残留电压 | ≤2.5V | | 接线方式 | 2m PVC 引线 |

### 2. 电感式接近开关工作原理

电感型接近开关是用于非接触检测金属物体的一种低成本方式，当金属物体移向或移出接近开关时，信号会自动变化，从而达到检测的目的。电感型接近开关由 LC 振荡电路、信号触发器和开关放大器组成，振荡电路的线圈产生高频变磁场，该磁场经由传感器的感应面释放。当金属材料靠近感应面时，如果是非磁性金属，则产生旋涡电流。如果是磁性金属，滞后现象及涡流损耗也会产生，这些损失使 LC 振荡电路能量减少从而降低振荡，当信号触发器检测到这减少现象时，便会把它转换成开关信号。如图 3-1-2 所示。

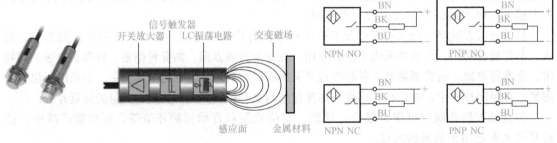

图 3-1-2 电感式接近开关

电感式接近开关规格参数见表 3-1-2。

表 3-1-2 电感式接近开关规格参数

| 规格参数 | | | |
|---|---|---|---|
| 安装方式 | 埋入式 非埋入式 | 消耗电流 | ≤15mA |
| 额定距离 Sn | 2mm(可调)4mm(可调) | 保护回路 | 短路保护、过载保护、逆极性保护 |
| 确保距离 Sa | 0~1.6mm,0~3.2mm | 输出指示 | 黄色 LED |
| 外形规格 | M12×52mm　　M12×56mm | 环境温度 | −25~70℃ |
| 输出方式 | NO/NC(取决于型号) | 环境湿度 | 35%~95%RH |
| 电源电压 | DC10~30V | 开关频率 | 50Hz |
| 标准标靶 | Fe 12 * 12 * 1t | 耐高压 | AC 1000V 50/60Hz 60s |
| 开关点偏移[%/Sr] | ≤±20% | 绝缘阻抗 | ≥50MΩ(DC 500V) |
| 迟滞范围[%/Sr] | 3%~20% | 耐振动 | 复振幅 1.5mm 10~50Hz(X,Y,Z 方向各 2h) |
| 重复误差 | ≤3% | 防护等级 | IP67 |
| 负荷电流 | ≤200mA | 外壳材料 | 镍铜合金 |
| 残留电压 | ≤2.5V | 接线方式 | 2m PVC 引线 |

接近开关的电气符号、文字符号见表 3-1-3。

表 3-1-3 接近开关电气符号和文字符号

| 名　　称 | 符号 | 名　　称 | 符号 |
|---|---|---|---|
| NO 型接近开关电气符号 | SP | 接近开关文字符号 | SP |
| NC 型接近开关电气符号 | SP | | |

【引导问题 3】 限位开关的主要作用是什么？简述本小组工作站所用到的限位开关的具体作用。

_____

_____

_____

_____

## 3.1.2 限位开关

限位开关，位置开关（又称行程开关或微动开关），是一种常用的小电流主令电器。利用生产机械运动部件的碰撞使其触头动作来实现接通或分断控制电路，达到一定的控制目的。通常，这类开关被用来限制机械运动的位置或行程，使运动机械按一定位置或行程自动停止、反向运动、变速运动或自动往返运动等。

在电气控制系统中，限位开关的作用是实现顺序控制、定位控制和位置状态的检测。用于控制机械设备的行程及限位保护。构造：由操作头、触点系统和外壳组成。限位开关广泛用于各类机床和起重机械，用以控制其行程、进行终端限位保护。在电梯的控制电路中，还利用行程开关来控制开关轿门的速度，自动开关门的限位，轿厢的上、下限位保护。

在智能产线中的主要作用是终端限位保护。当机械元件触发限位开关动作，工作站会立刻停止电动机、气动元件等所有动作。

限位开关的主要结构，以 XV-15 型限位开关为例，它采用热固性或热塑性塑料外壳；具有微小触点间隙，动作快速、高灵敏和微小行程等特点；配备各种形式的驱动手柄；广泛应用于各种家用电器、电子设备、自动化设备、通信设备、汽车电子、仪器仪表等领域。

触点类型如图 3-1-3 所示。

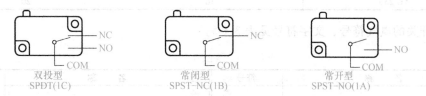

图 3-1-3 限位开关的触点类型

限位开关的工作原理：

外机械力通过传动元件（按销、按钮、杠杆、滚轮等）将力作用于动作簧片上，当动作簧片位移到临界点时产生瞬时动作，使动作簧片末端的动触点与定触点快速接通或断开。当传动元件上的作用力移去后，动作簧片产生反向动作力，当传动元件反向行程达到簧片的动作临界点后，瞬时完成反向动作。微动开关的触点间距小、动作行程短、按动力小、通断迅速。其动触点的动作速度与传动元件动作速度无关。主要结构如图 3-1-4 所示。

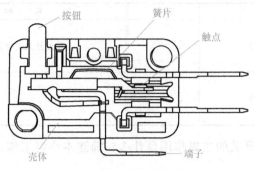

图 3-1-4　限位开关结构图

限位开关电气参数见表 3-1-4。

表 3-1-4　限位开关电气参数

| 项　　　目 | | 参　数　值 |
|---|---|---|
| 操作速度 | | 0.1mm～1m/s |
| 操作频率 | 机械 | 600 次/min |
| | 电气 | 30 次/min |
| 绝缘电阻 | | 100mΩ 以上 DC 500V |
| 接触电阻 | | 25mΩ（初值） |
| 介质耐压 | 非连线 | AC1000V |
| | 各端子间 | AC1500V |
| 振动 | 误动作 | 10～55Hz　复振幅　1.5mm |
| 冲击 | 耐久 | 1000m/s$^2$ |
| | 误动作 | 300m/s$^2$ |
| 寿命 | 电气 | 100000 次以上 |
| | 机械 | 1000000 次以上 |
| 防护等级 | | IP40 |
| 使用温度 | | −25～80℃ |
| 使用湿度 | | <85% |

| 额定电压 $U_e$/V | 额定电流 $I_e$/A | 发热电流 $I_{th}$/A |
|---|---|---|
| AC 250 | 7.5 | 10 |
| AC 125 | 15 | 20 |
| DC 250 | 0.3 | 0.45 |
| DC 125 | 0.6 | 0.75 |
| AC 250 | 16 | 20 |

限位开关的电气符号、文字符号见表 3-1-5。

表 3-1-5　限位开关符号表

| 名　　　称 | 符号 | 名　　　称 | 符号 |
|---|---|---|---|
| 限位开关（动合触点） | | 文字符号 | SQ |
| 限位开关（动开触点） | | | |

【引导问题 4】 阅读和查阅相关资料，简述光电传感器有哪几种类型。

_____

_____

_____

【技能训练 1】 观察智能产线工作站的基本结构，阅读相关资料手册，根据本工作站中传感器与 PLC 的对应关系将本站所用到的传感器列表 3-1-6 填写完整。

表 3-1-6 工作站传感器参数清单

| 序号 | 传感器符号 | PLC 输入点 | 型号 | 功能 | 传感器类型 |
|---|---|---|---|---|---|
| 示例 | B1 | I X. X | LE18SF05DP0 | 搬运初始位 | 接近开关 |
| 1 | | | | | |
| 2 | | | | | |
| 3 | | | | | |
| 4 | | | | | |
| 5 | | | | | |
| 6 | | | | | |
| 7 | | | | | |
| 8 | | | | | |
| 9 | | | | | |
| 10 | | | | | |
| 11 | | | | | |
| 12 | | | | | |

## 3.1.3 光电传感器

光电传感器是将光信号转换为电信号的一种器件。其工作原理基于光电效应。光电效应是指光照射在某些物质上时，物质的电子吸收光子的能量而发生了相应的电效应现象。它首先把被测量的变化转换成光信号的变化，然后借助光电元件进一步将光信号转换成电信号。光电传感器一般由光学通路、光源和光电元件三部分组成。

**1. 光电传感器分类**

光电传感器分类如图 3-1-5 所示。

**2. 几种常用光电传感器介绍**

（1）光电开关

光电接近开关简称光电开关，它是利用被检测物对光束的遮挡或反射，由同步回路接通电路，从而检测物体的有无。物体不限于金属，所有能反射光线（或者对光线有遮挡作用）的物体均可以被检测。光电开关应用广泛，而且型号众多，大致分为对射型、反射型两种，如图 3-1-6 所示。对射型光电开关，一端发射，一端接收，中间有阻隔时产生信号，一般安全光栅也是对射型传感器的一种。光电开关将输入电流在发射器上转换为光信号射出，接收器再根据接收到的光线的强弱或有无对目标物体进行探测。安防系统中常见的光电开关烟雾报警器，工业中经常用它来计数机械臂的运动次数。

（2）光纤传感器

是一种将被测对象的状态转变为可测的光信号的传感器。光纤传感器的工作原理是将光源入射的光束经由光纤送入调制器，在调制器内与外界被测参数的相互作用，使光的光学性质（如光的强度、波长、频率、相位、偏振态等）发生变化，成为被调制的光信号，再经过光纤

| 序号 | 类型名称 | 示图 |
|---|---|---|
| 1 | 漫反射型 | |
| 2 | 对射型 | |
| 3 | 槽型 | |
| 4 | 光纤传感器 | |
| 5 | 色标传感器 | |
| 6 | 激光测距 | |

图 3-1-5　光电传感器分类

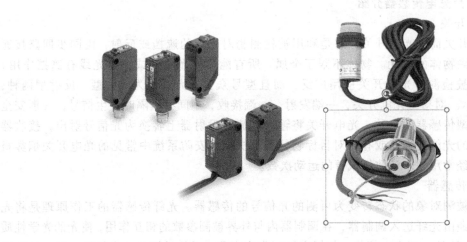

图 3-1-6　光电开关

送入光电器件、经解调器后获得被测参数。整个过程中，光束经由光纤导入，通过调制器后再射出，其中光纤的作用首先是传输光束，其次是起到光调制器的作用。

光纤传感器的优点是与传统的各类传感器相比，光纤传感器用光作为敏感信息的载体，用光纤作为传递敏感信息的媒质，具有光纤及光学测量的特点，有一系列独特的优点。电绝缘性能好，抗电磁干扰能力强，非侵入性，高

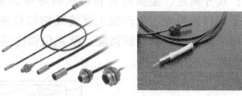

图 3-1-7　光纤传感器

灵敏度，容易实现对被测信号的远距离监控，耐腐蚀，防爆，光路有可挠曲性。图 3-1-7 所示为光纤传感器外观。

（3）色标传感器

色标传感器用于对各种标签进行检测，即使背景颜色有着细微的差别的颜色也可以检测到，处理速度快，自动适应波长，能够检测灰度值的细小差别，与标签和背景的混合颜色无关。色标传感器常用于检测特定色标或物体上的斑点，它是通过与非色标区相比较来实现色标检测，而不是直接测量颜色。色标传感器实际是一种反向装置，光源垂直于目标物体安装，而接收器与物体成锐角方向安装，让它只检测来自目标物体的散射光，从而避免传感器直接接收反射光，并且可使光束聚焦很窄。白炽灯

图 3-1-8　色标传感器

和单色光源都可用于色标检测。IFAE 中所采用的是三色 LED 简易色标传感器 LX-111，如图 3-1-8 所示。

（4）槽型传感器

槽形传感器主要用于滑台原点检测，是把一个光发射器和一个接收器面对面地装在一个槽的两侧组成槽形光电耦合器件。发光器能发出红外光或可见光，在无阻情况下光接收器能收到光。但当被检测物体从槽中通过时，光被遮挡，光电开关便动作，输出一个开关控制信号，切断或接通负载电流，从而完成一次控制动作。槽形开关的检测距离因为受整体结构的限制一般只有几厘米。

光发射器对准目标发射光束，发射的光束一般来源于半导体光源，如发光二极管（LED）、激光二极管及红外发射二极管。光束不间断地发射，或者改变脉冲宽度。接收器由光电二极管、光电晶体管或光电池组成。在接收器的前面，装有光学元件（如透镜和光圈等）。在其后面是检测电路，它能滤出有效信号和应用该信号。如图 3-1-9 所示为槽形传感器。

### 3.1.4　激光位移传感器

图 3-1-9　槽形传感器

激光位移传感器是利用激光技术进行测量的传感器。它由激光器、激光检测器和测量电路组成。激光传感器是新型测量仪表。能够精确非接触测量被测物体的位置、位移等变化。可以测量位移、厚度、振动、距离、直径等精密的几何测量。因为激光有直线度好的优良特性，所以激光位移传感器相对于我们已知的超声波传感器有更高的精度。但是，激光的产生

装置相对比较复杂且体积较大,因此会对激光位移传感器的应用范围要求较苛刻。其主要用于:尺寸测定、金属薄片和薄板的厚度测量、气缸筒的测量、长度的测量、均匀度的检查、电子元件的检查、生产线上灌装级别的检查、传感器测量物体的直线度等;在智能产线中主要用来测量加工物料的高度。激光位移传感器的外观及指示灯含义如图 3-1-10 所示。

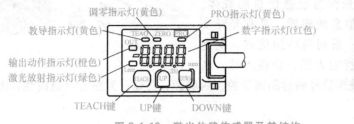

图 3-1-10　激光位移传感器及其结构

【技能训练 2】　除了本小组所列出的传感器之外,请将其他工作站中其他功能的传感器找出,并补到前面的表格中。

【技能训练 3】　将图 3-1-11 的传感器的类型和功能填写到表 3-1-7 中。

表 3-1-7　传感器的类型和功能清单

| 图号 | 功　能 | 传感器类型 |
|------|--------|-----------|
| A | | |
| B | | |
| C | | |
| D | | |
| E | | |

图 3-1-11　识别图中传感器任务图

## 任务评价与反馈

教师对学生工作过程与任务结果进行评价,并将评价结果填入表 3-1-8 中。

表 3-1-8　任务综合评价表

| 班级: | | 姓名: | 学号: | | |
|-------|---|------|------|---|---|
| | 任务名称 | | | | |
| | 评价项目 | 等　级 | | 分值 | 得分 |
| | 考勤(10%) | 无无故旷课、迟到、早退现象 | | 10 | |
| 工作过程(60%) | 资料收集与学习 | 资料收集齐全完整,能完整学习相关资料并能正确理解知识内容 | | 10 | |
| | 引导问题回答 | 能正确回答所有引导问题并能有自己的理解和看法 | | 15 | |

（续）

| 评价项目 | | 等级 | 分值 | 得分 |
|---|---|---|---|---|
| 工作过程<br>（60%） | 任务实施 | 技能训练1  工作站传感器识别 | 5 | |
| | | 技能训练2  智能产线传感器识别 | 5 | |
| | | 技能训练3  传感器的类型识别 | 5 | |
| | 工作态度 | 态度端正、工作认真、主动 | 5 | |
| | 协调能力 | 与小组成员、同学之间能合作交流,协同工作 | 5 | |
| | 职业素养 | 能做到安全生产,文明操作,保护环境,爱护设备设施 | 10 | |
| 任务成果<br>（30%） | 工作完整 | 能按要求完成所有学习任务 | 10 | |
| | 操作规范 | 能按照设备及实训室要求规范操作 | 10 | |
| | 任务结果 | 知识学习完整、正确理解,按要求完成任务,成果提交完整 | 10 | |
| 合计 | | | 100 | |

## 任务小结

总结本任务学习过程中的收获、体会及存在的问题,并记录到下面空白处。

_____

_____

# 学习情境三　智能产线各工作站单站安装与调试（实战操作篇）

**情境描述：** 智能制造场景下的实施工程师，是针对智能制造领域工厂中自动化生产线的操作班组长、产线项目实施人员、助理工程师等。其工作内容主要包括产线运行、维护以及项目实施等。工程师根据项目要求，绘制电气图样，完成电气安装调试，搭建网络拓扑，部署信息系统；能够按照项目要求，完成生产工艺单元的 PLC 控制程序以及人机交互界面的开发与调试；在遇到故障时，能够查找故障原因并进行故障的修复；理解生产数据及其意义，能够对智能产线提出合理化改进建议。同时，在工作过程中，必须严格按照规定安全操作。

本学习情境通过 IFAE 智能制造实训系统 6 个工作站的安装与调试，学习智能产线单元的结构组成、部件功能、硬件安装与调试、软件编程与调试等知识与技能。本学习情境包含 6 个项目，每个项目由 4 个任务组成。

# 项目4    主件供料工作站的安装与调试

| 项目4  主件供料工作站的安装与调试 | 学时：8 学时 |
|---|---|

## 学习目标

**知识目标**

（1）掌握主件供料工作站的结构组成和工艺要求

（2）掌握主件供料工作站的气动回路图和电气原理图的识读方法

（3）掌握主件供料工作站的机械安装和电气安装流程

（4）掌握主件供料工作站 PLC 程序的编写和调试方法

**能力目标**

（1）能够正确认识主件供料工作站的主要组成部件及绘制工作流程

（2）能识读和分析主件供料工作站的气动回路图和电气原理图及安装接线图

（3）能够根据安装图样正确连接工作站的气路和电路

（4）能够根据主件供料工作站的工艺要求进行软硬件的调试和故障排除

**素质目标**

（1）学生应树立职业意识，并按照企业的"8S"（整理、整顿、清扫、清洁、素养、安全、节约、学习）质量管理体系要求自己

（2）操作过程中，必须时刻注意安全用电，严禁带电作业，严格遵守电工安全操作规程

（3）爱护工具和仪器仪表，自觉地做好维护和保养工作

（4）具有吃苦耐劳、严谨细致、爱岗敬业、团队合作、勇于创新的精神，具备良好的职业道德

## 教学重点与难点

**教学重点**

（1）主件供料工作站的气路和电路连接

（2）主件供料工作站的 PLC 控制程序设计

**教学难点**

（1）主件供料工作站的气路和电路故障诊断和排除

（2）主件供料工作站的软件 PLC 程序故障分析和排除

(续)

| 任务名称 | 任务目标 |
|---|---|
| 任务 4.1 认识主件供料工作站组成及工作流程 | (1) 掌握主件供料工作站的主要结构和部件功能<br>(2) 了解主件供料工作站的工艺流程，并绘制工艺流程图 |
| 任务 4.2 识读与绘制主件供料工作站系统电气图 | (1) 能够看懂主件供料工作站的气动控制回路的原理图<br>(2) 能够看懂主件供料工作站的电路原理图 |
| 任务 4.3 主件供料工作站的硬件安装与调试 | (1) 掌握主件供料工作站的气动控制回路的布线方法和绑扎工艺<br>(2) 能根据气路原理图连接与绑扎供料工作站的气路<br>(3) 掌握主件供料工作站的电气控制回路的布线方法和绑扎工艺<br>(4) 能根据电路原理图连接与绑扎主件供料工作站的电路 |
| 任务 4.4 主件供料工作站的控制程序设计与调试 | (1) 掌握主件供料工作站的主要动作过程和工艺要求<br>(2) 能够编写主件供料工作站的 PLC 控制程序<br>(3) 能够正确分析并快速地排除主件供料工作站的软件硬件故障 |

任务 4.1-1 认识
主件供料工作站
组成及工作流程

# 任务 4.1　认识主件供料工作站组成及工作流程

## 🔁 任务工单

| 任务名称 | | | | 姓名 | |
|---|---|---|---|---|---|
| 班级 | | 组号 | | 成绩 | |
| 工作任务 | ◆ 扫描二维码，观看主件供料工作站运行视频<br>◆ 认识主件供料工作站组成主要元部件的功能、原理、符号表示、使用方法、应用场景，完成引导问题<br>◆ 观察主件供料工作站，阅读和查阅相关资料，填写工作站组成元器件清单表<br>◆ 观察主件供料工作站的运行过程，用流程图的形式描述工作站的工艺流程<br>◆ 按要求完成工作站设备现场验收测试（SAT）各项项目 | | | | 主件供料工作<br>站运行视频 |
| 任务目标 | 知识目标<br>● 掌握主件供料工作站的基本组成及主要部件的功能<br>● 了解主件供料工作站的工作流程<br>● 了解设备现场验收测试（SAT）过程和方法 | | | | |

（续）

| | 能力目标 |
|---|---|
| 任务目标 | ● 能正确识别主件供料工作站的气动元件，包括类型、功能、符号表示<br>● 能正确识别主件供料工作站的传感检测元件，包括类型、功能、符号表示<br>● 能正确识别主件供料工作站的常用电气元件，包括类型、功能、符号表示<br>● 能正确填写主件供料工作站的主要组成部件型号、功能、作用<br>● 能按要求正确完成主件供料工作站设备现场验收测试各项项目<br>**素质目标**<br>● 良好的协调沟通能力、团队合作及敬业精神<br>● 良好的职业素养，遵守实践操作中的安全要求和规范操作注意事项<br>● 勤于思考、善于探索的良好学习作风<br>● 勤于查阅资料、善于自学、善于归纳分析 |
| 任务准备 | **工具准备**<br>● 扳手（17#）、螺丝刀（一字/内六角）、万用表<br>**技术资料准备**<br>● 智能自动化工厂综合实训平台各工作站的技术资料，包括工艺概览、组件列表、输入输出列表、电气原理图<br>**环境准备**<br>● 实践安装操作场所和平台 |

| 任务分配 | 职务 | 姓名 | 工作内容 |
|---|---|---|---|
| | 组长 | | |
| | 组员 | | |
| | 组员 | | |

## 任务资讯与实施

【引导问题1】　观察主件供料工作站的运行情况，参考机电一体化系统的基本组成，本工作站基本部件有同步输送组件和流水线上料组件两部分；同步输送组件由（　　　　　）、（　　　　　）、（　　　　　）、升降气缸到位检测传感器、（　　　　　）、连接件以及固定螺栓组成；其功能是将物料从（　　　　）运输到（　　　　　）。流水线上料组件由（　　　　）、传送带轮下方支撑件、（　　　　）、连接件以及固定螺钉；其功能是为（　　　　）。

### 4.1.1　主件供料工作站组成及功能部件介绍

#### 1. 主件供料工作站的组成
主件供料工作站的结构图如图 4-1-1 所示，各组成部件及功能介绍见表 4-1-1。

#### 2. 主件供料工作站的工作流程介绍
工作流程：人工将物料放置在上料处的输送带上，上料驱动电动机 M2 使能后，物料滑动至滑道末端。当末端的物料检测传感器检测到有物料后，升降气缸带动气爪下行，并夹取物料，夹取成功后，气爪上行，然后搬运电动机 M1 开始正转，驱使同步带输送组件从搬运初始位置 B1 向搬运右侧位 B2 移动，当同步带输送组件移动到搬运右侧位置 B2 时，搬运电动机

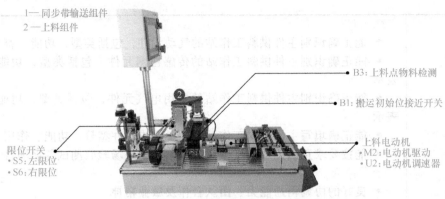

1—同步带输送组件
2—上料组件

B3：上料点物料检测

B1：搬运初始位接近开关

限位开关
·S5：左限位
·S6：右限位

上料电动机
·M2：电动机驱动
·U2：电动机调速器

图 4-1-1　主件供料工作站组成结构图

表 4-1-1　主件供料工作站组成结构及功能部件表

| 序号 | 名　称 | 组　成 | 功　能 |
|---|---|---|---|
| 1 | 同步输送组件 | 同步带输送模组、升降气缸、气爪、升降气缸到位检测传感器、气爪到位检测传感器、连接件以及固定螺栓 | 将物料从主件供料工作站运输到次品分拣工作站 |
| 2 | 流水线上料组件 | 流水线传送带轮、传送带轮下方支撑件、上料点物料检测传感器、连接件以及固定螺栓 | 为工作站提供物料 |

M1 停止正转，在接收到第 2 站空闲信号后，升降气缸带动气爪下行到第 2 站的物料承载平台上方，气爪松开将物料放下，放置成功后，升降气缸带动气爪上行，然后电动机 M1 开始反转，同步带输送组件回到搬运初始位置 B1。供料工作站工作流程如图 4-1-2 所示 。

【技能训练1】　观察主件供料工作站的基本结构，阅读相关资料手册，按要求填写到表 4-1-2 中。

表 4-1-2　主件供料工作站组成结构及功能部件表

| 序号 | 名　称 | 组　成 | 功　能 |
|---|---|---|---|
| 1 | 机械本体部件 | | |
| 2 | 检测传感部件 | | |
| 3 | 电子控制单元 | | |
| 4 | 执行部件 | | |
| 5 | 动力源部件 | | |

【技能训练2】　阅读及查阅资料，观察主件供料工作站运行过程，用流程图的形式绘制工作站工作流程。

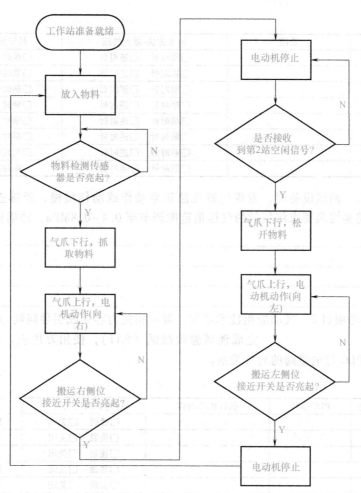

图 4-1-2 主件供料工作站工作流程

【技能训练 3】 完成现场验收测试（SAT），在表 4-1-3 中填写磁性开关的位号，安装位置，功能，是否检测到位。

任务 4.1-2
磁性开关 SAT

表 4-1-3 磁性开关信息清单

| 序号 | 设备名称 | 安装位置 | 功能 | 是否到位 |
|---|---|---|---|---|
| 1 | | | | □是　□否 |
| 2 | | | | □是　□否 |
| 3 | | | | □是　□否 |
| 4 | | | | □是　□否 |
| 5 | | | | □是　□否 |
| 6 | | | | □是　□否 |
| 7 | | | | □是　□否 |
| 8 | | | | □是　□否 |

【技能训练 4】 完成现场验收测试（SAT），调节本工作站气流调节阀，在表 4-1-4 中填写不同执行机构的气流阀调节方法。

任务 4.1-3
气阀调节 SAT

表 4-1-4　气流调节信息清单

| 序号 | 设备名称 | 功能 | 调节方法-增大气压 | | 调节方法-减小气压 | |
|------|---------|------|------------------|--|------------------|--|
| 1 | | | □顺时针 | □逆时针 | □顺时针 | □逆时针 |
| 2 | | | □顺时针 | □逆时针 | □顺时针 | □逆时针 |
| 3 | | | □顺时针 | □逆时针 | □顺时针 | □逆时针 |
| 4 | | | □顺时针 | □逆时针 | □顺时针 | □逆时针 |
| 5 | | | □顺时针 | □逆时针 | □顺时针 | □逆时针 |
| 6 | | | □顺时针 | □逆时针 | □顺时针 | □逆时针 |
| 7 | | | □顺时针 | □逆时针 | □顺时针 | □逆时针 |
| 8 | | | □顺时针 | □逆时针 | □顺时针 | □逆时针 |

【引导问题 2】　调试设备时，发现气缸无法正常动作或动作缓慢，经排查发现，气源气阀的气压不够，需要按照要求将气阀的气压值范围调节至 0.4~0.8MPa，并描述调节过程。

_____

_____

_____

_____

（小提示：参考项目 2　气动应用技术章节，复习相关内容完成引导问题。）

任务 4.1-4 PLC 与电磁阀对应关系测试

【技能训练 5】　完成现场验收测试（SAT），使用万用表，在表 4-1-5 中列出 PLC 与电磁阀的对应关系。

表 4-1-5　PLC 与电磁阀对应表

| 序号 | PLC 信号 | 执行机构动作 | 电磁阀进气口 | | 电磁阀出气口 | |
|------|---------|------------|------------|--|------------|--|
| 1 | | | □接通 | □关闭 | □接通 | □关闭 |
| 2 | | | □接通 | □关闭 | □接通 | □关闭 |
| 3 | | | □接通 | □关闭 | □接通 | □关闭 |
| 4 | | | □接通 | □关闭 | □接通 | □关闭 |
| 5 | | | □接通 | □关闭 | □接通 | □关闭 |
| 6 | | | □接通 | □关闭 | □接通 | □关闭 |

任务 4.1-5　PLC 与按钮对应关系测试

【技能训练 6】　找到本工作站中的所有按钮并根据设备的使用操作、设备执行的动作、PLC 输入输出指示灯的现象，将本工作站中按钮控制与 PLC 的对应关系及按钮旋钮的型号填入表 4-1-6 中。

表 4-1-6　工作站中按钮控制与 PLC 的对应关系

| 序号 | 按钮名称 | PLC 输入点 | 型号 | 功能 | 初始位置状态 | | 操作后状态 | |
|------|---------|-----------|------|------|------------|--|----------|--|
| 1 | | | | 手/自动切换 | □通 | □不通 | □通 | □不通 |
| 2 | | I0.1 | | | □通 | □不通 | □通 | □不通 |
| 3 | | | XB2-BA31C | 单步运行 | □通 | □不通 | □通 | □不通 |
| 4 | | I0.3 | XB2-BS542C | | □通 | □不通 | □通 | □不通 |
| 5 | 三位旋钮 | | | 复位 | □通 | □不通 | □通 | □不通 |
| 6 | | | | HMI 启动 | □通 | □不通 | □通 | □不通 |
| 7 | 急停按钮 | | | HMI 急停 | □通 | □不通 | □通 | □不通 |

【技能训练 7】　使用万用表测量三色灯的输出接线，把测量结果填入表 4-1-7 中。

操作步骤：

1）把设备的供电插头插上，断电，闭合所有断路器。

2）找到三色灯的控制线，将万用表调到蜂鸣档位，表笔分别测量 PLC 输出点和三色灯的引脚。

3）检验后，在检测通过一栏打勾。

表 4-1-7　三色灯测试清单

| 序号 | PLC 输出点 | 对应功能 | 是否接通蜂鸣 |
|---|---|---|---|
| 1 | Q0.0 | 三色灯绿色 | □通　□不通 |
| 2 | | | □通　□不通 |
| 3 | | | □通　□不通 |
| 4 | | | □通　□不通 |
| 5 | | | □通　□不通 |

【技能训练 8】　列出工作站主要部件，包括气动组件、传感器、开关、控制器、电动机等，填入表 4-1-8 中。

表 4-1-8　供料工作站元器件清单表

| 序号 | 名称 | 品牌 | 规格 | 型号 | 数量 |
|---|---|---|---|---|---|
| 1 | CPU | | | | |
| 2 | HMI | | | | |
| 3 | 断路器 | | 2P | | |
| 4 | 断路器 | | 1P | | |
| 5 | | | | | |
| 6 | | | | | |
| 7 | | | | | |
| 8 | | | | | |
| 9 | | | | | |
| 10 | | | | | |
| 11 | | | | | |
| 12 | | | | | |
| 13 | | | | | |
| 14 | | | | | |
| 15 | | | | | |
| 16 | | | | | |
| 17 | | | | | |
| 18 | | | | | |
| 19 | | | | | |
| 20 | | | | | |
| 21 | | | | | |
| 22 | | | | | |
| 23 | | | | | |
| 24 | | | | | |
| 25 | | | | | |
| 26 | | | | | |
| 27 | | | | | |
| 28 | | | | | |
| 29 | | | | | |
| 30 | | | | | |

⏩》 任务评价与反馈

　　教师对学生工作过程与任务结果进行评价，并将评价结果填入表 4-1-9 中。

表 4-1-9　综合评价表

| 班级： | 姓名： | 学号： | | |
|---|---|---|---|---|
| 任务名称 | | 认识供料工作站 | | |
| 评价项目 | | 等　级 | 分值 | 得分 |
| 考勤(10%) | | 无无故旷课、迟到、早退现象 | 10 | |
| 工作过程<br>(60%) | 资料收集与学习 | 资料收集齐全完整，能完整学习相关资料并能正确理解知识内容 | 5 | |
| | 引导问题回答 | 能正确回答所有引导问题并能有自己的理解和看法 | 5 | |
| | 任务实施 | 技能训练 1　主件供料工作站组成结构及功能部件表 | 5 | |
| | | 技能训练 2　绘制工作站工作流程图 | 5 | |
| | | 技能训练 3　磁性开关信息清单 | 3 | |
| | | 技能训练 4　气流调节信息清单 | 2 | |
| | | 技能训练 5　PLC 与电磁阀对应表 | 3 | |
| | | 技能训练 6　按钮控制与 PLC 的对应关系 | 5 | |
| | | 技能训练 7　三色灯测试清单 | 2 | |
| | | 技能训练 8　主件供料工作站部件清单表 | 5 | |
| | 工作态度 | 态度端正、工作认真、主动 | 5 | |
| | 协调能力 | 与小组成员、同学之间能合作交流，协同工作 | 5 | |
| | 职业素养 | 能做到安全生产，文明操作，保护环境，爱护设备设施 | 10 | |
| 任务成果<br>(30%) | 工作完整 | 能按要求完成所有学习任务 | 10 | |
| | 操作规范 | 能按照设备及实训室要求规范操作 | 5 | |
| | 任务结果 | 引导问题回答完整，按要求完成任务表内容，能介绍清楚本工作站的组成部件功能及作用、安装位置及工作站的工艺流程，成果提交完整 | 15 | |
| 合计 | | | 100 | |

**🄳〉〉任务小结**

总结本任务学习过程中的收获、体会及存在的问题，并记录到下面空白处。

_____

_____

_____

_____

## 任务4.2　识读与绘制主件供料工作站系统电气图

任务 4.2-1　识读
气动回路图　　**🄳〉〉任务工单**

| 任务名称 | | | | 姓名 | |
|---|---|---|---|---|---|
| 班级 | | 组号 | | 成绩 | |
| 工作任务 | ◆根据引导问题，学习相关知识点，完成引导问题及各项技能训练任务<br>◆扫描二维码，下载主件供料工作站的气动回路图和电气原理图，按要求完成气动回路图和电气原理图的分析和绘制 | | | 主件供料工作站的气动回路图和电气原理图 | |
| 任务目标 | 知识目标<br>● 掌握工作站气动回路图识读与绘制方法<br>● 掌握电气原理图识读与绘制方法 | | | | |

（续）

| 任务目标 | 能力目标<br>• 能够读懂气动回路图和电气原理图<br>• 能够绘制气动回路图和电气原理图<br>素质目标<br>• 良好的协调沟通能力、团队合作及敬业精神<br>• 良好的职业素养，遵守实践操作中的安全要求和规范操作注意事项<br>• 勤于思考、善于探索的良好学习作风<br>• 勤于查阅资料、善于自学、善于归纳分析 | | |
|---|---|---|---|
| 任务准备 | 工具准备<br>• 扳手（17#）、螺丝刀（一字/内六角）、万用表<br>技术资料准备<br>• 智能自动化工厂综合实训平台各工作站的技术资料，包括工艺概览、组件列表、输入输出列表、电气原理图<br>环境准备<br>• 实践安装操作场所和平台 | | |
| 任务分配 | 职务 | 姓名 | 工作内容 |
| | 组长 | | |
| | 组员 | | |
| | 组员 | | |

## 任务资讯与实施

### 4.2.1 主件供料工作站气动回路分析

**1. 元件介绍**

该工作站气动原理图如图 4-2-1 所示，图中，0V1 点画线框为阀岛，1V1、2V1 分别被两个点画线框包围，为两个电磁换向阀，也就是阀岛上的第一片阀、第二片阀，其中 1V1 为单控两位五通电磁阀，2V1 为双控两位五通电磁阀；1C 为升降气缸，1B1 和 1B2 为磁感应式接近开关，分别检测升降气缸下降和上升是否到位；2C 为气动手指（气爪），2B1 和 2B2 为磁感应式接近开关，分别检测气动手指张开和缩回是否到位。1Y 为控制升降气缸的电磁阀的电磁控制信号；2Y1、2Y2 为控制气动手指的电磁阀的两个电磁控制信号。1V2、1V3、2V2、2V3 为单向节流阀，起到调节气缸或气爪推出和缩回的速度。

**2. 动作分析**

当 1Y 失电时，1V1 阀体的左位起作用，压缩空气经由单向节流阀 1V2 的单向阀到达气缸 1C 的左端，从气缸右端经由单向阀 1V3 的节流阀，实现排气节流，控制气缸速度，最后经由 1V1 阀体气体从 3/5 端口排出。简单地说就是由 A 路进 B 路出，气缸属于下降状态。

当 1Y 得电时，1V1 阀体的左位起作用，压缩空气经由单向节流阀 1V3 的单向阀到达气缸 1C 的右端，从气缸右端经由单向阀 1V2 的节流阀，实现排气节流，控制气缸速度，最后经由 1V1 阀体气体从 3/5 端口排出。简单地说就是由 B 路进 A 路出，气缸属于上升状态。

当 2Y1 得电，2Y2 失电时，2V1 阀体的左位起作用，压缩空气经由单向节流阀 2V2 的单向阀到达气爪 2C 的左端，从气爪右端经由单向阀 2V3 的节流阀，实现排气节流，控制气爪速度，最

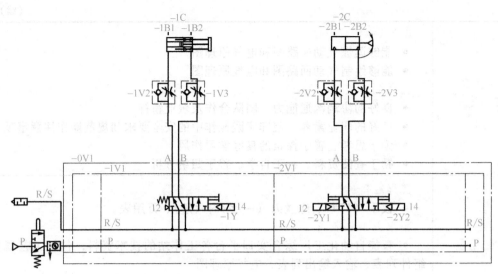

图 4-2-1　主件供料工作站气动回路图

后经由 2V1 阀体气体从 3/5 端口排出。简单地说就是由 A 路进 B 路出，气爪属于张开状态。

当 2Y2 得电时，2Y1 失电时，2V1 阀体的左位起作用，压缩空气经由单向节流阀 2V3 的单向阀到达气爪 2C 的右端，从气缸左端经由单向阀 2V2 的节流阀，实现排气节流，控制气爪速度，最后经由 2V1 阀体气体从 3/5 端口排出。简单地说就是由 B 路进 A 路出，气爪属于缩回状态。

【技能训练 1】　根据已经学习的气动元件的气路符号，阅读工作站的气动回路原理图。指出图中符号的含义，填入表 4-2-1 中。

表 4-2-1　气动回路图元件符号识别记录表

| 符号 | 含义名称 | 功能说明 |
|---|---|---|
| 0V1 |  |  |
| 1V1 |  |  |
| 2V1 |  |  |
| 1V2 |  |  |
| 1V2 |  |  |
| 2V2 |  |  |
| 2V3 |  |  |
| 1C |  |  |
| 2C |  |  |
| 1B1 |  |  |
| 1B2 |  |  |
| 2B1 |  |  |
| 2B2 |  |  |
| 1Y |  |  |
| 2Y1 |  |  |
| 2Y2 |  |  |

### 4.2.2　主件供料工作站电气控制电路分析

【引导问题 1】　观察主件供料工作站供电电源，思考工作站是如何实现由外部 220V 交流电源转换为 24V 直流电源的，绘制出供电电源电路。

任务 4.2-2　识读
控制电路图

### 1. 电源电路

外部 220V 交流电源通过一个 2P 断路器（型号规格：SIEMENS 2P/10A）给 24V 开关电源（型号规格：明纬 NES-100-24 100W 24V 4.5A）供电，输出 24V 直流电源，给后续控制单元供电。由 24V 翘板带灯开关控制 24V 直流供电电源的输出通断，如图 4-2-2 所示。

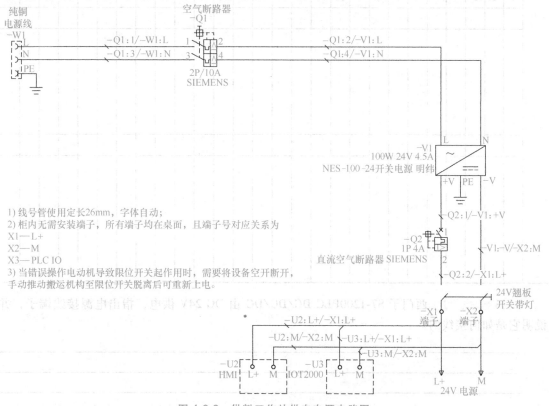

图 4-2-2　供料工作站供电电源电路图

【技能训练2】 根据现场的端子接线，画出与之对应的端子图，并把表 4-2-2 工作站接线端子表填写完整。

## 2. PLC 接线端子电路

PLC 为西门子 S7-1200PLC 1214DC/DC/DC，供货号为 SIE 6ES7214-1AG40-0XB0；输入端子（DI a-DI b）接按钮开关、接近开关及传感检测端；输出端子（DQ a-DQ b）接输出驱动（接触器线圈、继电器线圈、电动机驱动）单元端子。如图 4-2-3 所示。

表 4-2-2　接线端子对照表

| 1 | 2 | 3 | 4 | 5 | 6 | 7 | 8 | 9 | 10 | 11 | 12 | 13 | 14 | 15 | 16 | 17 | 18 | 19 | 20 | 21 | 22 | 23 | 24 | 25 | 26 | 27 |
|---|---|---|---|---|---|---|---|---|----|----|----|----|----|----|----|----|----|----|----|----|----|----|----|----|----|----|
| 1 | 2 | 3 | 4 | 5 | 6 | 7 | 8 | 9 | 10 | 11 | 12 | 13 | 14 | 15 | 16 | 17 | 18 | 19 | 20 | 21 | 22 | 23 | 24 | 25 | 26 | 27 |

【引导问题2】 西门子 S7-1200PLC DC/DC/DC 由 DC 24V 供电，指出电源接线端子，并说明它是如何接线的。

3. PLC 电源及电路图

西门子 S7-1200的PLC的CPU由DC 24V供电，1~16 24V 电源定额，须经 24V 电源电压的从 PLC 上所示接连接地，如图 4-2-3所示。

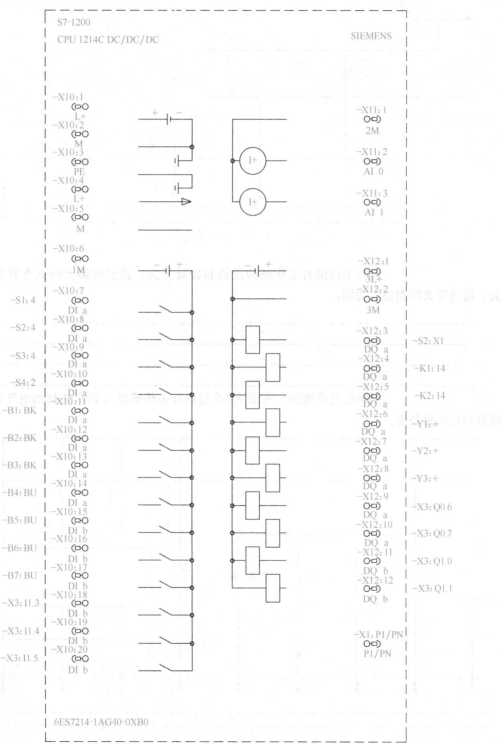

SIE. 6ES7214-1AG40-0XB0

图 4-2-3  PLC 接线端子电路图

### 3. PLC 电源供电电路

西门子 S7-1200PLC DC/DC/DC 由 DC 24V 供电。L+接 24V 电源正极，M 接 24V 电源负极，PE 接中性保护地。如图 4-2-4 所示。

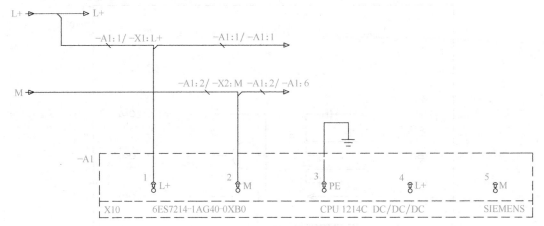

图 4-2-4　PLC 电源供电电路图

【引导问题 3】　观察主件供料工作站的按钮和接近开关，找到检测上料点有料的接近开关，简述开关的类型、功能。

_____

_____

_____

【技能训练 3】　根据电气原理图，将图 4-2-5 接近开关传感器与 PLC 连接的电气原理图虚线框内的电路补全。

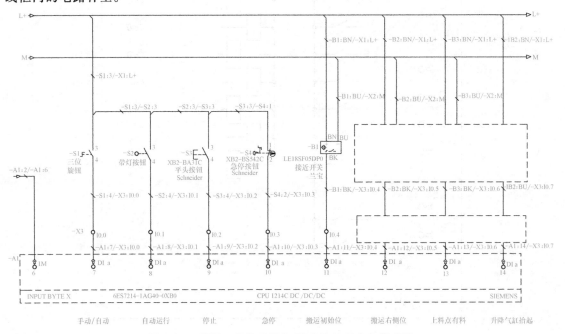

图 4-2-5　接近开关传感器与 PLC 连接的电气原理图

### 4. 按钮及接近开关接线电路

主件供料工作站的动作及状态是由 PLC 控制的，与 PLC 的通信由 PLC 的 I/O 端口连接实现。I/O 端口与设备上的元件连接也就实现了 PLC 与设备上的元件连接。按钮和接近开关的电气接线如图 4-2-6 和图 4-2-7 所示。

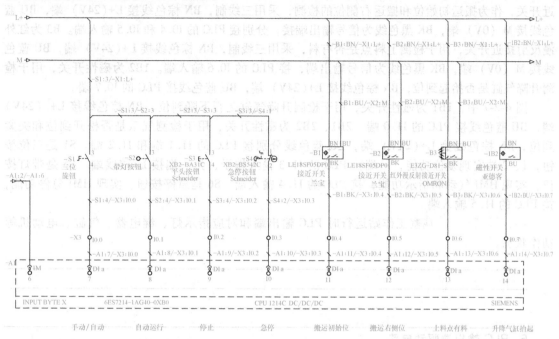

图 4-2-6　按钮及接近开关接线电路（1）

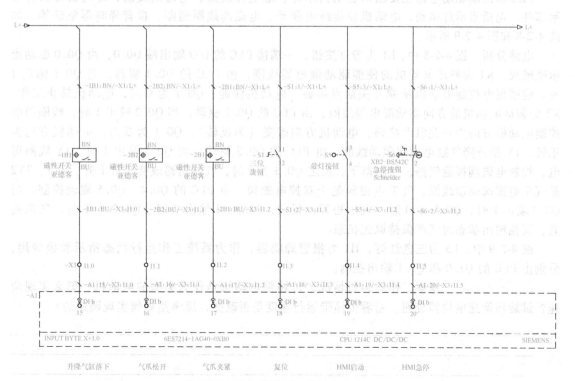

图 4-2-7　按钮及接近开关接线电路（2）

电路图分析：图 4-2-6 按钮及接近开关接线电路（1）中，S1 为三位按钮，3、4 端实现手动/自动切换功能，一端接 PLC 的 I0.0 输入端子，另一端接 L+接线端。S2 为带灯按钮，实现起动自动和指示自动运行作用，接 PLC 的 I0.1 输入端。S3 为平头按钮，实现停止运行功能，接 PLC 的 I0.2 输入端。S4 是急停按钮，实现系统急停功能，接 PLC 的 I0.3 输入端。B1、B2 是接近开关，作为搬运初始位和搬运右侧位的检测，采用三线制，BN 棕色线接 L+（24V）端，BU 蓝色线接 M（0V）端，BK 黑色线为信号输出端接，分别接 PLC 的 I0.4 和 I0.5 输入端。B3 为红外漫反射接近开关，用于检测上料点是否有料，采用三线制，BN 棕色线接 L+（24V）端，BU 蓝色线接 M（0V）端，BK 黑色线为信号输出端，接 PLC 的 I0.6 输入端。1B2 为磁性开关，用于检测升降气缸是否抬起到位，BN 棕色线接 L+（24V）端，BU 蓝色线接 PLC 的 I0.7 端。

图 4-2-7 中，1B1 为磁性开关，用于检测升降气缸是否下降到位，BN 棕色线接 L+（24V）端，BU 蓝色线接 PLC 的 I1.0 端。2B1、2B2 为磁性开关，用于检测气爪是否松开到位和夹紧到位，BN 棕色线接 L+（24V）端，BU 蓝色线分别接 PLC 的 I1.1 端和 I1.2 端。S1 是三位按钮，1、2 端实现复位功能，一端接 PLC 的 I1.3 输入端子，另一端接 L+接线端。S5 是带灯按钮，实现 HMI 气动和指示功能，接 PLC 的 I1.4 输入端。S6 是急停按钮，实现 HMI 急停功能，接 PLC 的 I1.5 输入端。

【引导问题 4】 观察工作站运行时 PLC 输出端和对应指示灯、继电器、气缸、电动机等动作状态。

_____

_____

_____

_____

### 5. PLC 输出端驱动电路

PLC 输出端驱动电路主要输出驱动指示灯、继电器线圈、电磁阀线圈、蜂鸣器等执行指示部件。包括指示灯驱动、电动机使能继电驱动、电磁阀线圈通断、报警蜂鸣器驱动等，如图 4-2-8 和图 4-2-9 所示。

电路分析：图 4-2-8 中，L1 为带灯按钮，一端接 PLC 的 I/O 输出端 Q0.0，由 Q0.0 驱动指示亮或灭。K1 为搬运电动机的使能驱动继电器线圈，由 PLC 的 Q0.1 驱动，当 Q0.1 输出 1 时，线圈得电控制电动机使能开关触点接通，电动机使能；Q0.1 为 0 时，电动机禁止工作。K2 为搬运电动机的方向驱动继电器线圈，由 PLC 的 Q0.2 驱动，当 Q0.2 输出 1 时，线圈得电控制电动机方向为开关触点接通，电动机方向改变（为反转）；Q0.1 为 0 时，电动机方向为正转。1Y 是升降气缸电磁阀驱动线圈，由 PLC 的 Q0.3 驱动，当 Q0.3 输出 1 时，1Y 线圈得电，控制电磁阀接通气路，气缸落下，反之 Q0.3 为 0 时，气路通路改变气缸上升。2Y1、2Y2 是气爪电磁阀驱动线圈，气爪电磁阀是个双控电磁阀，由 PLC 的 Q0.4、Q0.5 驱动控制，当 Q0.4 输出 1 时，Q0.5 为 0 时，气爪松开，反之，当 Q0.4 输出 0 时，Q0.5 为 1 时，气爪夹紧，其他输出状态时气爪保持原先状态。

图 4-2-9 中，L3 为三色红灯，H1 为报警蜂鸣器，作为系统工作运行状态指示和报警用，分别由 PLC 的 Q1.0 和 Q1.1 输出控制。

【引导问题 5】 观察工作站运行情况，传输带电动机是什么类型的电动机？怎么实现调速？试旋转调速电位器旋钮，看看传输带运行速度是否改变，思考是如何实现调速的？

_____

_____

_____

_____

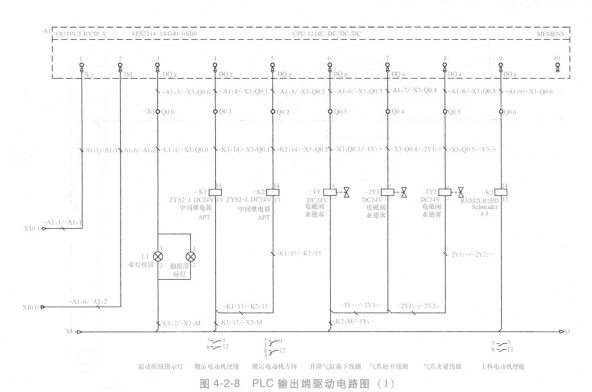

图 4-2-8　PLC 输出端驱动电路图（1）

图 4-2-9　PLC 输出端驱动电路图（2）

### 6. 传输带电动机调速控制电路

电路分析：图 4-2-10 中，M1 为传输带电动机是直流减速电动机。U1 为电动机调速器，基本原理就是通过调节电位器旋钮来调节通过直流电动机的电压从而调节电动机速度。K1 为电动机运行起停开关，K2 为电动机正反转切换开关，S5、S6 为电动机运动位置左右限位开关，用于限制电动机左右运行位置。合上启停开关 K1，K2 开关 1-9 接通，接通电源正极 L+端，4-12 接通电源负端 M，电源导通，电动机正转；切换 K2 开关 5-9 接通，接通电源负端 M，8-12 接通电源正极 L+端，电动机电源两端换向，实现电动机反转。当电动机运行到左限位时，触碰到左限位开关 S5，S5 断开电动机电源，电动机停止在左限位位置。同样，当电动

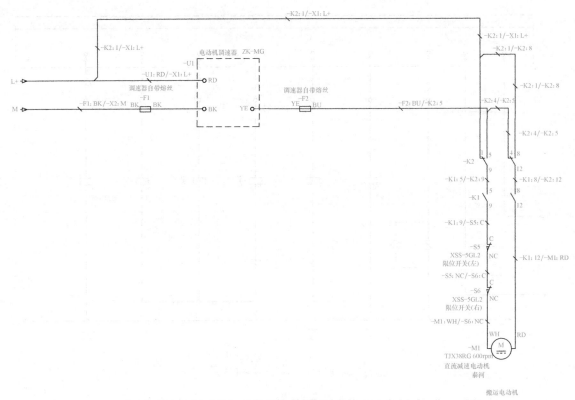

图 4-2-10　传输带电动机调速控制电路图

机运行到右限位时，触碰到右限位开关 S6，S6 断开电动机电源，电动机停止在右限位位置。

【技能训练 4】　根据电气原理图，将图 4-2-11 接近开关传感器与 PLC 连接的电气原理图虚线框内的电路补全。

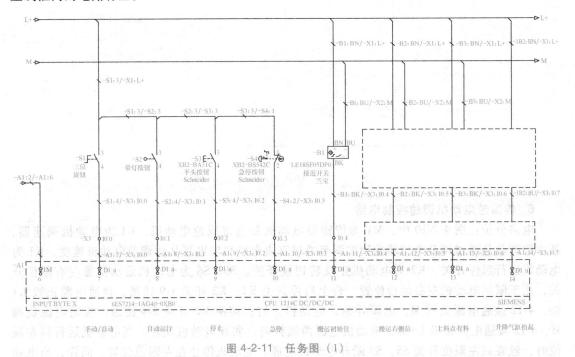

图 4-2-11　任务图（1）

【技能训练5】 经过继电器工作原理的学习,通过两个继电器完成直流电动机的起动/停止控制,正转/反转控制的电路设计,将图 4-2-12 补充完整。可通过万用表测量设备电路。

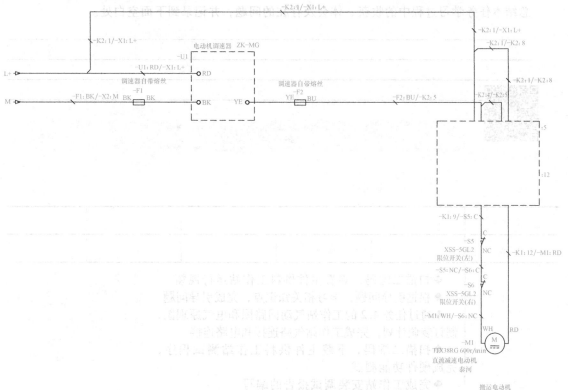

图 4-2-12 任务图（2）

## 任务评价与反馈

教师对学生工作过程与任务结果进行评价,并将评价结果填入表 4-2-3 中。

表 4-2-3 任务综合评价表

| 班级: | | 姓名: | 学号: | | |
|---|---|---|---|---|---|
| 学习任务 4.2 | | | 识读与绘制主件供料工作站系统电气图 | | |
| 评价项目 | | 等　　级 | | 分值 | 得分 |
| 考勤(10%) | | 无无故旷课、迟到、早退现象 | | 10 | |
| 工作过程<br>(60%) | 资料收集与学习 | 资料收集齐全完整,能完整学习相关资料并能正确理解知识内容 | | 10 | |
| | 引导问题回答 | 能正确回答所有引导问题并能有自己的理解和看法 | | 10 | |
| | 任务实施 | 技能训练1　气动原理图认知 | | 5 | |
| | | 技能训练2　工作站接线端子表 | | 5 | |
| | | 技能训练3、4　补全接近开关传感器电路 | | 5 | |
| | | 技能训练5　补全完善电动机调速电路 | | 5 | |
| | 工作态度 | 态度端正、工作认真、主动 | | 5 | |
| | 协调能力 | 与小组成员、同学之间能合作交流,协同工作 | | 5 | |
| | 职业素养 | 能做到安全生产,文明操作,保护环境,爱护设备设施 | | 10 | |
| 任务成果<br>(30%) | 工作完整 | 能按要求完成所有学习任务 | | 10 | |
| | 操作规范 | 能按照设备及实训室要求规范操作 | | 5 | |
| | 任务结果 | 知识学习完整、正确理解,图样识读和绘制正确,成果提交完整 | | 15 | |
| 合计 | | | | 100 | |

**任务小结**

总结本任务学习过程中的收获、体会及存在的问题，并记录到下面空白处。

_____

_____

_____

任务 4.3-1 硬件
安装与调试
规范与安全

## 任务4.3  主件供料工作站的硬件安装与调试

**任务工单**

| 任务名称 | | | | 姓名 | |
|---|---|---|---|---|---|
| 班级 | | 组号 | | 成绩 | |
| 工作任务 | ◆扫描二维码，观看主件供料工作站运行视频<br>◆根据引导问题，学习相关知识点，完成引导问题<br>◆通过任务4.2的工作站气动回路图和电气原理图，制订装调计划，完成工作站气路连接和电路连接<br>◆扫描二维码，下载主件供料工作站测试程序，完成硬件功能测试<br>◆完成工作站安装调试报告的编写 | | | 主件供料工作<br>站运行视频 主件供料工作<br>站测试程序 | | |
| 任务目标 | 知识目标<br>• 掌握常用装调工具和仪器的使用方法<br>• 掌握机电设备安装调试技术标准<br>• 掌握设备安装调试安全规范<br>能力目标<br>• 能够正确识读电气图<br>• 能够制订设备装调工作计划<br>• 能够正确使用常用的机械装调工具<br>• 能够正确使用常用的电工工具、仪器<br>• 会正确使用机械、电气安装工艺规范和相应的国家标准<br>• 能够编写安装调试报告<br>素质目标<br>• 良好的协调沟通能力、团队合作及敬业精神<br>• 良好的职业素养，遵守实践操作中的安全要求和规范操作注意事项<br>• 勤于思考、善于探索的良好学习作风<br>• 勤于查阅资料、善于自学、善于归纳分析 | | | | |
| 任务准备 | 工具准备<br>• 扳手（17#）、螺丝刀（一字/内六角）、斜口钳、尖嘴钳、压线钳、剥线钳、网线钳、万用表<br>技术资料准备<br>• 智能自动化工厂综合实训平台各工作站的技术资料，包括工艺概览、组件列表、输入输出列表、电气原理图 | | | | |

（续）

| 任务准备 | 材料准备<br>● 气管、气管接头、尼龙扎带、螺钉、螺母、导线、接线端子等<br>环境准备<br>● 实践安装操作场所和平台 | | |
|---|---|---|---|
| 任务分配 | 职务 | 姓名 | 工作内容 |
| | 组长 | | |
| | 组员 | | |
| | 组员 | | |

## 任务资讯与实施

### 4.3.1　制定工作方案

设备在安装调试前，应制定安装调试工作方案，准备好安装调试所用的工具、材料、设备与相关技术资料，并详细了解其原理及使用方法。

【技能训练1】　将设备安装调试流程步骤及工作内容填入表4-3-1中。

表4-3-1　工作站安装调试流程步骤及工作方案

| 序号 | 步骤 | 工作内容 | 负责人 |
|---|---|---|---|
| 1 | | | |
| 2 | | | |
| 3 | | | |
| 4 | | | |
| 5 | | | |
| 6 | | | |
| 7 | | | |
| 8 | | | |
| 9 | | | |
| 10 | | | |

【技能训练2】　将所需仪表、工具、耗材和器材等清单填入表4-3-2中。

表4-3-2　工作站安装调试工具耗材清单

| 序号 | 名称 | 型号与规格 | 单位 | 数量 | 备注 |
|---|---|---|---|---|---|
| 1 | | | | | |
| 2 | | | | | |
| 3 | | | | | |
| 4 | | | | | |
| 5 | | | | | |
| 6 | | | | | |
| 7 | | | | | |
| 8 | | | | | |

### 4.3.2　设备安装调试工作流程

设备在安装调试前，应对一般机电设备的安装调试流程做深入了解。通常，设备安装调试流程包括以下几个步骤。

### 1. 安装设备基础

对需要设备基础的机电设备，应根据厂家要求浇筑设备基础。之后，核对基础的几何尺寸、标高、水平度、预埋件等是否符合要求；检查基础表面有无缺陷及其密实度。对大型设备或冲压设备的基础，还应根据要求提供预压记录和沉降观测点。对于仅需要工作台面的机电设备，应提供几何尺寸大小符合要求，水平度、平面度符合要求且结实、稳固的工作台面。

### 2. 设备拆箱，核对装修清单

设备拆箱后，先找出设备清单，然后根据清单一一核对。如有缺少的部件，要及时和厂家联系补足。

### 3. 装配前的准备工作

准备好装配需要的所有技术资料图样、合格零部件以及需要使用的工具。

### 4. 安装机电设备的硬件部分

安装时，先规划好整个设备的硬件部件的安装顺序，包括机械部分、气压系统、液压系统中的各个部件。摆放布局要做到合理、美观、层次分明。气压、液压系统中的硬件、进出气/油口要做好保护，防止杂质进入。

### 5. 进行机电设备的电气系统接线

按图正确布线，在线的两端套上标号头，以便日后维修排故、正确接线，接线要符合国家规范，正确、牢固。

### 6. 机电设备的气压/液压系统管路连接

### 7. 设备试运转

### 8. 设备安装工程的验收与移交使用

具体的安装调试工作流程如图 4-3-1 所示。

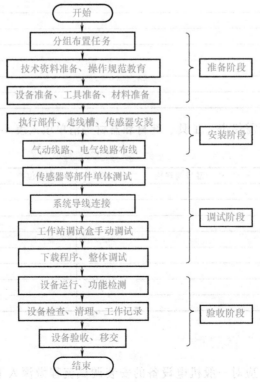

图 4-3-1 安装调试工作流程图

【引导问题1】　观察工作站结构组成，找到上料点有料检测传感器，现需要测量其接线端子情况以及调整其安装位置，考虑如何进行，需要什么操作工具？

_____

_____

_____

【引导问题2】　简述设备安装前需要准备哪些技术资料。

_____

_____

_____

### 4.3.3　机电设备安装规范

机电设备严格按照规范安装有利于设备质量保证，使设备质量统一、美观、维修方便。所以设备装调必须严格遵守技术规范。

1）检查设备基础是否可靠、稳固，是否已经找平、找正，保证设备基础可靠接地。

2）设备拆箱后，根据装箱清单核对零部件、设备技术资料以及自带的配套工具是否齐全、检查零部件有无破损现象。

3）设备装配准备工作：

① 图样技术资料包括设备的零部件清单；机械系统的各类装配图样、零件图等；电气系统的电气原理图、气压/液压系统的气压/液压系统图、管路布置图等。

② 零部件的准备是对已经对照清单检查外观无破损的零部件的质量进行性能检测，防止将内部有损坏的零部件装入系统，导致设备故障。

③ 装配工具的准备是将水平仪、螺丝刀、扳手等机电设备装调需要的工具放到指定位置，以方便取用。杜绝出现已经开始装配却还在到处找工具的混乱现象。

4）安装机电设备的机械系统，规定所有零件和部件的装配顺序。装配程序一般应遵循的原则如下所述：

① 先装下部零件，后装上部零件。

② 先装内部零件，后装外部零件。

③ 先装笨重零件，后装轻巧零件。

④ 先装精度要求较高的零件，后装一般性零件。

对于有部件安装位置可调的机电设备，要有大局观念，摆放布局要合理、美观，层次要分明。要事先规划好各个部件的安装位置，否则可能因为原来的布局不科学，导致后期有些部件没有位置可安装，并且要保证各部件之间没有干涉现象。

5）电气系统的安装接线要符合国家规范。

① 电气接线的线色必须按标准接线颜色执行，线径大小必须满足设备所需的用电要求。

② 按图正确接线，电气连接接线牢固、良好、整齐、美观。

③ 当导线两端分别连接可动与固定部分时，比如跨门的连接线，必须采用多股铜导线，并且要留有足够长度的余量，并在附近端子处用线夹卡紧、固定线束。

④ 导线与电气元件间采用螺栓连接、插接、焊接或压接等，均应牢固、可靠。

⑤ 线束敷设必须合理，不得妨碍电器拆换或维修，不允许导线在两只接线柱中间走线，不允许穿越大型设备，不得遮掩线路标号和观察孔眼。

⑥ 强、弱电回路不应使用同一根电缆，并应分别成束，分开排列。

⑦ 设备中，辅助电路的连接线均应在两端套装标号头。标号头要求大小一致，字迹清晰、正确，最好打印标号头，不要手写标号头。标号头的套装要求数字排列方向统一。若是水平套装，数字从左到右；若是垂直套装，数字从上到下，使线号有字的一面朝外。

6) 安装气压系统。

机电设备气动部分安装应注意如下规程：

① 选择符合要求的管道。管道安装前，需要先清理粉尘杂质；安装后，进行"空吹"与"放炮"清渣。

② 管道支架要牢固，工作时不得产生振动。

③ 管道安装要紧固、密封。排布要尽量平行安装，避免交叉，布局合理。

④ 按气压元件的规范位置安装，相对位置和方向要正确。

7) 安装液压系统。

机电设备使用的若是液压系统，液压部分安装应注意如下规程：

① 虽然前面装调准备时已经检查过部件，但液压部件因为有密封性等其他要求，还需要对其外形、保管期、零配件、安装面、油口道等进行更加细致的检查。

② 管子和管接头的检查。

③ 液压元件拆洗。

④ 按规范安装液压系统的管道（包括软管和弯管）。

⑤ 按液压部件的规范安装各液压件。

8) 机电设备装配结束后，先检查各部件有无异常现象，各连接部位有无松动。检查无误后，进行调试及试运行。

【引导问题3】 阅读查阅相关资料，回答下面问题：

1) 在安装、移除、调整任何气动设备前，必须（                ），并将管内及设备的剩余气体（        ）。

2) 所有气动设备必须远离（                ）。

3) 气管，接头与气源设备必须能够承受至少（            ）倍的最大工作压力。

4) 气源气压输入气压不能超过（            ）。

5) 一般气动系统气压安装规定系统压缩空气的气压值应设置在（          ）之间。

## 4.3.4 安装调试安全要求

1) 仔细阅读每个部件的数据特性，注意安全规则。

2) 安装各个部件、组件时，要保证底板平齐，否则要加垫片，以避免零件被损坏。

3) 只有关闭电源后，才可拆除电气连线，系统电压24V。

4) 所有使用的气动配件必须为专用配件，不符合或质量不良的配件将对气动设备及场内人士造成损害。

5) 在安装、移除、调整任何气动设备前，必须关闭气源，并将管内及设备的剩余气体排除。这可避免误触气动开关而造成伤害。

6) 在使用气动设备前，请确认气源开关必须放在容易触及的位置。当紧急状况发生时，便能立即关闭气源。

7) 气管喷出的气体可能含有油滴，应避免向人或其他可能造成伤害的物体喷射。

8) 所有气动设备必须远离火源。

9）请勿移除制造厂商所设置的任何安全装置。

10）气管，接头与气源设备必须能够承受至少 1.5 倍的最大工作压力。

11）切勿用压缩空气对准伤口及皮肤喷射，这会使空气打进血液而引致死亡。

12）气动设备用后紧闭气源。

13）气源气压输入气压不能超过 0.8MPa。

14）必须安装空气过滤器，防止污染物进入系统。

15）一般气动系统气压安装规定系统压缩空气的气压值设置应在 0.4~0.6MPa 之间，滤芯和水雾分离器根据说明书进行维护。

16）开启气源或气动设备前，必须保证所有喉管及气动零件已经接驳良好及稳固，并肯定所有人已经离开气动设备的危险范围。

17）通电试验时，要正确操作，确保人身及设备安全。

18）试运行时，不要再用手去触碰元件，发现异常应立即停机，进行检查。

## 4.3.5　工作站安装调试过程

任务 4.3-2
硬件安装与
调试过程

### 1．调试准备

1）识读气动和电气原理图，明确线路连接关系。

2）按图样要求选择合适的工具和部件。

3）确保安装平台及部件洁净。

### 2．零部件安装

1）机械本体安装。

2）安装同步带传输组件和上料传输带组件。

3）升降气缸和气爪的安装。

4）气路电磁阀安装。

5）接近开关、工件检测传感器安装。

6）接线端口安装。

### 3．回路连接与接线

根据气动原理图与电气控制原理图进行回路连接与接线。

### 4．系统连接

1）PLC 控制板与铝合金工作平台连接。

2）PLC 控制板与控制面板连接。

3）PLC 控制板与电源连接。

4）PLC 控制板与 PC 连接。

5）电源连接。工作站所需电压为：DC 24V（最大 5A）。PLC 板的电压与工作站一致。

6）气动系统连接。将气泵与过滤调压组件连接。在过滤调压组件上设定压力为 0.6MPa。

### 5．接近开关、上料点检测传感器等测试器件的调试

（1）接近开关

接近开关安装在升降气缸的上下两端末端位置和气爪张开和缩回的末端位置，用来检测升降气缸上升和下降是否到位以及气爪张开和缩回的到位情况。调试步骤如下：

1）做好调试准备工作：安装好接近开关，连接气缸，打开气源，连接接近开关导线，打开电源。

2）将气缸与电磁阀连接，用电磁阀控制气缸运动。

3）将传感器在气缸轴向位置上移动，直到传感器被触发，触发后状态指示灯亮。

（2）上料点检测（红外漫反射）传感器测试：

上料点检测传感器用红外漫反射接近传感器，安装在上料同步传输带一端，用于检测上料点是否有物料。如果上料点没有工件时，传感器指示灯不亮，当有工件时，传感器指示灯会变亮。调试步骤如下：

1）做好调试准备工作：安装传感器，连接好传感器，接通电源。

2）将工件放到传感器前端合适位置，用一字改锥调节传感器灵敏度，直到指示灯亮。移开工件，指示灯灭，说明传感器检测正常。

**6. 气路调试**

1）单向节流阀调试。

2）单向节流阀用于控制双作用气缸的气体流量，进而控制气缸活塞伸出和缩回的速度。在相反方向上，气体通过单向阀流动。

**7. 系统整体调试**

（1）外观检查

在进行调试前，必须进行外观检查！在开始起动系统前，必须检查电气连接、气源、机械元件（损坏与否，连接牢固与否）。在起动系统前，要保证工作站没有任何损坏！

（2）设备准备情况检查

已经准备好的设备应该包括：装调好的供料单元工作平台，连接好的控制面板、PLC控制板、电源、装有PLC编程软件的PC，连接好的气源等。

（3）下载程序

设备所用控制器一般为S7-1200。

设备所用编程软件一般为TIA博途V16或更高版本。

【技能训练3】 完成安装与调试表4-3-3的填写。

表4-3-3　安装与调试完成情况

| 序号 | 内　容 | 计划时间 | 实际时间 | 完成情况 |
|---|---|---|---|---|
| 1 | 制订工作计划 | | | |
| 2 | 制订安装计划 | | | |
| 3 | 工作准备情况 | | | |
| 4 | 清单材料填写情况 | | | |
| 5 | 机械部分安装 | | | |
| 6 | 气路安装 | | | |
| 7 | 传感器安装 | | | |
| 8 | 连接各部分器件 | | | |
| 9 | 按要求检查点检 | | | |
| 10 | 各部分设备测试情况 | | | |
| 11 | 问题与解决情况 | | | |
| 12 | 故障排除情况 | | | |

>> 任务评价与反馈

教师对学生工作过程与任务结果进行评价，并将评价结果填入表4-3-4中。

表 4-3-4 任务综合评价表

| 班级: | | 姓名: | 学号: | | |
|---|---|---|---|---|---|
| | 任务名称 | | | | |
| | 评价项目 | 等 级 | 分值 | 得分 | |
| 考勤(10%) | | 无无故旷课、迟到、早退现象 | 10 | | |
| 工作过程<br>(60%) | 资料收集与学习 | 资料收集齐全完整,能完整学习相关资料并能正确理解知识内容 | 5 | | |
| | 引导问题回答 | 能正确回答所有引导问题并能有自己的理解和看法 | 5 | | |
| | 任务实施 | 技能训练1 工作站安装调试工作方案 | 10 | | |
| | | 技能训练2 所需仪表、工具、耗材和器材清单 | 10 | | |
| | | 技能训练3 安装与调试 | 10 | | |
| | 工作态度 | 态度端正、工作认真、主动 | 5 | | |
| | 协调能力 | 与小组成员、同学之间能合作交流,协同工作 | 5 | | |
| | 职业素养 | 能做到安全生产,文明操作,保护环境,爱护设备设施 | 10 | | |
| 任务成果<br>(30%) | 工作完整 | 能按要求完成所有学习任务 | 10 | | |
| | 操作规范 | 能按照设备及实训室要求规范操作 | 5 | | |
| | 任务结果 | 知识学习完整、正确理解,成果提交完整 | 15 | | |
| 合　　计 | | | 100 | | |

## ⊡》任务小结

总结本任务学习过程中的收获、体会及存在的问题,并记录到下面空白处。

_____

_____

_____

_____

# 任务 4.4　主件供料工作站的控制程序设计与调试

任务 4.4 工作
站控制程序设计

## ⊡》任务工单

| 任务名称 | | | | 姓名 | |
|---|---|---|---|---|---|
| 班级 | | 组号 | | 成绩 | |
| 工作任务 | ◆ 扫描二维码,观看主件供料工作站运行视频<br>◆ 根据引导问题,学习相关知识点,完成引导问题<br>◆ 根据工作站工艺流程编写控制程序,完成工作站相应的功能调试<br>(1) 实现工作站的手动/自动选择<br>(2) 实现工作站的工作流程逻辑编程<br>(3) 实现工作站的急停、复位功能 | | | <br>主件供料工作<br>站运行视频 | |
| 任务目标 | 知识目标<br>● 掌握 TIA 博途环境下 PLC 控制程序项目创建组态调试的方法<br>● 掌握 PLC 顺序功能图编程方法<br>能力目标<br>● 能根据控制要求,编制设备工艺(动作)流程<br>● 能在 TIA 博途软件环境上正确进行项目组态和参数设置 | | | | |

（续）

| | | | |
|---|---|---|---|
| 任务目标 | 

- 能在 TIA 博途软件环境上编写调试程序和下载程序
- 会用顺序功能图的编程思想编制 IFAE 单站调试程序，并调试实现相应功能
- 会查阅资料获取相应信息

**素质目标**
- 良好的协调沟通能力、团队合作及敬业精神
- 良好的职业素养，遵守实践操作中的安全要求和规范操作注意事项
- 勤于思考、善于探索的良好学习作风
- 勤于查阅资料、善于自学、善于归纳分析

|
| 任务准备 | 

**软硬件环境**
- 计算机 1 台，工程组态站
- TIA 博途软件平台里的 SIMATIC STEP 7 软件—V15 SP1 及以上版本
智能产线综合实训平台—标准版及以上版本

**资料准备**
- 智能产线供料工作站操作指导手册 1 份

|

| | 职务 | 姓名 | 工 作 内 容 |
|---|---|---|---|
| 任务分配 | 组长 | | |
| | 组员 | | |
| | 组员 | | |

## 任务资讯与实施

【引导问题 1】 观察工作站运行过程，参照任务 4.1 用文字描述该站的工艺过程？

【技能训练 1】 根据工作站的工艺流程，绘制工作站工作流程图。

### 4.4.1　供料工作站 PLC 程序控制分析

在编程时，使用的是结构化编程，根据工作站的运行逻辑，让每个功能的实现都有单独的块或者程序段去实现，这样的程序结构层次分明，互不干扰，并且便于设计与维护。

在主件供料工作站中，需要完成以下子任务：

子任务一：实现工作站的手动与自动的切换。设备上有两个旋钮：手动、自动。拨到手动时，每按一次运行按钮，设备执行一次工作，便于检验程序与故障排查；拨到自动时，只需按下一次运行按钮，设备按照程序逻辑自动运行，便于实现工作站的自动化。

子任务二：实现工作站的工作流程逻辑编程。参考上述的工作流程，一步一步实现功能，既可以进行单步运行亦可以自动运行，详细流程见表 4-4-10。

子任务三：实现工作站的复位与急停。复位功能是为了使设备进入准备状态或者出现异常情况后进行归零，同时按下自动、运行按钮，设备自动恢复到初始位置；急停功能是为了在出现异常情况时，保护设备，按下急停按钮，设备停止工作；任务列表见表 4-4-1。

表 4-4-1　任务列表

| | 功能名称 | 功能描述 |
|---|---|---|
| 子任务一 | 实现工作站的手动/自动选择 | 对应相关变量，在程序中实现工作站的手动、自动选择，最终在实际设备上通关旋钮选择自动与手动的切换 |
| 子任务二 | 实现工作站的工作流程逻辑编程 | 设备复位和就位、检测物料、气爪下行、气爪夹紧、气爪上行、电动机动作（向右）、电动机停止、气爪下行、气爪松开、气爪上行、电动机动作（向左）、电动机停止 |
| 子任务三 | 实现工作站的复位、急停 | 在程序中实现复位、急停功能。一是使设备准备就绪，进入工作状态；二是在异常情况发生时利用急停功能保护设备 |

### 4.4.2　主件供料工作站 PLC I/O 地址分配

PLC I/O 地址表分为输入、输出两个部分，输入部分主要为各传感器、磁性开关、按钮等；输出部分主要是电磁阀、电动机使能控制（继电器线圈）、指示灯等。主件供料工作站 I/O 地址分配表见表 4-4-2。

表 4-4-2　主件供料工作站 I/O 地址分配表

| PLC 地址 | 端子符号 | 功能说明 | 状态 0 | 状态 1 |
|---|---|---|---|---|
| I0.0 | S1 | 自动/手动 | 手动（断开） | 自动（接通） |
| I0.1 | S2 | 起动 | 断开 | 接通 |
| I0.2 | S3 | 停止 | | |
| I0.3 | S4 | 急停 | | |
| I0.4 | B1 | 搬运初始位 | 未到位（灭） | 到位（亮） |
| I0.5 | B2 | 搬运右侧位 | | |
| I0.6 | B3 | 上料点有料 | 无料（灭） | 有料（亮） |
| I0.7 | 1B2 | 升降气缸抬起 | | |
| I1.0 | 1B1 | 升降气缸落下 | | |
| I1.1 | 2B2 | 气爪松开 | | |
| I1.2 | 2B1 | 气爪夹紧 | 夹紧未到位（灭） | 夹紧到位（亮） |
| I1.3 | S1 | 复位 | 断开 | 接通 |
| I1.4 | S5 | HMI 起动 | 断开 | 接通 |
| I1.5 | S6 | HMI 急停 | 接通 | 断开 |
| Q0.0 | L1 | 起动按钮指示灯 | | |
| Q0.1 | K1 | 搬运电动机使能 | | |

73

（续）

| PLC 地址 | 端子符号 | 功能说明 | 状 态 | |
|---|---|---|---|---|
| | | | 0 | 1 |
| Q0.2 | K2 | 搬运电动机方向 | | |
| Q0.3 | 1Y | 升降气缸落下线圈 | | |
| Q0.4 | 2Y1 | 气爪松开线圈 | / | |
| Q0.5 | 2Y2 | 气爪夹紧线圈 | / | 夹紧 |
| Q0.6 | K3 | 上料电动机使能 | 运动 | 停止 |
| 说明：I/O 地址不是绝对的，需要根据实际硬件组态的地址空间而定 | | | | |

【技能训练2】 阅读和查阅相关资料，观察工作站运行情况，参考已有 I/O 点，把上面 PLC I/O 地址表状态栏空白的地方补充完整。

### 4.4.3 主件供料工作站 PLC 程序设计

在编程时，使用的是结构化编程，根据工作站的运行逻辑，让每个功能的实现都有单独的块或者程序段去实现，这样的程序结构层次分明，互不干扰，并且便于设计与维护。根据前面的控制任务分析，按结构化编程方法，把控制程序分为 3 个功能模块来实现相应功能。

各函数块的特性见表 4-4-3。

表 4-4-3 函数块特性表

| 块名称 | 块类型 | 功能描述 |
|---|---|---|
| button | FC | 实现手动与自动切换的功能块 |
| putget | FC | 工作站联调时用来接收下一站信号的功能块 |
| SFC | FC | 工作站工作流程的程序，即运行逻辑程序块 |

【技能训练3】 创建项目，设备组态。

1）在 STEP7 中创建一个新的项目。双击 TIA 博途 V15，默认启动选项，选择"创建新项目"，输入项目名称，选择路径，如图 4-4-1 所示。

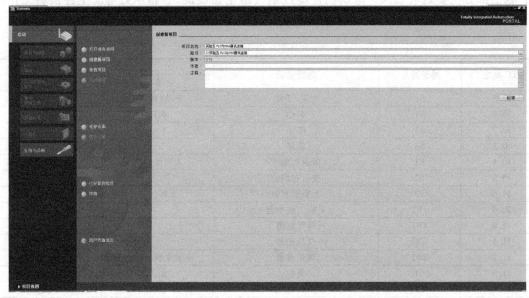

图 4-4-1 创建新项目

2）单击"创建"按钮，出现"开始"菜单选项，选择"组态设备"，如图 4-4-2 所示。

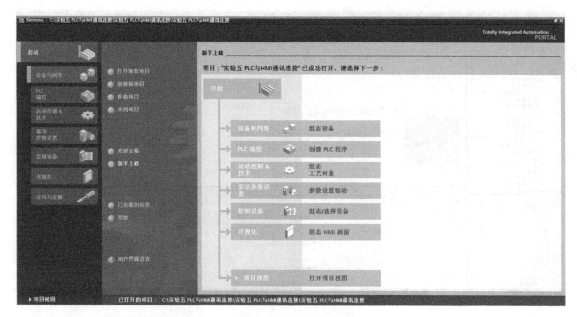

图 4-4-2  组态设备

3）出现"设备与网络"菜单，选择"添加新设备"选项，进行 CPU 组态。单击 PLC，"SIMATIC S7-1200"→"CPU"→"CPU 1214C DC/DC/DC"→"6ES7 214-1AG40-0XB0"，硬件版本选择 V4.0（这里必须根据实际硬件版本选择，否则后续下载会出错），如图 4-4-3 所示。

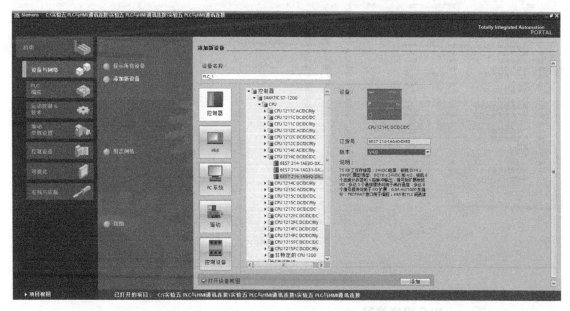

图 4-4-3  CPU 组态

4）然后进行通信地址配置，选中 CPU 的"网线接口 ■"，在"属性"选项卡中，在"以太网地址"选项中选择"添加新子网"，"IP 地址"和"子网掩码"选择默认的"192.168.0.1"和"255.255.255.0"即可（若各试验台间连接到同一局域网，则 IP 地址不能相同），如图 4-4-4 所示。

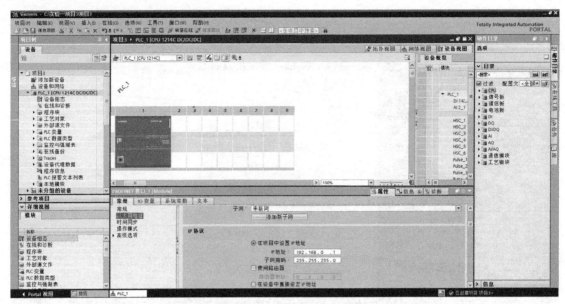

图 4-4-4 以太网 IP 配置

【技能训练 4】 PLC 变量表建立。

5）单击"PLC 变量-添加新的表量表"，命名为"station1 IO"将主件供料工作站的 I/O 点以及后面编程所用的中间变量添加进去。如图 4-4-5 和图 4-4-6 所示。

| | 名称 | 数据类型 | 地址 | 保持 | 可从… | 从 H… | 在 H… | 注释 |
|---|---|---|---|---|---|---|---|---|
| 1 | 自动/手动 | Bool | %I0.0 | | ✓ | ✓ | ✓ | |
| 2 | 启动 | Bool | %I0.1 | | ✓ | ✓ | ✓ | |
| 3 | 停止 | Bool | %I0.2 | | ✓ | ✓ | ✓ | |
| 4 | 急停 | Bool | %I0.3 | | ✓ | ✓ | ✓ | |
| 5 | 搬运初始位 | Bool | %I0.4 | | ✓ | ✓ | ✓ | |
| 6 | 搬运右侧位 | Bool | %I0.5 | | ✓ | ✓ | ✓ | |
| 7 | 上料点有料 | Bool | %I0.6 | | ✓ | ✓ | ✓ | |
| 8 | 升降气缸抬起 | Bool | %I0.7 | | ✓ | ✓ | ✓ | |
| 9 | 升降气缸落下 | Bool | %I1.0 | | ✓ | ✓ | ✓ | |
| 10 | 气爪张开 | Bool | %I1.1 | | ✓ | ✓ | ✓ | |
| 11 | 气爪夹紧 | Bool | %I1.2 | | ✓ | ✓ | ✓ | |
| 12 | 自动运行指示 | Bool | %Q0.0 | | ✓ | ✓ | ✓ | |
| 13 | 同步带驱动电机使能 | Bool | %Q0.1 | | ✓ | ✓ | ✓ | |
| 14 | 同步带取料电机方向 | Bool | %Q0.2 | | ✓ | ✓ | ✓ | |
| 15 | 升降气缸 | Bool | %Q0.3 | | ✓ | ✓ | ✓ | |
| 16 | 气爪松开线圈 | Bool | %Q0.4 | | ✓ | ✓ | ✓ | |
| 17 | 气爪闭合线圈 | Bool | %Q0.5 | | ✓ | ✓ | ✓ | |
| 18 | 复位 | Bool | %I1.3 | | ✓ | ✓ | ✓ | |
| 19 | HMI启动 | Bool | %I1.4 | | ✓ | ✓ | ✓ | |
| 20 | HMI急停 | Bool | %I1.5 | | ✓ | ✓ | ✓ | |
| 21 | 上料电机使能 | Bool | %Q0.6 | | ✓ | ✓ | ✓ | |
| 22 | <添加> | | | | ✓ | ✓ | ✓ | |

图 4-4-5 变量添加（一）

【技能训练 5】 PLC 程序编写。

6）下面开始编写程序，首先在程序块中添加 3 个 FC 功能，供主程序块调用，单击程序块中的添加新块，选择函数 FC，依次添加。分别命名为"putget""button""SFC"。如图 4-4-7 所示。

"put get"FC 函数程序如下：

此程序段的作用是在第 1 站与第 2 站联调时，用来接收"第二站空闲"信号，触发放料动作。如图 4-4-8 所示。

| | | 接收2站空闲信号 | Bool | %M200.0 | | | ☑ | | ☑ | |
| 1 | | STEP1 | Bool | %M0.0 | | | ☑ | | ☑ | |
| 2 | | STEP2 | Bool | %M0.1 | | | ☑ | | ☑ | |
| 3 | | STEP3-1 | Bool | %M0.2 | | | ☑ | | ☑ | |
| 4 | | STEP3-2 | Bool | %M0.3 | | | ☑ | | ☑ | |
| 5 | | STEP4 | Bool | %M0.4 | | | ☑ | | ☑ | |
| 6 | | STEP5 | Bool | %M0.5 | | | ☑ | | ☑ | |
| 7 | | STEP6 | Bool | %M0.6 | | | ☑ | | ☑ | |
| 8 | | STEP7-1 | Bool | %M0.7 | | | ☑ | | ☑ | |
| 9 | | STEP7-2 | Bool | %M1.0 | | | ☑ | | ☑ | |
| 10 | | STEP8 | Bool | %M1.1 | | | ☑ | | ☑ | |
| 11 | | STEP9 | Bool | %M1.2 | | | ☑ | | ☑ | |
| 12 | | 单步运行Tag_1 | Bool | %M100.0 | | | ☑ | | ☑ | |
| 13 | | 单步运行Tag_2 | Bool | %M100.1 | | | ☑ | | ☑ | |
| 14 | | 单步运行Tag_3 | Bool | %M100.2 | | | ☑ | | ☑ | |
| 15 | | 单步运行Tag_4 | Bool | %M100.3 | | | ☑ | | ☑ | |
| 16 | | 单步运行Tag_5 | Bool | %M100.4 | | | ☑ | | ☑ | |
| 17 | | 单步运行Tag_6 | Bool | %M100.5 | | | ☑ | | ☑ | |
| 18 | | 单步运行Tag_7 | Bool | %M100.6 | | | ☑ | | ☑ | |
| 19 | | 单步运行Tag_8 | Bool | %M100.7 | | | ☑ | | ☑ | |
| 20 | | 单步运行Tag_9 | Bool | %M101.0 | | | ☑ | | ☑ | |
| 21 | | STEP10 | Bool | %M1.3 | | | ☑ | | ☑ | |
| 22 | | 单步运行Tag_10 | Bool | %M101.1 | | | ☑ | | ☑ | |
| 23 | | 设备归原点标志 | Bool | %M105.0 | | | ☑ | | ☑ | |
| 24 | | System_Byte | Byte | %MB51 | | | ☑ | | ☑ | |
| 25 | | Clock_Byte | Byte | %MB50 | | | ☑ | | ☑ | |
| 26 | | Clock_10Hz | Bool | %M50.0 | | | ☑ | | ☑ | |
| 27 | | Clock_5Hz | Bool | %M50.1 | | | ☑ | | ☑ | |
| 28 | | Clock_2.5Hz | Bool | %M50.2 | | | ☑ | | ☑ | |
| 29 | | Clock_2Hz | Bool | %M50.3 | | | ☑ | | ☑ | |
| 30 | | Clock_1.25Hz | Bool | %M50.4 | | | ☑ | | ☑ | |
| 31 | | Clock_1Hz | Bool | %M50.5 | | | ☑ | | ☑ | |
| 32 | | Clock_0.625Hz | Bool | %M50.6 | | | ☑ | | ☑ | |
| 33 | | Clock_0.5Hz | Bool | %M50.7 | | | ☑ | | ☑ | |
| 34 | | STEP DWORD | DWord | %MD0 | | | ☑ | | ☑ | |
| 35 | | 归原点标志 | Bool | %M105.1 | | | ☑ | | ☑ | |
| 36 | | 自动运行标志 | Bool | %M10.0 | | | ☑ | | ☑ | |
| 37 | | Tag_1 | Bool | %M205.0 | | | | | | | |
| 38 | | STEP4-1 | Bool | %M4.0 | | | ☑ | | ☑ | |
| 39 | | STEP5-1 | Bool | %M4.1 | | | ☑ | | ☑ | |

图 4-4-6 变量添加（二）

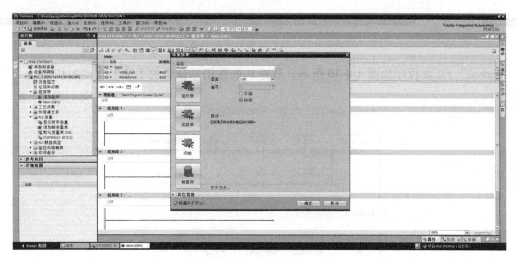

图 4-4-7 添加 "FC" 块

图 4-4-8 "put get" FC 块程序

注意，要使用"PUTGET"指令，要将 PLC 的时钟存储器功能勾选上，单击左侧的设备组态，双击 PLC 模块，单击"设备组态-PLC_1-常规-脉冲发生器-系统和时钟存储器"，勾选上即可。如图 4-4-9 所示。

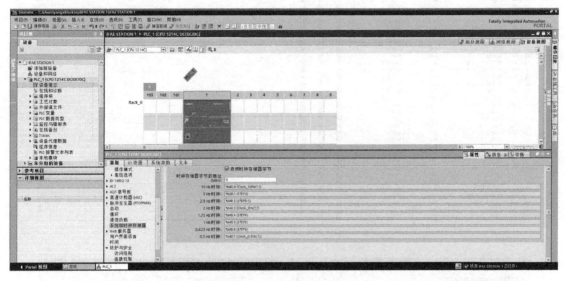

图 4-4-9　勾选系统和时钟存储器功能

"button" FC 块程序如图 4-4-10 所示。程序块的作用是设备的手动与自动的切换。

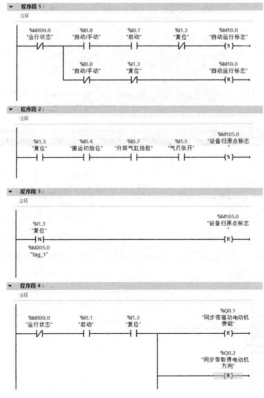

图 4-4-10　"button" FC 块程序

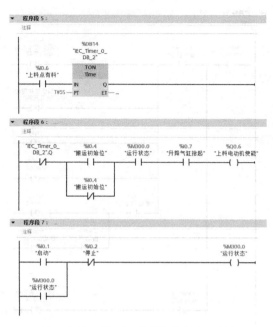

图 4-4-10 "button" FC 块程序（续）

"SFC"块程序如图 4-4-11 所示，该程序块是主件供料工作站的动作编程，其编程逻辑必须按照主件供料工作站的工作流程来设计，可参考任务 4.1 中的流程逻辑框图，转换为顺序功能图（SFC），再根据顺序功能图编写 SFC 块控制程序。

【技能训练 6】 工作站顺序功能图（SFC）绘制，根据工作站工作流程图，把工作流程图转化成顺序功能图。

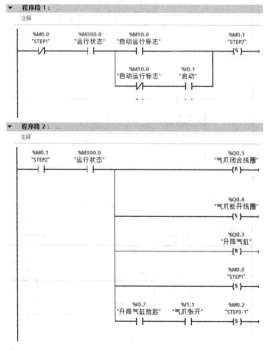

图 4-4-11 SFC 块程序

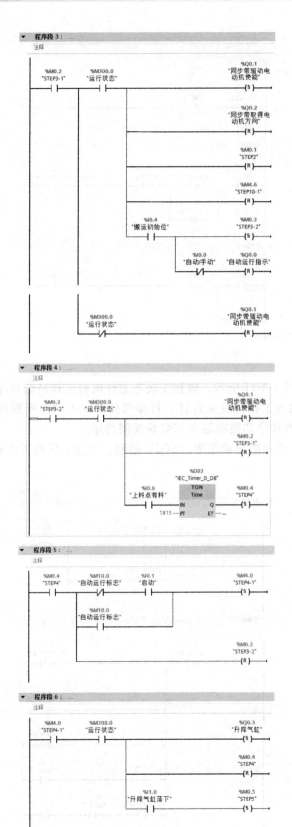

SFC 块程序段编写完成后，即根据整体设计，实现整个系统的程序编写。最终编写并添加各系统模块程序，其余各部分如上所述，此处省略。以上仅实现了原材料的搬运工作，其余各站以及整个系统的程序编写，读者可自行完成。

图 4-4-11   SFC 块程

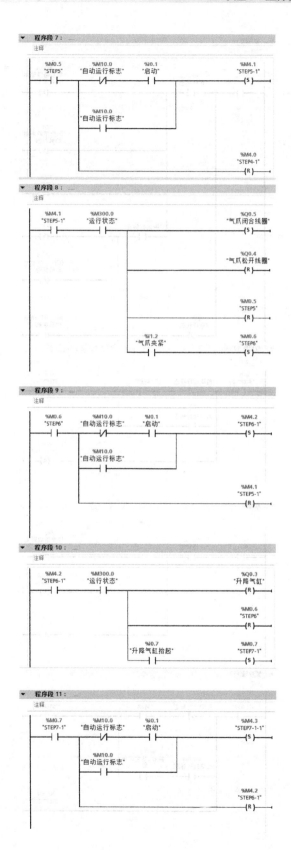

序（续一）

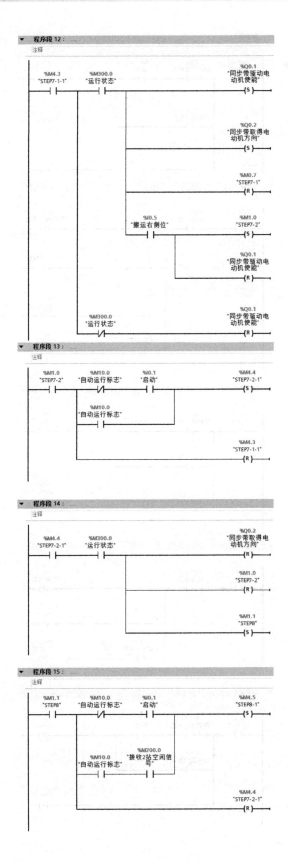

图 4-4-11　SFC 块程

**程序段 16：**
注释

```
%M4.5        %M300.0                                    %Q0.3
"STEP8-1"    "运行状态"                                  "升降气缸"
──┤├──────────┤├──────────────────────────────────────( S )──

                                                       %M1.1
                                                       "STEP8"
                                                      ──( R )──

             %I1.0                                     %M1.2
             "升降气缸落下"                              "STEP9"
            ──┤├────────────────────────────────────( S )──
```

**程序段 17：**
注释

```
%M1.2        %M10.0        %I0.1                        %M101.2
"STEP9"      "自动运行标志"  "启动"                        "STEP9-1"
──┤├──────────┤├────────────┤├──────────────────────────( S )──

             %M10.0
             "自动运行标志"
            ──┤├──────────────────────┐
                                                       %M4.5
                                                       "STEP8-1"
                                                      ──( R )──
```

**程序段 18：**
注释

```
%M101.2      %M300.0                                   %Q0.5
"STEP9-1"    "运行状态"                                  "气爪闭合线圈"
──┤├──────────┤├──────────────────────────────────────( R )──

                                                       %Q0.4
                                                       "气爪松开线圈"
                                                      ──( S )──

                                                       %M1.2
                                                       "STEP9"
                                                      ──( R )──

             %I1.1                                     %M1.3
             "气爪张开"                                  "STEP10"
            ──┤├────────────────────────────────────( S )──
```

**程序段 19：**
注释

```
%M1.3        %M10.0        %I0.1                        %M4.6
"STEP10"     "自动运行标志"  "启动"                        "STEP10-1"
──┤├──────────┤├────────────┤├──────────────────────────( S )──

             %M10.0
             "自动运行标志"
            ──┤├──────────────────────┐
                                                       %M101.2
                                                       "STEP9-1"
                                                      ──( R )──
```

**程序段 20：**
注释

```
%M4.6        %M300.0                                   %Q0.3
"STEP10-1"   "运行状态"                                  "升降气缸"
──┤├──────────┤├──────────────────────────────────────( R )──

                                                       %M1.3
                                                       "STEP10"
                                                      ──( R )──

             %I0.7                                     %M0.2
             "升降气缸抬起"                              "STEP3-1"
            ──┤├────────────────────────────────────( S )──
```

**程序段 21：**
注释

```
%M4.0                                                  %Q0.0
"STEP4-1"                                              "自动运行指示"
──┤├──────────────────────────────────────────────────( )──

%M0.2
"STEP3-1"
──┤├──────────┘
```

序（续二）

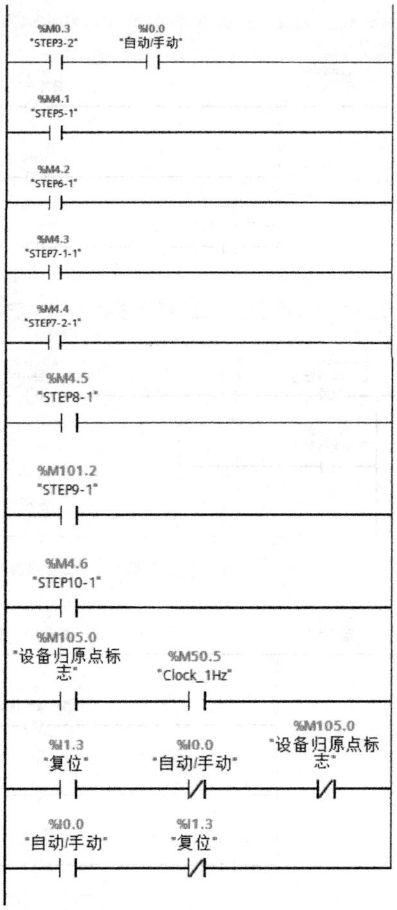

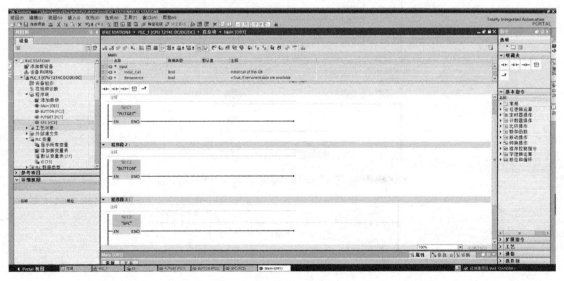

图 4-4-11　SFC 块程序（续三）

7）在 main 函数中调用其他函数 FC 块。如图 4-4-12 所示。

图 4-4-12　main 函数调用其他函数 FC 块

【技能训练7】　编译下载程序。

8）将整个 PLC 编译、下载到实际设备中去，开始操作、运行，当程序无误、设备准备就绪时如图 4-4-13 所示：

供料工作站有两种运行模式，手动与自动。手动模式时，按下运行按钮一次，设备动作一次；自动模式时，只需要按下运行按钮一次即可，后续动作由相关感应器触发。如图 4-4-14 所示。

图 4-4-13　设备准备就绪状态

【技能训练8】　调试程序。

下载完程序后，对设备进行试运行，在调试过程中对发现的问题进行处理，待多次运行无异常后才算完成任务。

图 4-4-14　手动/自动运行模式示意图

## 任务评价与反馈

教师对学生工作过程与任务结果进行评价，并将评价结果填入表 4-4-4 中。

表 4-4-4　任务综合评价表

| 班级： | | 姓名： | 学号： | | |
|---|---|---|---|---|---|
| | 任务名称 | | | | |
| | 评价项目 | 等　级 | | 分值 | 得分 |
| 考勤(10%) | | 无无故旷课、迟到、早退现象 | | 10 | |
| 工作过程<br>(70%) | 资料收集与学习 | 资料收集齐全完整，能完整学习相关资料并能正确理解知识内容 | | 5 | |
| | 引导问题回答 | 能正确回答所有引导问题并能有自己的理解和看法 | | 5 | |
| | 过程技能训练任务 | 技能训练1　绘制工作站工作流程图 | | 2 | |
| | | 技能训练2　PLC I/O 地址表填写完整 | | 2 | |
| | | 技能训练3　创建项目，设备组态 | | 2 | |
| | | 技能训练4　PLC 变量表建立 | | 2 | |
| | | 技能训练6　顺序功能图绘制 | | 2 | |
| | 工作站编程任务<br>(技能训练5) | 子任务1　初始化回零[具体评分标准见下页"工作站编程任务评分标准(S1-主件供料站)"] | | 10 | |
| | | 子任务2　系统运行调试[具体评分标准见下页"工作站编程任务评分标准(S1-主件供料站)"] | | 30 | |
| | 工作态度 | 态度端正、工作认真、主动 | | 2 | |
| | 协调能力 | 与小组成员、同学之间能合作交流，协同工作 | | 3 | |
| | 职业素养 | 能做到安全生产，文明操作，保护环境，爱护设备设施 | | 5 | |
| 任务成果<br>(20%) | 工作完整 | 能按要求完成所有学习任务 | | 5 | |
| | 操作规范 | 能按照设备及实训室要求规范操作 | | 5 | |
| | 任务结果 | 知识学习完整、正确理解，成果提交完整 | | 10 | |
| 合　计 | | | | 100 | |

## 任务小结

总结本任务学习过程中的收获、体会及存在的问题,并记录到下面空白处。

_____

_____

_____

_____

## 工作站编程任务评分标准(S1-主件供料站)

### 子任务一 初始化回零(10分)

整个系统在任意状态下,通过操作面板执行相应的动作,使其恢复到初始状态。

| 编号 | 任务要求 | 分值 | 得分 |
|---|---|---|---|
| 1 | 自动运行指示灯以 2Hz 的频率闪烁直到回零动作全部完成 | 2 | |
| 2 | 终态时:同步带驱动电动机 M1 停止 | 2 | |
| 3 | 终态时:同步带输送组件处于搬运初始位 | 2 | |
| 4 | 终态时:升降气缸处于抬起状态 | 2 | |
| 5 | 终态时:气爪松开 | 2 | |

### 子任务二 系统运行调试(30分)

根据单步运行与自动运行的设计要求,完成本工作站相应的控制功能。

| 编号 | 任务要求 | 分值 | 得分 |
|---|---|---|---|
| | **进入单步运行模式后,完成以下动作序列:** | | |
| 1 | 物料放至上料传送带后,按下起动按钮,上料电动机 M2 动作,带动物料向右移动 | 1.2 | |
| 2 | 上料点 B3 检测到物料后,按下起动按钮,升降气缸落下 | 1.2 | |
| 3 | 升降气缸落下到位后,按下起动按钮,气爪夹取物料 | 1.2 | |
| 4 | 气爪夹紧物料后,按下起动按钮,升降气缸抬起 | 1.2 | |
| 5 | 升降气缸抬起到位后,按下起动按钮,同步带驱动电动机 M1 正转,带动同步带输送组件向右运动,物料随之向右移动 | 1.2 | |
| 6 | 同步带输送组件移动到搬运右侧位置 B2 后,电动机 M1 停止运转 | 1.2 | |
| 7 | 电动机 M1 停止运转后,按下起动按钮,升降气缸落下 | 1.2 | |
| 8 | 升降气缸落下到位后,按下起动按钮,气爪松开 | 1.2 | |
| 9 | 气爪松开后,按下起动按钮,升降气缸抬起 | 1.2 | |
| 10 | 升降气缸抬起到位后,按下起动按钮,电动机 M1 反转,带动同步带输送组件向左运动 | 1.2 | |
| 11 | 同步带输送组件移动到搬运右侧位置 B1 后,电动机 M1 停止运转 | 1.2 | |
| 12 | 1~11 可重复运行 | 1.9 | |
| | **进入自动运行模式后,实现以下动作序列:** | | |
| 13 | 上料点 B3 检测到物料后,升降气缸落下 | 1.3 | |
| 14 | 升降气缸落下到位后,延时 1s,气爪夹取物料 | 1.3 | |
| 15 | 气爪夹紧物料后,延时 1s,升降气缸抬起 | 1.3 | |
| 16 | 升降气缸抬起到位后,同步带驱动电动机 M1 正转,带动同步带输送组件向右运动,物料随之向右移动 | 1.3 | |
| 17 | 同步带输送组件移动到搬运右侧位置 B2 后,电动机 M1 停止运转 | 1.3 | |
| 18 | 电动机 M1 停止运转后,升降气缸落下 | 1.3 | |
| 19 | 升降气缸落下到位后,延时 1s,气爪松开 | 1.3 | |
| 20 | 气爪松开后,延时 1s,升降气缸抬起 | 1.3 | |
| 21 | 升降气缸抬起到位后,电动机 M1 反转,带动同步带输送组件向左运动 | 1.3 | |
| 22 | 同步带输送组件移动到搬运右侧位置 B1 后,电动机 M1 停止运转 | 1.3 | |
| 23 | 13~22 可重复运行 | 1.9 | |

# 项目5　次品分拣工作站的安装与调试

| 项目 5　次品分拣工作站的安装与调试 | 学时：8 学时 |
|---|---|
| **学习目标** | |

**知识目标**

（1）掌握次品分拣工作站的结构组成和工艺要求

（2）掌握次品分拣工作站的气动回路图和电气原理图的识读方法

（3）掌握次品分拣工作站的机械安装和电气安装流程

（4）掌握次品分拣工作站 PLC 程序的编写和调试方法

**能力目标**

（1）能够正确认识次品分拣工作站的主要组成部件及绘制工作流程

（2）能识读和分析次品分拣工作站的气动回路图、电气原理图及安装接线图

（3）能够根据安装图样正确连接工作站的气路和电路

（4）能够根据次品分拣工作站的工艺要求进行软硬件的调试和故障排除

**素质目标**

（1）学生应树立职业意识，并按照企业的"8S"（整理、整顿、清扫、清洁、素养、安全、节约、学习）质量管理体系要求自己

（2）操作过程中，必须时刻注意安全用电，严禁带电作业，严格遵守电工安全操作规程

（3）爱护工具和仪器仪表，自觉地做好维护和保养工作

（4）具有吃苦耐劳、严谨细致、爱岗敬业、团队合作、勇于创新的精神，具备良好的职业道德

**教学重点与难点**

**教学重点**

（1）次品分拣工作站的气路和电路连接

（2）次品分拣工作站的 PLC 控制程序设计

**教学难点**

（1）次品分拣工作站的气路和电路故障诊断和排除

（2）次品分拣工作站的软件 PLC 程序故障分析和排除

| 任务名称 | 任务目标 |
|---|---|
| 任务 5.1　认识次品分拣工作站组成及工作流程 | （1）掌握次品分拣工作站的主要结构和部件功能<br>（2）了解次品分拣工作站的工艺流程，并绘制工艺流程图 |

(续)

| 任务名称 | 任务目标 |
|---|---|
| 任务 5.2　识读与绘制次品分拣工作站系统电气图 | （1）能够看懂次品分拣工作站的气动控制回路的原理图<br>（2）能够看懂次品分拣工作站的电路原理图 |
| 任务 5.3　次品分拣工作站的硬件安装与调试 | （1）掌握次品分拣工作站的气动控制回路的布线方法和安装调试规范<br>（2）能根据气路原理图完成次品分拣工作站的气路连接与调试<br>（3）掌握次品分拣工作站的电路控制回路的布线方法和安装调试规范<br>（4）能根据电路原理图完成次品分拣工作站的电路连接与调试 |
| 任务 5.4　次品分拣工作站的控制程序设计与调试 | （1）掌握次品分拣工作站的主要动作过程和工艺要求<br>（2）能够编写次品分拣工作站的 PLC 控制程序<br>（3）能够正确分析并快速地排除次品分拣工作站的软硬件故障 |

任务 5.1　认识工作
站组成及工作流程

## 任务 5.1　认识次品分拣工作站组成及工作流程

▶ **任务工单**

| 任务名称 | | | 姓名 | |
|---|---|---|---|---|
| 班级 | | 组号 | 成绩 | |

| 工作任务 | ◆ 扫描二维码，观看次品分拣工作站运行视频<br>◆ 认识工作站组成主要部件，了解高度检测传感器的功能、原理、符号表示、使用方法、应用场景，完成引导问题<br>◆ 观察次品分拣工作站，阅读和查阅相关资料，填写工作站组成部件清单表<br>◆ 观察工作站的运行过程，用流程图的形式描述工作站的工艺流程 | 次品分拣<br>工作站运<br>行视频 |
|---|---|---|
| 任务目标 | 知识目标<br>• 掌握次品分拣工作站的基本组成及主要部件的功能<br>• 了解次品分拣工作站的工作流程<br>• 了解高度检测传感器的基本原理及使用方法<br>能力目标<br>• 能正确识别次品分拣工作站的气动元件，包括类型、功能、符号表示<br>• 能正确识别次品分拣工作站的传感检测元件，包括类型、功能、符号表示<br>• 能正确识别次品分拣工作站的常用电气元件，包括类型、功能、符号表示<br>• 能正确填写次品分拣工作站的主要组成部件型号、功能、作用<br>• 能正确使用高度检测传感器并学会其编程方法 | |

（续）

| 任务目标 | 素质目标 |
|---|---|
| | • 良好的协调沟通能力、团队合作及敬业精神 |
| | • 良好的职业素养，遵守实践操作中的安全要求和规范操作注意事项 |
| | • 勤于思考、善于探索的良好学习作风 |
| | • 勤于查阅资料、善于自学、善于归纳分析 |
| 任务准备 | 工具准备 |
| | • 扳手（17#）、螺丝刀（一字/内六角）、万用表 |
| | 技术资料准备 |
| | • 智能工厂自动化工厂综合实训平台各工作站的技术资料，包括工艺概览、组件列表、输入输出列表、电气原理图 |
| | 环境准备 |
| | • 实践安装操作场所和平台 |

| 任务分配 | 职务 | 姓名 | 工作内容 |
|---|---|---|---|
| | 组长 | | |
| | 组员 | | |
| | 组员 | | |

## 》》 任务资讯与实施

【引导问题1】　观察工作站的运行情况，次品分拣站硬件是由（　　　　），（　　　　），（　　　　）组成；同步带输送组件是由（　　　　），（　　　　），（　　　　），（　　　　），（　　　　），（　　　　）六部分组成；高度检测组件是由（　　　　），（　　　　），（　　　　）三部分组成；推料组件是由（　　　　），（　　　　），（　　　　），（　　　　），（　　　　）五部分组成。

### 5.1.1　次品分拣工作站组成及工作流程介绍

**1．次品分拣工作站硬件组成**

如图 5-1-1、图 5-1-2 和表 5-1-1 所示。

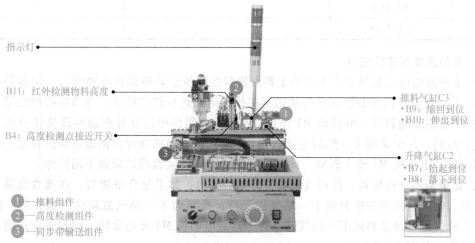

图 5-1-1　次品分拣站硬件组成

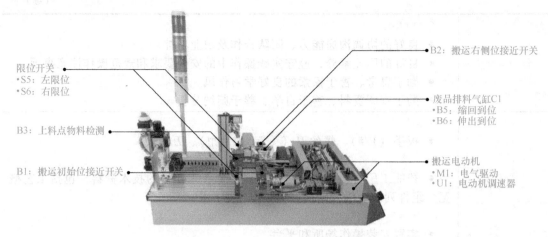

限位开关
·S5：左限位
·S6：右限位

B3：上料点物料检测

B1：搬运初始位接近开关

B2：搬运右侧位接近开关

废品排料气缸C1
·B5：缩回到位
·B6：伸出到位

搬运电动机
·M1：电气驱动
·U1：电动机调速器

图 5-1-2　次品分拣工作站硬件组成

表 5-1-1　次品分拣工作站硬件组成

| 序号 | 名　称 | 组　成 |
|---|---|---|
| 1 | 同步带输送组件 | 同步带输送模组,承载料平台,废品排料气缸 C1,废品排料气缸到位检测传感器(伸出 B6、缩回 B5),上料点物料检测传感器 B3,连接件以及固定螺栓 |
| 2 | 高度检测组件 | 红外测距传感器 B11、高度检测点漫反射光电开关 B4、连接件以及固定螺栓 |
| 3 | 推料组件 | 升降气缸 C2,推料气缸 C3,推料向下一站气缸到位检测传感器(缩回 B9、伸出 B10),升降气缸到位检测传感器(抬起 B7、落下 B8),连接件以及固定螺栓 |

【技能训练 1】　观察次品分拣工作站的基本结构,阅读相关资料手册,按要求填写表 5-1-2。

表 5-1-2　次品分拣工作站组成结构及功能部件表

| 序号 | 名　称 | 组　成 | 功　能 |
|---|---|---|---|
| 1 | 机械本体部件 | | |
| 2 | 检测传感部件 | | |
| 3 | 电子控制单元 | | |
| 4 | 执行部件 | | |
| 5 | 动力源部件 | | |

### 2. 次品分拣站工作流程

1) 本站前端的承载料平台下方的上料点物料检测传感器检测到有物料后,同步带驱动电动机 M1 开始正转,同步带输送组件从搬运初始位向搬运右侧位移动,当高度检测点漫反射光电开关 B4 检测到物料后,电动机 M1 停止,高度检测组件中的红外测物料高度传感器对物料高度进行检测,并记录结果。然后电动机 M1 继续正转,物料继续向搬运右侧位移动,到达搬运右侧位时,电动机 M1 停止转动。此时,根据物料的高度检测结果做不同操作。

2) 如果是不合格物料,排料气缸动作将物料排出;如果是合格物料,在接收到第三站空闲信号后,升降气缸带动推料向下一站气缸下行,推料向下一站气缸动作完成推料,推料完成后,升降气缸带动推料向下一站气缸上行。然后电动机 M1 开始反转,同步带输送组件回到搬运初始位。如图 5-1-3 所示。

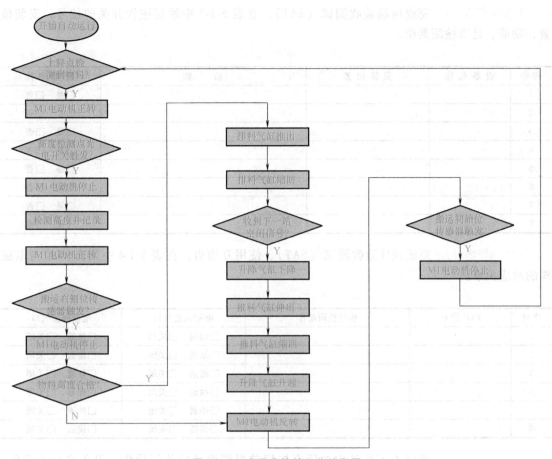

图 5-1-3　次品分拣站工作流程图

【技能训练 2】　查阅资料，观察供料工作站运行过程，用流程图的形式绘制工作站工作流程。

【技能训练 3】 完成现场验收测试（SAT），在表 5-1-3 中填写磁性开关的位号，安装位置，功能，是否检测到位。

表 5-1-3 磁性开关信息清单

| 序号 | 设 备 名 称 | 安 装 位 置 | 功 能 | 是 否 到 位 |
|---|---|---|---|---|
| 1 | | | | □是 □否 |
| 2 | | | | □是 □否 |
| 3 | | | | □是 □否 |
| 4 | | | | □是 □否 |
| 5 | | | | □是 □否 |
| 6 | | | | □是 □否 |
| 7 | | | | □是 □否 |
| 8 | | | | □是 □否 |

【技能训练 4】 完成现场验收测试（SAT），使用万用表，在表 5-1-4 中列出 PLC 与电磁阀的对应关系。

表 5-1-4 PLC 与电磁阀对应关系

| 序号 | PLC 信号 | 执行机构动作 | 电磁阀进气口 | 电磁阀出气口 |
|---|---|---|---|---|
| 1 | | | □接通 □关闭 | □接通 □关闭 |
| 2 | | | □接通 □关闭 | □接通 □关闭 |
| 3 | | | □接通 □关闭 | □接通 □关闭 |
| 4 | | | □接通 □关闭 | □接通 □关闭 |
| 5 | | | □接通 □关闭 | □接通 □关闭 |
| 6 | | | □接通 □关闭 | □接通 □关闭 |

【技能训练 5】 找到本工作站中的所有按钮并根据设备的使用操作、设备执行的动作、PLC 输入输出指示灯的现象等情况，将本工作站中按钮控制与 PLC 的对应关系、按钮（旋钮）的型号填入表 5-1-5 中。

表 5-1-5 工作站中按钮控制与 PLC 的对应关系

| 序号 | 按钮名称 | PLC 输入点 | 型号 | 功能 | 初始位置状态 | 操作后状态 |
|---|---|---|---|---|---|---|
| 1 | | | | 手/自动切换 | □通 □不通 | □通 □不通 |
| 2 | | I0.1 | | | □通 □不通 | □通 □不通 |
| 3 | | | XB2-BA31C | 单步运行 | □通 □不通 | □通 □不通 |
| 4 | | I0.3 | XB2-BS542C | | □通 □不通 | □通 □不通 |
| 5 | 三位旋钮 | | | 复位 | □通 □不通 | □通 □不通 |
| 6 | | | | | □通 □不通 | □通 □不通 |
| 7 | 急停按钮 | | | | □通 □不通 | □通 □不通 |

【引导问题 2】 在本工作站中，是如何区分加工件是正品还是次品？

_____

_____

_____

【引导问题 3】 工件的高度是怎么检测的？

_____

## 5.1.2　激光位移传感器

激光位移传感器是利用激光技术进行测量的传感器。它由激光器、激光检测器和测量电路组成。激光传感器是新型测量仪表。能够精确非接触测量被测物体的位置、位移等变化。可以测量位移、厚度、振动、距离、直径等。激光有直线度好的优良特性，同样激光位移传感器相对于我们已知的超声波传感器有更高的精度。但是，激光的产生装置相对比较复杂且体积较大，因此会对激光位移传感器的应用范围要求较苛刻。其主要用于：尺寸测定、金属薄片和薄板的厚度测量、气缸筒的测量、长度的测量、均匀度的检查、电子元器件的检查、生产线上灌装级别的检查、传感器测量物体的直线度等；在智能产线中主要用来测量加工物料的高度。激光位移传感器的外观及指示灯含义如图 5-1-4 所示。

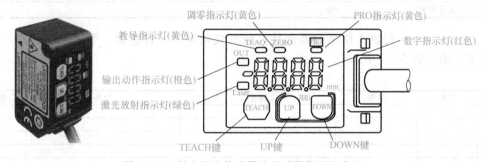

图 5-1-4　激光位移传感器的外观及指示灯含义

激光位移传感器的工作原理：

激光发射器通过镜头将可见红色激光射向被测物体表面，经物体表面散射的激光通过接收器镜头，被内部的 CCD 线性相机接收，根据不同的距离，CCD 线性相机可以在不同的角度下"看见"这个光点。根据这个角度及已知的激光和相机之间的距离，数字信号处理器就能计算出传感器和被测物体之间的距离。

智能产线使用的激光位移传感器为 NPN 型，DC 24V 供电，输出为 0~5V 的电压信号。输出的类型为模拟量输出，在智能产线中工作站运行时要将模拟量信号转化为数字量信号。如图 5-1-5 所示。

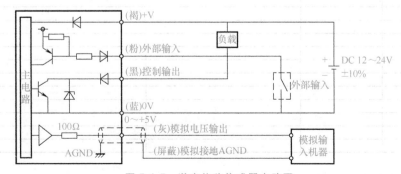

图 5-1-5　激光位移传感器电路图

激光位移传感器的电气参数见表 5-1-6。

表 5-1-6　激光位移传感器电气参数

| 参 数 名 称 | 参　数　值 |
|---|---|
| 型号名称 | NPN 输出, HG-C1050 |
| 测量中心距离 | 50mm |
| 测量范围 | ±15mm |
| 重复精度 | 30μm |
| 光源 | 红色半导体激光　最大输出:1mW、发光光束波长:655nm |
| 电源电压 | DC 12～24V,±10% |
| 消耗电流 | 40mA 以下(电源电压 DC 24V 时)、60mA 以下(电源电压 DC 12V 时) |
| 模拟输出 | ・输出范围:0～5V(警报时:+5.2V)<br>・输出阻抗:100Ω |
| 电气符号 | |
| 文字符号 | SQ |

【技能训练 6】　列出工作站主要部件,包括气动组件、传感器,开关,控制器,驱动,电动机等,填入表 5-1-7 中。

表 5-1-7　次品分拣工作站部件清单

| 序号 | 名称 | 品牌 | 规格 | 型号 | 数量 |
|---|---|---|---|---|---|
| 1 | | | | | |
| 2 | | | | | |
| 3 | | | | | |
| 4 | | | | | |
| 5 | | | | | |
| 6 | | | | | |
| 7 | | | | | |
| 8 | | | | | |
| 9 | | | | | |
| 10 | | | | | |
| 11 | | | | | |
| 12 | | | | | |
| 13 | | | | | |
| 14 | | | | | |
| 15 | | | | | |
| 16 | | | | | |
| 17 | | | | | |
| 18 | | | | | |
| 19 | | | | | |
| 20 | | | | | |
| 21 | | | | | |
| 22 | | | | | |
| 23 | | | | | |
| 24 | | | | | |
| 25 | | | | | |
| 26 | | | | | |
| 27 | | | | | |
| 28 | | | | | |
| 29 | | | | | |
| 30 | | | | | |

## 任务评价与反馈

教师对学生工作过程与任务结果进行评价,并将评价结果填入表 5-1-8 中。

表 5-1-8  任务综合评价表

| 班级: | | 姓名: | | 学号: | | |
|---|---|---|---|---|---|---|
| 任务名称 | | | | | | |
| 评价项目 | | 等　级 | | | 分值 | 得分 |
| 考勤(10%) | | 无无故旷课、迟到、早退现象 | | | 10 | |
| 工作过程(60%) | 资料收集与学习 | 资料收集齐全完整,能完整学习相关资料并能正确理解知识内容 | | | 5 | |
| | 引导问题回答 | 能正确回答所有引导问题并能有自己的理解和看法 | | | 5 | |
| | 过程任务训练 | 技能训练1　工作站组成结构及部件功能 | | | 5 | |
| | | 技能训练2　绘制工作站流程图 | | | 5 | |
| | | 技能训练3　磁性开关信息清单 | | | 5 | |
| | | 技能训练4　PLC与电磁阀对应表 | | | 5 | |
| | | 技能训练5　按钮控制与PLC的对应关系 | | | 5 | |
| | | 技能训练6　工作站部件清单表 | | | 5 | |
| | 工作态度 | 态度端正、工作认真、主动 | | | 5 | |
| | 协调能力 | 与小组成员、同学之间能合作交流,协同工作 | | | 5 | |
| | 职业素养 | 能做到安全生产,文明操作,保护环境,爱护设备设施 | | | 10 | |
| 任务成果(30%) | 工作完整 | 能按要求完成所有学习任务 | | | 10 | |
| | 操作规范 | 能按照设备及实训室要求规范操作 | | | 5 | |
| | 任务结果 | 引导问题回答完整,按要求完成任务表内容,能介绍清楚本工作站的组成部件功能及作用、安装位置及工作站的工艺流程 | | | 15 | |
| 合　　计 | | | | | 100 | |

## 任务小结

总结本任务学习过程中的收获、体会及存在的问题,并记录到下面空白处。

_____

_____

_____

_____

_____

# 任务5.2　识读与绘制次品分拣工作站系统电气图

## 任务工单

| 任务名称 | | | | 姓名 | |
|---|---|---|---|---|---|
| 班级 | | 组号 | | 成绩 | |
| 工作任务 | ◆ 根据引导问题,学习相关知识点,完成引导问题<br>◆ 扫描二维码,下载次品分拣工作站的气动回路图和电气原理图,按要求完成气动回路图和电气原理图的分析和绘制 | | | | 次品分拣工作站的气动回路图和电气原理图 |

| 任务目标 | 知识目标<br>• 掌握工作站气动回路图识读与绘制方法<br>• 掌握电气原理图识读与绘制方法<br>能力目标<br>• 能够读懂气动回路图和电气原理图<br>• 能够绘制气动回路图和电气原理图<br>素质目标<br>• 良好的协调沟通能力、团队合作及敬业精神<br>• 良好的职业素养，遵守实践操作中的安全要求和规范操作注意事项<br>• 勤于思考、善于探索的良好学习作风<br>• 勤于查阅资料、善于自学、善于归纳分析 |
|---|---|
| 任务准备 | 工具准备<br>• 扳手（17#）、螺丝刀（一字/内六角）、万用表<br>技术资料准备<br>• 智能工厂自动化工厂综合实训平台各工作站的技术资料，包括工艺概览、组件列表、输入输出列表、电气原理图<br>环境准备<br>• 实践安装操作场所和平台 |

| 任务分配 | 职务 | 姓名 | 工作内容 |
|---|---|---|---|
| | 组长 | | |
| | 组员 | | |
| | 组员 | | |

## 任务资讯与实施

【技能训练 1】 阅读工作站的气动回路原理图，并指出图中符号的含义，填入表 5-2-1 中。

表 5-2-1　气动回路图部件符号识别记录表

| 符号 | 含义名称 | 功能说明 |
|---|---|---|
| 0V1 | | |
| 1V1 | | |
| 2V1 | | |
| 3V1 | | |
| 1V2 | | |
| 2V2 | | |
| 2V3 | | |
| 1C | | |
| 2C | | |
| 3C | | |
| 1B1 | | |
| 1B2 | | |
| 2B1 | | |
| 2B2 | | |

（续）

| 符号 | 含义名称 | 功能说明 |
|------|----------|----------|
| 3B1 |  |  |
| 3B2 |  |  |
| 1Y |  |  |
| 2Y |  |  |
| 3Y1 |  |  |
| 3Y2 |  |  |

## 5.2.1　次品分拣站气动回路分析

### 1. 元件介绍

该工作站气动回路图如图 5-2-1 所示，图中，0V1 点画线框为阀岛，1V1、2V1、3V1 分别被 3 个点画线框包围，为 3 个电磁换向阀，也就是阀岛上的第一片阀、第二片阀、第三片阀，其中 1V1、2V1 为单控两位五通电磁阀，3V1 为双控两位五通电磁阀；1C 为排料气缸，1B1 和 1B2 为磁感应式接近开关，分别检测排料气缸缩回和伸出是否到位；2C 为升降气缸，2B1 和 2B2 为磁感应式接近开关，分别检测升降气缸上升和落下是否到位；3C 为推料气缸，3B1 和 3B2 为磁感应式接近开关，分别检测排料气缸缩回和伸出是否到位。

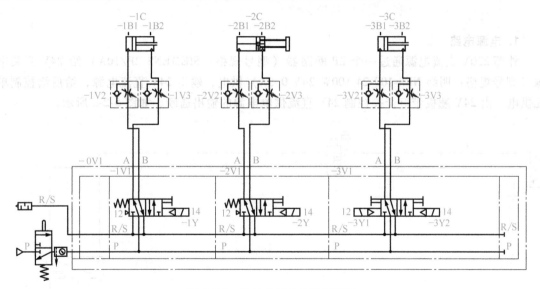

图 5-2-1　次品分拣站气动回路图

1Y 为控制排料气缸的电磁阀的电磁控制信号；2Y 为控制升降气缸的电磁阀的电磁控制信号；3Y1、3Y2 为控制推料气缸的电磁阀的两个电磁控制信号。

1V2、1V3、2V2、2V3、3V2、3V3 为单向节流阀，起到调节气缸推出和缩回的速度。

### 2. 动作分析

当 1Y 失电时，1V1 阀体的气控端起作用，即左位起作用，压缩空气经由单向节流阀 1V3 的单向阀到达气缸 1C 的右端，从气缸左端经由单向阀 1V2 的节流阀，实现排气节流，控制气缸速度，最后经 1V1 阀体气体从 3/5 端口排出。简单地说就是由 A 路进 B 路出，气缸属于缩回状态。

当 1Y 得电时，1V1 阀体的右位起作用，压缩空气经由单向节流阀 1V2 的单向阀到达气缸 1C 的左端，从气缸右端经由单向阀 1V3 的节流阀，实现排气节流，控制气缸速度，最后经

1V1 阀体气体从 3/5 端口排出。简单地说就是由 B 路进 A 路出，气缸属于伸出状态。

当 2Y 失电时，2V1 阀体的左位起作用，压缩空气经由单向节流阀 2V2 的单向阀到达气缸 2C 的左端，从气缸右端经由单向阀 2V3 的节流阀，实现排气节流，控制气缸速度，最后经 2V1 阀体气体从 3/5 端口排出。简单地说就是由 A 路进 B 路出，气缸属于伸出状态。

当 2Y 得电时，2V1 阀体的右位起作用，压缩空气经由单向节流阀 2V3 的单向阀到达气缸 2C 的右端，从气缸左端经由单向阀 2V2 的节流阀，实现排气节流，控制气缸速度，最后经 2V1 阀体气体从 3/5 端口排出。简单地说就是由 B 路进 A 路出，气缸属于缩回状态。

当 3Y1 得电时，3Y2 失电时，3V1 阀体的左位起作用，压缩空气经由单向节流阀 3V3 的单向阀到达气缸 3C 的右端，从气缸左端经由单向阀 3V2 的节流阀，实现排气节流，控制气缸速度，最后经 2V1 阀体气体从 3/5 端口排出。简单地说就是由 A 路进 B 路出，气缸属于缩回状态。

当 3Y2 得电时，3Y1 失电时，3V1 阀体的右位起作用，压缩空气经由单向节流阀 3V2 的单向阀到达气缸 3C 的左端，从气缸左端经由单向阀 3V3 的节流阀，实现排气节流，控制气缸速度，最后经 2V1 阀体气体从 3/5 端口排出。简单地说就是由 B 路进 A 路出，气缸属于伸出状态。

### 5.2.2 次品分拣站电气控制电路分析

#### 1. 电源电路

外部 220V 交流电源通过一个 2P 断路器（型号规格：SIEMENS 2P/10A）给 24V 开关电源（型号规格：明纬 NES-100-24 100W 24V 0.5A）供电，输出 24V 直流电源，给后续控制单元供电。由 24V 翘板带灯开关控制 24V 直流供电电源的输出通断，如图 5-2-2 所示。

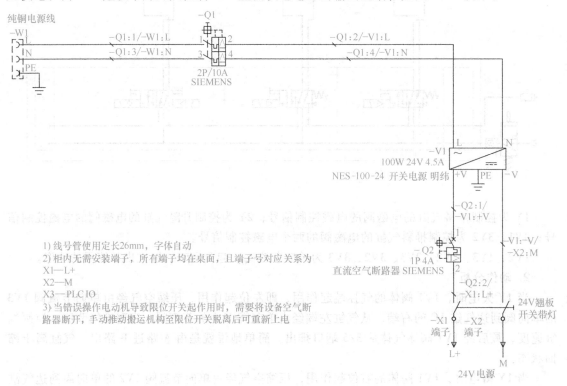

图 5-2-2　工作站电源电路图

## 2. PLC 接线端子电路

PLC 为西门子 S7-1200PLC 1214DC/DC/DC，供货号：SIE 6ES7214-1AG40-0XB0；输入端子（DI a-DI b）接按钮开关、接近开关及传感检测端；输出端子（DQ a-DQ b）接输出驱动（接触器线圈、继电器线圈、电动机驱动）单元端子，如图 5-2-3 所示。

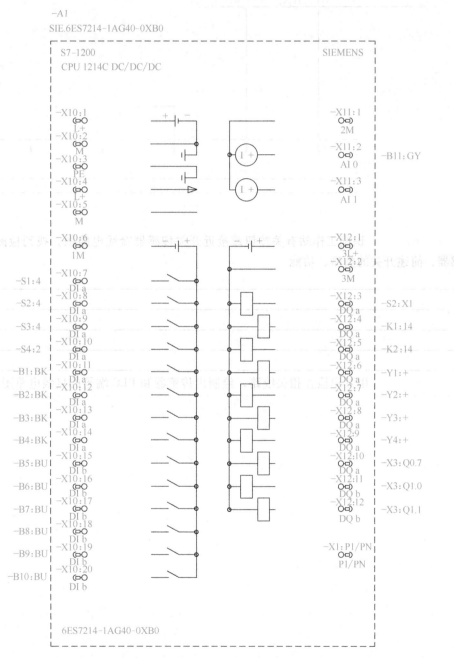

图 5-2-3　PLC 接线端子电路

## 3. PLC 电源供电电路

西门子 S7-1200PLC DC/DC/DC 由 DC 24V 供电。L+接 24V 电源正极，M 接 24V 电源正极，PE 接中性保护地，如图 5-2-4 所示。

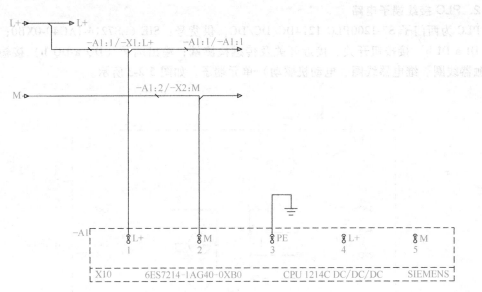

图 5-2-4　PLC 电源供电电路

【引导问题 1】　识读工作站有关按钮或接近开关传感器接线电路图，找到检测工件高度的传感器，简述开关的类型、功能。

_____

_____

_____

_____

_____

【技能训练 2】　用万用检查相关线路，绘制出传感器和 PLC 端子的接线电路图。

#### 4. 按钮开关及接近开关接线电路

电路图分析：

图 5-2-5 按钮及接近开关接线电路（1）中，S1 为三位按钮，3、4 端实现手动/自动切换功能，一端接 PLC 的 I0.0 输入端子，另一端接 L+接线端。S2 为带灯按钮，实现启动自动和指示自动运行作用，接 PLC 的 I0.1 输入端。S3 为平头按钮，实现停止运行功能，接 PLC 的 I0.2 输入端。S4 是急停按钮，实现系统急停功能，接 PLC 的 I0.3 输入端。B1、B2 是接近开关，作为搬运初始位和搬运右侧位的检测，采用三线制，BN 棕色线接 L+（24V）端，BU 蓝色线接 M（0V）端，BK 黑色线为信号输出端，分别接 PLC 的 I0.4 和 I0.5 输入端。B3、B4 为红外漫反射接近开关，用于检测上料点是否有料和高度检测点是否有料，采用三线制，BN 棕色线接 L+（24V）端，BU 蓝色线接 M（0V）端，BK 黑色线为信号输出端接，接 PLC 的 I0.6 和 I0.7 输入端。

图 5-2-6 中，1B1、1B2 为磁性开关，用于检测排料气缸是否缩回和伸出到位，BN 棕色线接 L+（24V）端，BU 蓝色线接 PLC 的 I1.0、I1.1 输入端。2B1、2B2 为磁性开关，用于检测升降气缸是否抬起和落下到位，BN 棕色线接 L+（24V）端，BU 蓝色线接分别接 PLC 的 I1.2 端和 I1.3 端。3B1、3B2 为磁性开关，用于检测推料气缸是否缩回和伸出到位，BN 棕色线接 L+（24V）端，BU 蓝色线分别接 PLC 的 I1.4 端和 I1.5 端。

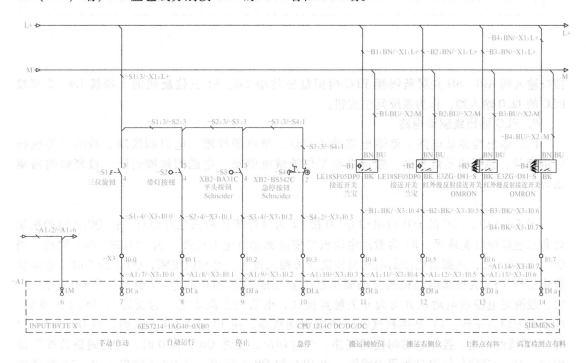

图 5-2-5　按钮开关、接近开关、磁性开关及漫反射开关传感器接线电路图（1）

#### 5. 高度检测开关及复位按钮接线电路

电路图分析：

图 5-2-7 中，B5 是红外测距物料高度检测传感器（激光位移传感器），根据前面任务 5.1 激光位移传感器相关知识点的学习，激光位移传感器为 NPN 型，DC 24V 供电，输出为 0~5V 的电压信号。输出的类型为模拟量输出，在智能产线中工作站运行时要将模拟量信号转化为数字量信号。采用四线制，BN 棕色线接 L+端，BU 蓝色线接 M 端，GY 灰色线接 PLC 模拟量

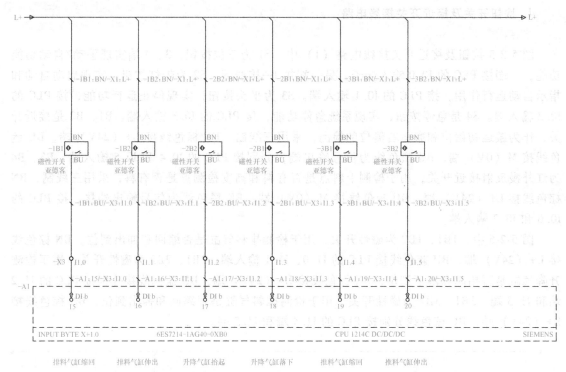

图 5-2-6　按钮开关、接近开关、磁性开关及漫反射开关传感器接线电路图（2）

接口输入端 AI0，SH 是屏蔽线接 PLC 模拟量公共端 2M。S1 三位旋钮的 1 端接 L+、2 端接 PLC 的 I2.0 输入端，作为系统复位按钮。

### 6. PLC 输出端驱动电路

PLC 输出端驱动电路主要输出驱动指示灯、继电器线圈、电磁阀线圈、蜂鸣器等执行指示部件。包括指示灯驱动、搬运电动机使能继电驱动、电磁阀线圈通断、报警蜂鸣器驱动等。

电路图分析：

图 5-2-8 中，PLC 的 I/O 输出端 Q0.0 接 L1 为带灯按钮和三色灯绿灯，由 Q0.0 驱动按钮灯和三色灯绿灯亮或灭。K1 为搬运电动机的使能驱动继电器线圈，由 PLC 的 Q0.1 驱动，当 Q0.1 输出 1 时，线圈得电控制电动机使能开关触点接通，电动机使能，Q0.1 为 0 时，电动机禁止工作。K2 为搬运电动机的方向驱动继电器线圈，由 PLC 的 Q0.2 驱动，当 Q0.2 输出 1 时，线圈得电控制电动机方向为开关触点接通，电动机方向改变（为反转），Q0.2 为 0 时，电动机方向为正转。1Y 是排料气缸电磁阀驱动线圈，由 PLC 的 Q0.3 驱动，当 Q0.3 输出 1 时，1Y 线圈得电，控制电磁阀接通气路，气缸伸出，反之 Q0.3 为 0 时，气路通路改变气缸缩回。2Y 是升降气缸电磁阀驱动线圈，由 PLC 的 Q0.4 驱动，当 Q0.4 输出 1 时，2Y 线圈得电，控制电磁阀接通气路，升降气缸落下，反之 Q0.4 为 0 时，气路通路改变升降气缸抬起。3Y1、3Y2 是推料气缸电磁阀驱动控制线圈，推料气缸控制电磁阀是个双控电磁阀，由 PLC 的 Q0.5、Q0.6 驱动控制，当 Q0.5 输出 1 时，Q0.6 为 0 时，推料气缸伸出，反之，当 Q0.5 输出 0 时，Q0.6 为 1 时，推料气缸缩回，其他输出状态时推料气缸保持原先状态。PLC 的 I/O 输出端 Q0.7 驱动控制三色灯黄灯，Q0.7 为 1 时，黄灯亮，为零时，黄灯灭。

图 5-2-9 中，L3 为三色红灯，H1 为报警蜂鸣器，作为系统工作运行状态指示和报警用，分别由 PLC 的 Q1.0 和 Q1.1 输出控制。

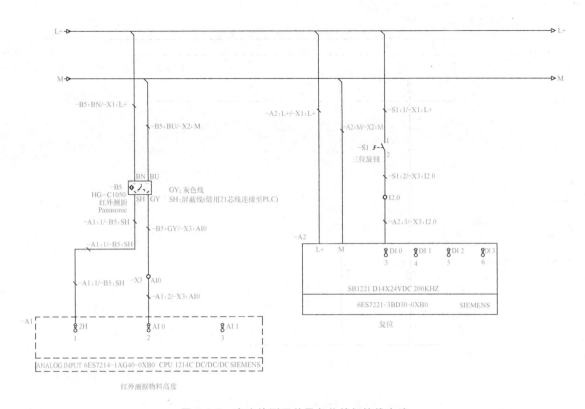

图 5-2-7　高度检测开关及复位按钮接线电路

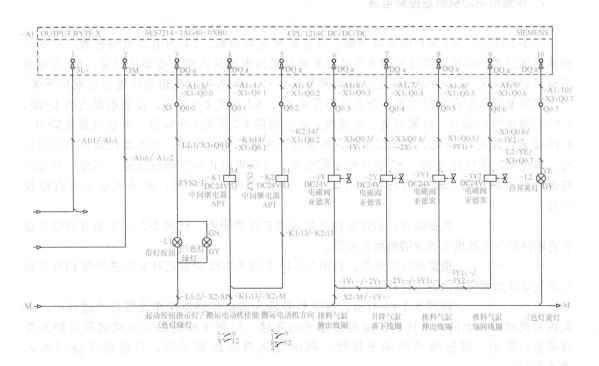

图 5-2-8　PLC 输出端驱动电路

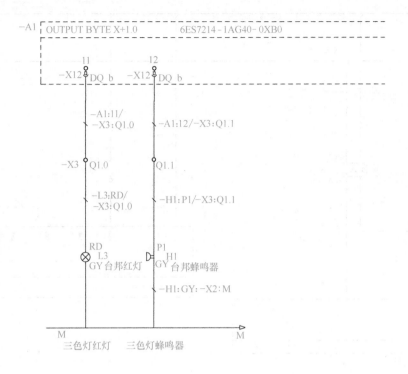

图 5-2-9　PLC 输出端指示报警驱动电路

### 7. 传输带电动机调速控制电路

电路图分析：

图 5-2-10 中，M1 为传输带电动机，是直流减速电动机。U1 为电动机调速器，基本原理就是通过调节电位器旋钮来调节通过直流电动机的电压从而调节电动机速度。K1 为电动机运行启停开关，K2 为电动机正反转切换开关，S5、S6 为电动机运动位置左右限位开关，用于限制电动机左右运行位置。合上启停开关 K1，K2 开关 1-9 接通，接通电源正极 L+端，4-12 接通电源负端 M，电源导通，电动机正转；切换 K2 开关 5-9 接通，接通电源负端 M，8-12 接通电源正极 L+端，电动机电源两端换向，实现电动机反转。当电动机运行到左限位时，触碰到左限位开关 S5，S5 断开电动机电源，电动机停止在左限位位置。同样，当电动机运行到右限位时，触碰到右限位开关 S6，S6 断开电动机电源，电动机停止在右限位位置。

【技能训练 3】　根据线号、通过使用万用表测量线路通断，将图 5-2-11 中现有的电气设备将断路器与电源供电部分的电路补完整。

【技能训练 4】　根据电气原理图，将图 5-2-12 和图 5-2-13 中接近开关传感器与 PLC 连接的电气原理图虚线框内的电路补全。

【技能训练 5】　如图 5-2-14 所示，在了解各输入输出传感器操作元器件的过程中，盘柜内和机械设备上的元器件都需要经过端子的转接，以便于现场的安装调试和后期元器件更换的维护。根据现场的端子接线，画出与之对应的端子图，并将端子分配填入表 5-2-2 中。

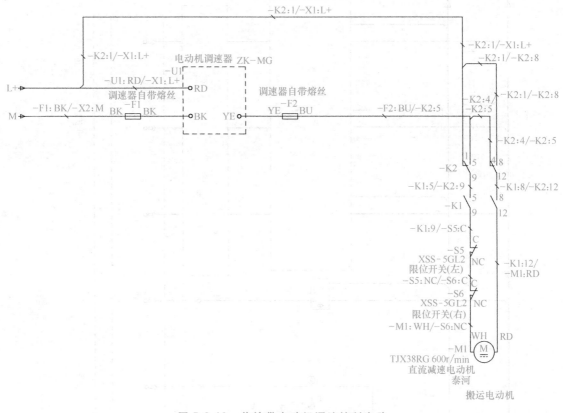

图 5-2-10　传输带电动机调速控制电路

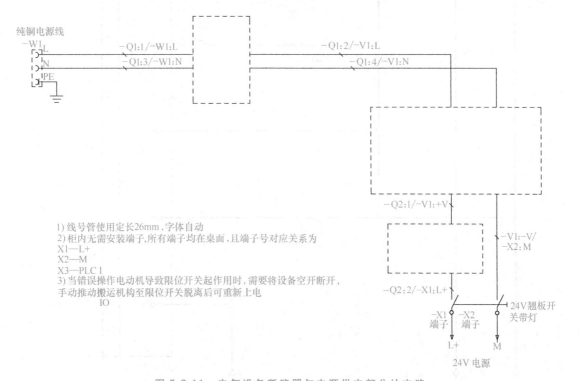

1) 线号管使用定长26mm,字体自动
2) 柜内无需安装端子,所有端子均在桌面,且端子号对应关系为
X1—L+
X2—M
X3—PLC I
3) 当错误操作电动机导致限位开关起作用时,需要将设备空开断开,
手动推动搬运机构至限位开关脱离后可重新上电
IO

图 5-2-11　电气设备断路器与电源供电部分的电路

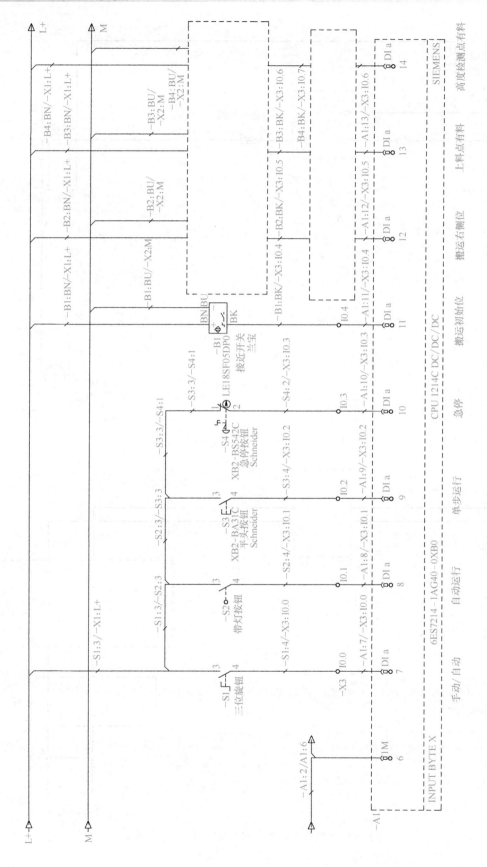

图 5-2-12 接近开关传感器与 PLC 连接的电气原理图（1）

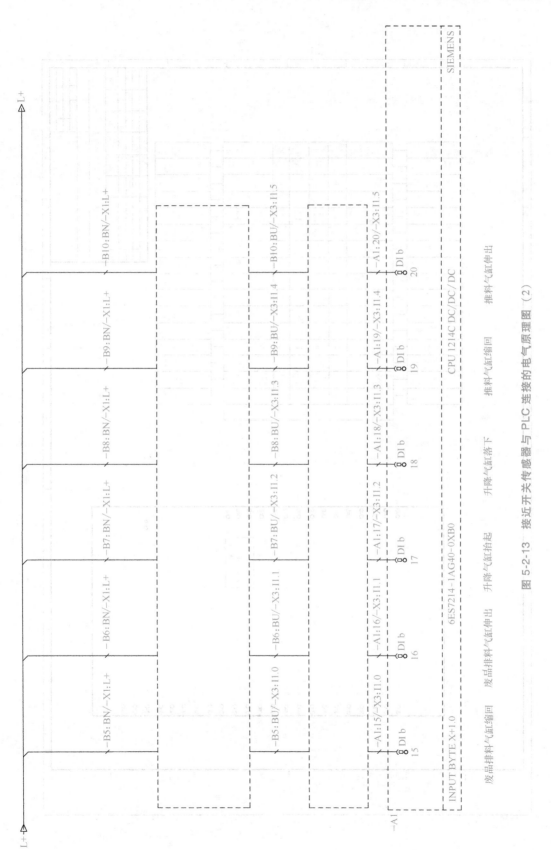

图 5-2-13 接近开关传感器与 PLC 连接的电气原理图 (2)

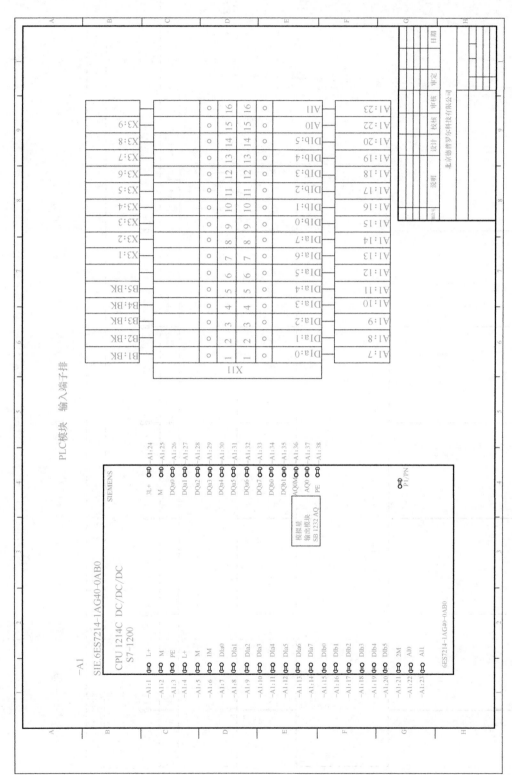

图 5-2-14 任务图

表 5-2-2　端子接线对照表

| | | | | | | | | | | | | | | | | | | | | | | | | | | |
|---|---|---|---|---|---|---|---|---|---|---|---|---|---|---|---|---|---|---|---|---|---|---|---|---|---|---|
| | | | | | | | | | | | | | | | | | | | | | | | | | | |
| | | | | | | | | | | | | | | | | | | | | | | | | | | |
| 1 | 2 | 3 | 4 | 5 | 6 | 7 | 8 | 9 | 10 | 11 | 12 | 13 | 14 | 15 | 16 | 17 | 18 | 19 | 20 | 21 | 22 | 23 | 24 | 25 | 26 | 27 |
| 1 | 2 | 3 | 4 | 5 | 6 | 7 | 8 | 9 | 10 | 11 | 12 | 13 | 14 | 15 | 16 | 17 | 18 | 19 | 20 | 21 | 22 | 23 | 24 | 25 | 26 | 27 |
| | | | | | | | | | | | | | | | | | | | | | | | | | | |
| | | | | | | | | | | | | | | | | | | | | | | | | | | |
| | | | | | | | | | | | | | | | | | | | | | | | | | | |

【技能训练6】　在了解各部位的功能后，在电气柜安装的过程中，需要对每个盘面上每个元器件的位置进行确认，绘制出电气布局图。

## 任务评价与反馈

教师对学生工作过程与任务结果进行评价，并将评价结果填入表 5-2-3 中。

表 5-2-3  任务综合评价表

| 班级： | 姓名： | 学号： | | | |
|---|---|---|---|---|---|
| 任务名称 | | | | | |
| 评价项目 | | 等　级 | | 分值 | 得分 |
| 考勤（10%） | | 无无故旷课、迟到、早退现象 | | 10 | |
| 工作过程（60%） | 资料收集与学习 | 资料收集齐全完整，能完整学习相关资料并能正确理解知识内容 | | 5 | |
| | 引导问题回答 | 能正确回答所有引导问题并能有自己的理解和看法 | | 5 | |
| | 任务实施 | 技能训练 1　气动回路图部件识读与符号识别 | | 5 | |
| | | 技能训练 2、6　工作站接线端子图 | | 5 | |
| | | 技能训练 3　传感器和 PLC 端子的接线电路图 | | 5 | |
| | | 技能训练 4　电路图补充完整 1 | | 5 | |
| | | 技能训练 5　电路图补充完整 2 | | 5 | |
| | | 技能训练 7　绘制电气布局图 | | 5 | |
| | 工作态度 | 态度端正、工作认真、主动 | | 5 | |
| | 协调能力 | 与小组成员、同学之间能合作交流，协同工作 | | 5 | |
| | 职业素养 | 能做到安全生产，文明操作，保护环境，爱护设备设施 | | 10 | |
| 任务成果（30%） | 工作完整 | 能按要求完成所有学习任务 | | 10 | |
| | 操作规范 | 能按照设备及实训室要求规范操作 | | 5 | |
| | 任务结果 | 知识学习完整、正确理解，图样识读和绘制正确，成果提交完整 | | 15 | |
| 合　计 | | | | 100 | |

## 任务小结

总结本任务学习过程中的收获、体会及存在的问题，并记录到下面空白处。

_____

_____

_____

_____

# 任务 5.3　次品分拣工作站的硬件安装与调试

## 任务工单

| 任务名称 | | | | 姓名 | |
|---|---|---|---|---|---|
| 班级 | | 组号 | | 成绩 | |
| 工作任务 | ◆ 扫描二维码，观看次品分拣工作站运行视频<br>◆ 学习相关知识点，完成引导问题<br>◆ 通过任务 5.2 的工作站气动回路图和电气原理图，制定工作方案，完成工作站气路连接和电路连接<br>◆ 扫描二维码，下载次品分拣工作站测试程序，完成硬件功能测试<br>◆ 完成工作站安装调试报告的编写 | | | 次品分拣工作站运行视频　次品分拣工作站测试程序 | |

（续）

| | | | |
|---|---|---|---|
| 任务目标 | **知识目标**<br>• 掌握常用装调工具和仪器的使用方法<br>• 掌握机电设备安装调试技术标准<br>• 掌握设备安装调试安全规范<br>**能力目标**<br>• 能够正确识读电气图<br>• 能够制订设备装调工作计划<br>• 能够正确使用常用的机械装调工具<br>• 能够正确使用常用的电工工具、仪器<br>• 会正确使用机械、电气安装工艺规范和相应的国家标准<br>• 能够编写安装调试报告<br>**素质目标**<br>• 良好的协调沟通能力、团队合作及敬业精神<br>• 良好的职业素养，遵守实践操作中的安全要求和规范操作注意事项<br>• 勤于思考、善于探索的良好学习作风<br>• 勤于查阅资料、善于自学、善于归纳分析 | | |
| 任务准备 | **工具准备**<br>• 扳手（17#）、螺丝刀（一字/内六角）、斜口钳、尖嘴钳、压线钳、剥线钳、网线钳、万用表<br>**技术资料准备**<br>• 智能工厂自动化工厂综合实训平台各工作站的技术资料，包括工艺概览、组件列表、输入输出列表、电气原理图<br>**材料准备**<br>• 气管、气管接头、尼龙扎带、螺栓、螺母、导线、接线端子等<br>**环境准备**<br>• 实践安装操作场所和平台 | | |
| 任务分配 | 职务 | 姓名 | 工作内容 |
| | 组长 | | |
| | 组员 | | |
| | 组员 | | |

## ▷▷ 任务资讯与实施

### 5.3.1　制定工作方案

设备在安装调试前，应制定安装调试工作方案，准备好安装调试所用的工具、材料、设备与相关技术资料，并详细了解其原理及使用方法。

【技能训练1】　将设备安装调试流程步骤及工作内容填入表5-3-1中，主要包括需要哪些工具材料、安装调试步骤等。

表 5-3-1　工作站安装调试工作方案

| 序号 | 名称 | 工作内容 | 负责人 |
|---|---|---|---|
| 1 | | | |
| 2 | | | |
| 3 | | | |
| 4 | | | |
| 5 | | | |
| 6 | | | |
| 7 | | | |
| 8 | | | |
| 9 | | | |
| 10 | | | |
| 11 | | | |
| 12 | | | |

【技能训练 2】 列出仪表、工具、耗材和器材等清单，填写在表 5-3-2 中。

表 5-3-2　工作站安装调试工具耗材清单表

| 序号 | 名　称 | 型号与规格 | 单位 | 数量 | 备注 |
|---|---|---|---|---|---|
| 1 | | | | | |
| 2 | | | | | |
| 3 | | | | | |
| 4 | | | | | |
| 5 | | | | | |
| 6 | | | | | |
| 7 | | | | | |
| 8 | | | | | |
| 9 | | | | | |
| 10 | | | | | |

## 5.3.2　工作站安装调试过程

**1. 调试准备**

1）识读气动和电气原理图，明确线路连接关系。

2）按图样要求选择合适的工具和部件。

3）确保安装平台及部件洁净。

**2. 零部件安装**

（1）同步带输送组件安装

1）承载料平台上安装同步带输送模组。

2）安装废品排料气缸 C1。

3）安装废品排料气缸到位检测传感器（伸出 B6、缩回 B5）。

4）安装上料点物料检测传感器 B3。

（2）高度检测组件安装

1）安装红外测距传感器 B11。

2）安装高度检测点漫反射光电开关 B4。

（3）推料组件安装

1）安装升降气缸 C2。

2）安装推料气缸 C3。

3）安装推料向下一站气缸到位检测传感器（缩回 B9、伸出 B10）。

4）安装升降气缸到位检测传感器（抬起 B7、落下 B8）。

（4）气路电磁阀安装

（5）接线端口安装

### 3. 回路连接与接线

根据气动原理图与电气控制原理图进行回路连接与接线。

### 4. 系统连接

（1）PLC 控制板与铝合金工作平台连接

（2）PLC 控制板与控制面板连接

（3）PLC 控制板与电源连接

（4）PLC 控制板与 PC 连接

（5）电源连接

工作站所需电压为 DC 24V（最大 0.5A），PLC 板的电压与工作站一致。

（6）气动系统连接

将气泵与过滤调压组件连接。在过滤调压组件上设定压力为 0.6MPa。

### 5. 传感器等测试器件的调试

1）上料点物料传感器 B3 测试：通电状态下，用物料接近传感器，看其指示灯是否有反应。

2）红外测距传感器（高度检测传感器）B11 测试。

3）高度检测点漫反射光电开关 B4 测试。

4）推料气缸和升降气缸到位传感器测试。

### 6. 气路调试

1）单向节流阀用于控制双作用气缸的气体流量，进而控制气缸活塞伸出和缩回的速度。在相反方向上，气体通过单向阀流动。

2）气动电磁阀组调试。调试时，主要是手动调节电磁阀组中的电磁阀是否能控制气缸按照要求动作。

### 7. 系统整体调试

（1）外观检查

在进行调试前，必须进行外观检查！在开始起动系统前，必须检查电气连接、气源、机械部件（损坏与否，连接牢固与否）。在起动系统前，要保证工作站没有任何损坏！

（2）设备准备情况检查

已经准备好的设备应该包括装调好的分拣单元工作平台，连接好的控制面板、PLC 控制板、电源、装有 PLC 编程软件的 PC，连接好的气源等。

（3）下载程序

设备所用控制器一般为 S7-1200。

设备所用编程软件一般为 TIA 博途 V16 或更高版本。

连接好工作站 PLC 和计算机的网络接口，在博途软件里打开测试程序，把测试程序下载到工作站 PLC 里。

【技能训练3】 填写安装与调试完成情况表 5-3-3。

表 5-3-3　安装与调试完成情况表

| 序号 | 内　容 | 计划时间 | 实际时间 | 完成情况 |
|---|---|---|---|---|
| 1 | 制订工作计划 | | | |
| 2 | 制订安装计划 | | | |
| 3 | 工作准备情况 | | | |
| 4 | 清单材料填写情况 | | | |
| 5 | 机械部分安装 | | | |
| 6 | 气路安装 | | | |
| 7 | 传感器安装 | | | |
| 8 | 连接各部分部件 | | | |
| 9 | 按要求检查点检 | | | |
| 10 | 各部分设备测试情况 | | | |
| 11 | 问题与解决情况 | | | |
| 12 | 故障排除情况 | | | |

## 任务评价与反馈

教师对学生工作过程与任务结果进行评价，并将评价结果填入表 5-3-4 中。

表 5-3-4　任务综合评价表

| 班级： | 姓名： | 学号： | | | |
|---|---|---|---|---|---|
| | 任务名称 | | | | |
| 评价项目 | | 等　级 | | 分值 | 得分 |
| 考勤（10%） | | 无无故旷课、迟到、早退现象 | | 10 | |
| 工作过程（60%） | 资料收集与学习 | 资料收集齐全完整，能完整学习相关资料并能正确理解知识内容 | | 5 | |
| | 引导问题回答 | 能正确回答所有引导问题并能有自己的理解和看法 | | 5 | |
| | 任务实施 | 技能训练 1　设备安装调试流程步骤 | | 10 | |
| | | 技能训练 2　安装调试工具耗材清单 | | 10 | |
| | | 技能训练 3　安装与调试完成情况 | | 10 | |
| | 工作态度 | 态度端正、工作认真、主动 | | 5 | |
| | 协调能力 | 与小组成员、同学之间能合作交流，协同工作 | | 5 | |
| | 职业素养 | 能做好安全生产，文明操作，保护环境，爱护设备设施 | | 10 | |
| 任务成果（30%） | 工作完整 | 能按要求完成所有学习任务 | | 10 | |
| | 操作规范 | 能按照设备及实训室要求规范操作 | | 5 | |
| | 任务结果 | 知识学习完整、正确理解，成果提交完整 | | 15 | |
| 合　计 | | | | 100 | |

## 任务小结

总结本任务学习过程中的收获、体会及存在的问题，并记录到下面空白处。

_____

_____

_____

_____

## 任务 5.4  次品分拣工作站的控制程序设计与调试

任务 5.4  工作站控制程序设计

**任务工单**

| 任务名称 | | | | 姓名 | |
|---|---|---|---|---|---|
| 班级 | | 组号 | | 成绩 | |
| 工作任务 | ◆ 扫描二维码，观看次品分拣工作站运行视频<br>◆ 学习相关知识点，完成引导问题<br>◆ 根据工作站工艺流程编写控制程序，完成工作站相应的功能调试<br>（1）实现工作站工件高度检测子程序设计<br>（2）实现工作站的工作流程逻辑编程<br>（3）实现工作站的急停、复位功能 | | | | 次品分拣<br>工作站运<br>行视频 |
| 任务目标 | 知识目标<br>• 掌握 PLC 输入模拟量的相关处理指令<br>• 掌握 PLC 模拟量归一化处理程序<br>• 掌握 IFAE 单站程序编写<br>能力目标<br>• 能根据控制要求，编制设备工艺（动作）流程<br>• 能在 TIA 博途软件环境上正确进行项目组态和参数设置<br>• 能在 TIA 博途软件环境上编写调试程序<br>• 能编写激光位移传感器的测试程序<br>• 会对 PLC 模拟量进行组态设置<br>• 会下载程序，并调试供料工作站的各个功能<br>• 会查阅资料获取相应信息<br>素质目标<br>• 良好的协调沟通能力、团队合作及敬业精神<br>• 良好的职业素养，遵守实践操作中的安全要求和规范操作注意事项<br>• 勤于思考、善于探索的良好学习作风<br>• 勤于查阅资料、善于自学、善于归纳分析 | | | | | |
| 任务准备 | 软硬件环境<br>• 计算机 1 台，作为工程组态站<br>• TIA 博途软件平台里的 SIMATIC STEP 7 软件—V15 SP1 及以上版本、智能产线综合实训平台—标准版及以上版本<br>资料准备<br>• 智能产线供料工作站操作指导手册 1 份 | | | | | |
| 任务分配 | 职务 | 姓名 | | 工作内容 | | |
| | 组长 | | | | | |
| | 组员 | | | | | |
| | 组员 | | | | | |

**任务资讯与实施**

【引导问题1】 观察工作站运行过程，用流程图或文字描述该站的工艺过程。

_____

_____

_____

_____

### 5.4.1 次品分拣工作站动作流程

1）本站前端的承载料平台下方的上料点物料检测传感器检测到有物料后，同步带驱动电机 M1 开始正转，同步带输送组件从搬运初始位向搬运右侧位移动，当高度检测点漫反射光电开关 B4 检测到物料后，电机 M1 停止，高度检测组件中的红外测物料高度传感器对物料高度进行检测，并记录结果。然后电机 M1 继续正转，物料继续向搬运右侧位移动，到达搬运右侧位时，电机 M1 停止转动。此时，根据物料的高度检测结果做不同操作。

2）如果是不合格物料，排料气缸动作将物料排出；如果是合格物料，在接收到第三站空闲信号后，升降气缸带动推料向下一站气缸下行，推料向下一站气缸动作完成推料，推料完成后，升降气缸带动推料向下一站气缸上行。然后电动机 M1 开始反转，同步带输送组件回到搬运初始位。

### 5.4.2 次品分拣工作站工作逻辑功能图（见图 5-4-1）

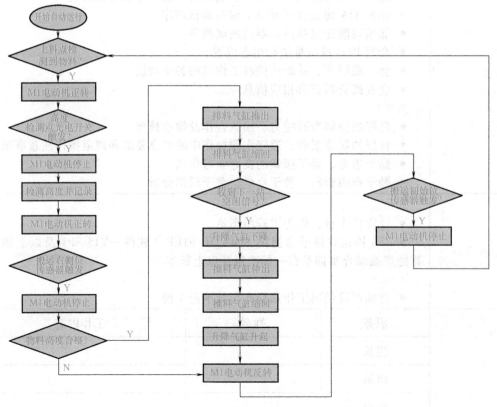

图 5-4-1 次品分拣工作站工作逻辑功能图

【引导问题2】　对于模拟量输入信号，在PLC端需要如何设置？

---
---
---
---

### 5.4.3　输入模拟量PLC程序调试

激光位移传感器的应用与模拟量知识是分不开的，接下来进行模拟量的学习。

（1）模拟量概述

模拟量在PLC系统中有着非常广泛的应用，特别是在过程控制系统中，模拟量是一种连续变化的量，因此，它的使用对象也是各种连续变化的量，比如温度、压力、湿度、流量、转速、电流、电压、扭矩等。

PLC系统中使用的模拟量有两种，一种是模拟电压，另一种是模拟电流，模拟电压最常见，用得也最多。模拟电压一般是0~10V、0~5V等，长距离传输时容易受干扰。模拟电流一般是4~20mA，0~20mA等，抗干扰能力强，DCS系统中一般都使用模拟电流。我们先要用传感器测量我们所需要的参数，通过变送器将此参数变换成0~10V或者4~20mA，现在很多传感器都是自带变送器的，直接就输出模拟量。

（2）模拟量量程

量程即是传感器能够采集到的信号从最小值到最大值的范围，对于本设备，就是指激光位移传感器能测量的范围。激光位移传感器参数见表5-4-1。

表 5-4-1　激光位移传感器技术参数

<table>
<tr><td colspan="2"></td><th>种类</th><th>测量中心距离<br>30mm 型</th><th>测量中心距离<br>50mm 型</th><th>测量中心距离<br>100mm 型</th><th>测量中心距离<br>200mm 型</th><th>测量中心距离<br>400mm 型</th></tr>
<tr><td rowspan="2">项目</td><td rowspan="2">型号</td><td>NPN 输出</td><td>HG-C1030</td><td>HG-C1050</td><td>HG-C1100</td><td>HG-C1200</td><td>HG-C1400</td></tr>
<tr><td>PNP 输出</td><td>HG-C1030-P</td><td>HG-C1050-P</td><td>HG-C1100-P</td><td>HG-C1200-P</td><td>HG-C1400-P</td></tr>
<tr><td colspan="3">符合规则</td><td colspan="5">符合 EMC 指令、FDA 规则</td></tr>
<tr><td colspan="3">测量中心距离</td><td>30mm</td><td>50mm</td><td>100mm</td><td>200mm</td><td>400mm</td></tr>
<tr><td colspan="3">测量范围</td><td>±5mm</td><td>±15mm</td><td>±35mm</td><td>±80mm</td><td>±200mm</td></tr>
<tr><td colspan="3">重复精度</td><td>10μm</td><td>30μm</td><td>70μm</td><td>200μm</td><td>300μm（测量<br>距离 200~400mm）<br>800μm（测量<br>距离 400~600mm）</td></tr>
<tr><td colspan="3">直线性</td><td colspan="3">±0.1%F. S.</td><td>±0.2%F. S.</td><td>±0.2% F. S.（测量<br>距离 200~400mm）<br>±0.3% F. S.（测量<br>距离 400~600mm）</td></tr>
<tr><td colspan="3">温度特性</td><td colspan="5">0.03%F. S./℃</td></tr>
<tr><td colspan="3">光源</td><td colspan="5">红色半导体激光　2级［JIS/IEC/GB/FDA[①]］<br>最大输出：1mW、投光波峰波长：655nm</td></tr>
<tr><td colspan="3">光束直径[②]</td><td>约 φ50μm</td><td>约 φ70μm</td><td>约 φ120μm</td><td>约 φ300μm</td><td>约 φ500μm</td></tr>
<tr><td colspan="3">电压</td><td colspan="5">DC 12V ~ DC 24V　±10%　脉动 P-P　10%</td></tr>
<tr><td colspan="3">消耗电流</td><td colspan="5">40mA 以下（电源电压 DC 24V 时），60mA 以下（电源电压 DC 12V 时）</td></tr>
</table>

（续）

| 项目 | 型号 | 种类 | 测量中心距离 30mm 型 | 测量中心距离 50mm 型 | 测量中心距离 100mm 型 | 测量中心距离 200mm 型 | 测量中心距离 400mm 型 |
|---|---|---|---|---|---|---|---|
| | | NPN 输出 | HG-C1030 | HG-C1050 | HG-C1100 | HG-C1200 | HG-C1400 |
| | | PNP 输出 | HG-C1030-P | HG-C1050-P | HG-C1100-P | HG-C1200-P | HG-C1400-P |

| 控制输出 | | <NPN 输出型>　　NPN 开路集电极晶体管　　·最大流入电流:50mA　　·外加电压:DC 30V 以下(控制输出-0V 之间)　　·剩余电压:1.5V 以下(流入电流 50mA 时)　　·漏电流:0.1mA 以下　　　　　　　　　　　　　　　　　　<PNP 输出型>　　PNP 开路集电极晶体管　　·最大源电流:50mA　　·外加电压:DC 30V 以下(控制输出-+V 之间)　　·剩余电压:1.5V 以下(流出电流 50mA 时)　　·漏电流:0.1mA 以下 |
|---|---|---|
| | 输出动作 | 入光时 ON/非入光时 ON　可切换 |
| | 短路保护 | 配备(自动复位式) |
| 模拟输出 | | ·输出范围:0~5V(报警时:+5.2V)　　·输出阻抗:100Ω |
| 反应时间 | | 1.5ms/5ms/10ms　可切换 |
| 外部输入 | | <NPN 输出型>　　NPN 无触点输入　　·输入条件　　　无效:DC +8V~+V DC 或开路　　　有效:DC 0V~+1.2V　　·输入阻抗:约 10kΩ　　　　　　　　　　　　　　　　<PNP 输出型>　　PNP 无触点输入　　·输入条件　　　无效:DC 0V~+0.6V 或开路　　　有效:DC +4V~+V　　·输入阻抗:约 10kΩ |
| 污损度 | | 2 |
| 使用标高 | | 2000m 以下 |
| 耐环境性 | 保护构造 | IP67(IEC) |
| | 使用环境温度 | -10~+45℃(注意不可结露、结冰)、存储时:-20~+60℃ |
| | 使用环境湿度 | 35%RH~85%RH、存储时:35%RH~85%RH |
| | 使用环境照度 | 白炽灯:受光面照度 3000lx 以下 |
| | 耐振动 | 耐久 10Hz~55Hz(周期 1min)　双振幅 1.5mm　XYZ 各方向 2h |
| | 耐冲击 | 耐久 500m/s$^2$(约 50G)　XYZ 各方向 3h |
| 电缆 | | 0.2mm$^2$5 芯复合电缆长 2m |
| 电缆延长 | | 0.3mm$^2$ 以上电缆　最多延长至全长 10m |
| 材质 | | 本体外壳:铝铸件　前面盖板:丙烯基 |
| 重量 | | 本体重量:约 35g(不含电缆)、约 85g(含电缆) |

注: 未指定时的测量条件如下: 电源电压: DC 24V、周围温度: +20℃、反应时间: 10ms、测量中心距离的模拟输出值。

　　对象物体: 白色陶瓷。

① 根据 FDA 规则的 Laser Notice No.50 的规定,并以 FDA 为准。

② 该值为测量中心距离上的值,按照中心光强度的 1/e$^2$(约 13.5%)定义这些值。

　　如果定义区域外有漏光,并且检测点范围有高于检测点本身的强反射,检测结果可能会受到影响。

从手册中得知,MC-HGC1050 的量程是 50mm,输出的模拟量信号是 0~5V。

（3）PLC 模拟量设置

PLC 的模拟量输入信号称为"通道",即一通道代表一模拟量信号,同一通道可能支持不同的模拟量类型,在设备组态过程中,要对我们使用的通道设置成与传感器相符的类型,对于不使用的通道,应该禁用以降低干扰。

对于本设备中使用的 CPU1214C 上的模拟量通道,只支持 0~10V 电压输入。如图 5-4-2 所示。

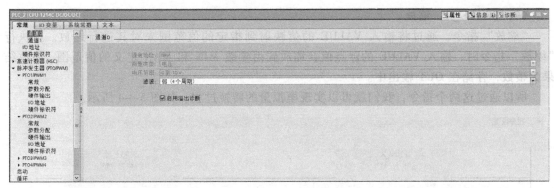

图 5-4-2 PLC 模拟量设置

（4）PLC 模拟量转化指令的使用

PLC 采集到电信号后，需要进行参数转换，将电信号换算成数字量。例如：假设模拟量模块所接传感器为 0~10V 类型，其测量对象为距离，当距离为 0mm 时电压为 0V，距离为 50mm 时电压为 10V。此时模拟量输入模块得到的对应数值 0V 对应为 0，10V 对应为 27648，如果当前电流值为 5V，则模拟量模块得到的输入值为 13824（为什么最大值对应的是 27648 呢？因为模拟量在 PLC 中占用一个字的存储空间，即 16 位，它的取值范围是 −32768~+32767，对于 0~10V 信号的传感器，电信号是单极性的，没有负值，取值范围缩小至 0~+32767，这个字用于模拟量计算时，会留有一定的余量，取 27648 是因为这个数的十六进制是 6C00H，可以算是十六进制的一个整数）。

将模拟量输入模块的数值赋给参数 IN，工程量上限值给定为 50.0，下限值给定为 0.0，即可在输出参数 OUT 得到距离值 25mm。

本设备稍有特殊，传感器的输出信号是 0~5V，PLC 接收的信号是 0~10V（该型号 PLC 自带的模拟量输入只支持 0~10V 电压信号），所以这个模拟量经过转化后的数据不超过最大值的 50%，即 13824。

模块量的转化通常可以使用两种方法：

方法一：使用 NORM_X：标准化和 SCALE_X：缩放指令。

NORM_X：标准化指令：

（1）NORM_X：标准化

"标准化"指令，通过将输入 VALUE 中变量的值映射到线性标尺对其进行标准化。可以使用参数 MIN 和 MAX 定义范围的限值。输出 OUT 中的结果经过计算并存储为浮点数，这取决于要标准化的值在该值范围中的位置。如果要标准化的值等于输入 MIN 中的值，则输出 OUT 将返回值 "0.0"。如果要标准化的值等于输入 MAX 的值，则输出 OUT 需返回值 "1.0"。如果是用于模拟量的转换，则 MIN 和 MAX 表示的就是我们模拟量模块输入信号对应的数字量的范围，而 VALUE 表示的就是我们的模拟量模块的采用值。如图 5-4-3 所示。

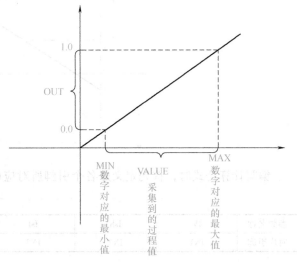

图 5-4-3 标准化指令转化示意图

119

（2）SCALE_X：缩放

"缩放"指令，通过将输入 VALUE 的值映射到指定的值范围来对其进行缩放。当执行"缩放"指令时，输入 VALUE 的浮点值会缩放到由参数 MIN 和 MAX 定义的值范围。缩放结果为整数，存储在 OUT 输出中。

所以通过这两个指令，我们就可以实现模拟量的转换过程。如图 5-4-4 所示。

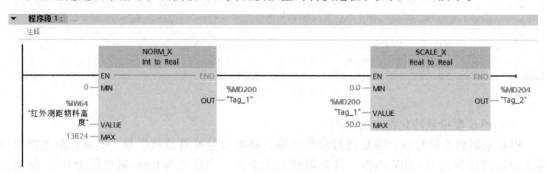

图 5-4-4　模拟量转换程序图

方法二：可以通过转换指令（CONVERT）及数学函数中的计算指令（CALCULATE），按照模拟量的转换公式编写这个计算指令。

参数转化关系：

$$Ov = [(Osh) - Osl) * (Iv - Isl) / (Ish - Isl)] + Osl$$

参数名称含义见表 5-4-2。

表 5-4-2　参数名称含义

| 参数名称 | Ov | Iv | Osh | Osl | Ish | Isl |
|---|---|---|---|---|---|---|
| 参数含义 | 换算结果 | 换算对象 | 换算结果的高限 | 换算结果的低限 | 换算对象的高限 | 换算对象的低限 |

参数转换关系如图 5-4-5 所示。

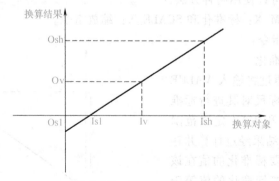

图 5-4-5　参数转换关系图

编写计算公式时，首先定义好各个引脚所对应的公式中的名称，见表 5-4-3。

表 5-4-3　参数与管脚对应表

| 参数名称 | IV | Ish | Isl | Osh | Osl | OV |
|---|---|---|---|---|---|---|
| 对应引脚 | IN1 | IN2 | IN3 | IN4 | IN5 | OUT |

参数转换程序如图 5-4-6 所示。

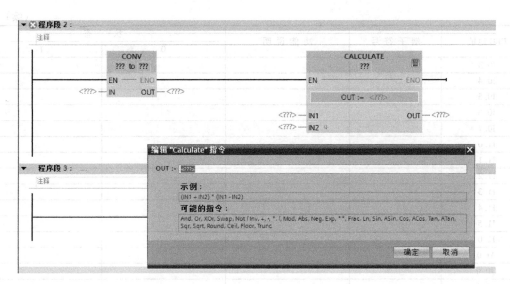

图 5-4-6　参数转换程序

### 5.4.4　工作站控制程序分析

设计程序时，可以使用结构化的设计方法，每个功能由单独的函数块实现，尽可能地使函数块之间互不干扰。这种方法既可以降低开发和维护的难度，又可以方便多人协作开发。

那么这个工作站的控制中，要实现哪些功能呢？

首先，我们要完成物料高度的检测，从物料进入本工作站到推到下一站，每一步操作是按顺序进行的。即前一步工作完成后，会触发进入下一步操作的条件。在程序的编写中，我们将每一步操作设计为一个程序段，程序段按顺序衔接起来就是物料高度检测的流程。

其次，由于每一站同一时间只能加工一个物料，那么当本站正在加工时，就不允许前一站将物料推入本站，需要等待本站物料排空后再推入新的物料。为了使前一站知晓本站的工作状态，需要与前一站 PLC 通信。所在必须要写一个通信程序，获取后一站工作状态，同时向前一站发送本站的工作状态。

最后，还要写一个按钮控制程序，用于设备的手自动切换、起动、停止、复位、急停等功能。

### 5.4.5　工作站 PLC I/O 地址分配

PLC I/O 地址表分为输入、输出两个部分，输入部分主要为各传感器、磁性开关、按钮等；输出部分主要是电磁阀、电动机使能控制（继电器线圈）、指示灯等。

【技能训练1】　阅读和查阅资料，观察工作站硬件接线情况及阅读硬件电路接线图，结合之前做过的任务，完成次品分拣工作站的 I/O 地址分配表的填写，把相关信息填入表 5-4-4 中。

表 5-4-4　次品分拣工作站 I/O 地址分配表

| PLC 地址 | 端子符号 | 功能说明 | 状态 | |
| --- | --- | --- | --- | --- |
| | | | 0 | 1 |
| I0.0 | S1 | 自动/手动 | 手动（断开） | 自动（接通） |
| I0.1 | S2 | 起动 | 断开 | 接通 |
| I0.2 | | | | |

（续）

| PLC 地址 | 端子符号 | 功能说明 | 状　态 | |
|---|---|---|---|---|
| | | | 0 | 1 |
| I0.3 | | | | |
| I0.4 | | | | |
| I0.5 | | | | |
| I0.6 | | | | |
| I0.7 | | | | |
| I1.0 | | | | |
| I1.1 | | | | |
| I1.2 | | | | |
| I1.3 | | | | |
| I1.4 | | | | |
| I1.5 | | | | |
| I2.0 | | | | |
| AI.0 | | | | |
| Q0.0 | | | | |
| Q0.1 | | | | |
| Q0.2 | | | | |
| Q0.3 | | | | |
| Q0.4 | | | | |
| Q0.5 | | | | |
| Q0.6 | | | | |
| Q0.7 | L2 | 三色灯黄灯 | 灭 | 亮 |
| Q1.0 | L3 | 三色灯红灯 | 灭 | 亮 |
| Q1.1 | H1 | 三色灯蜂鸣器 | 不响 | 响 |
| 说明：I/O 地址不是绝对的，需要根据实际硬件组态的地址空间而定 | | | | |

### 5.4.6　工作站 PLC 程序设计

使用结构化的设计方法，每个功能由单独的函数块实现，尽可能地使函数块之间互不干扰。这种方法既可以降低开发和维护的难度，又可以方便多人协作开发。根据前面的控制任务程序分析，按结构化编程方法，把控制程序分为 4 个功能模块来实现相应功能。

各函数块的特性见表 5-4-5。

表 5-4-5　函数块特性

| 函数块名称 | 类型 | 功能 | 描述 |
|---|---|---|---|
| main | 组织块（OB） | 主程序 | 调用其他函数 |
| button | 函数块（FC） | 按钮控制程序 | 按钮的控制（起动、复位等） |
| putget | 函数块（FC） | 通信程序 | 与其他 PLC 通信 |
| SFC | 函数块（FC） | 顺序控制程序 | 物料高度检测流程的顺序控制 |

【技能训练 2】　创建新项目、组态设备

1）在 STEP7 中创建一个新的项目。双击 TIA 博途 V15，默认启动选项，选择"创建新项目"，输入项目名称，选择路径，如图 5-4-7 所示。

2）单击"创建"按钮，出现"开始"菜单选项，选择"组态设备"，如图 5-4-8 所示。

3）出现"设备与网络"菜单，选择"添加新设备"选项，进行 CPU 组态。单击 PLC，"SIMATIC S7-1200"→"CPU"→"CPU 1214C DC/DC/DC"→"6ES7 214-1AG40-0XB0"，硬件版本选择 V4.0（这里必须根据实际硬件版本选择，否则后续下载会出错），如图 5-4-9 所示。

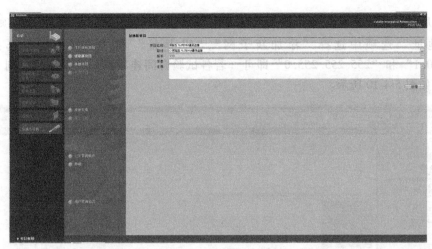

图 5-4-7　创建新项目

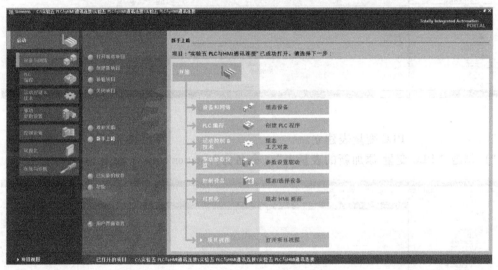

图 5-4-8　组态设备

图 5-4-9　CPU 组态

4）然后进行通信地址配置，选中 CPU 的"网线接口 █"，在"属性"选项卡中，在"以太网地址"选项中选择"添加新子网"，"IP 地址"和"子网掩码"选择默认的"192.168.0.1"和"255.255.255.0"即可（若各试验台间连接到同一局域网，则 IP 地址不能相同），如图 5-4-10 所示。

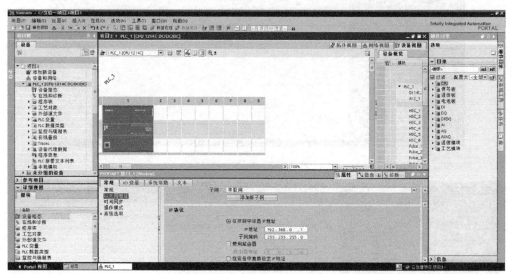

图 5-4-10　以太网 IP 配置

【技能训练 3】　PLC 变量表建立。

1）单击"PLC 变量-添加新的表量表"，命名为"station2 IO"。如图 5-4-11 所示。

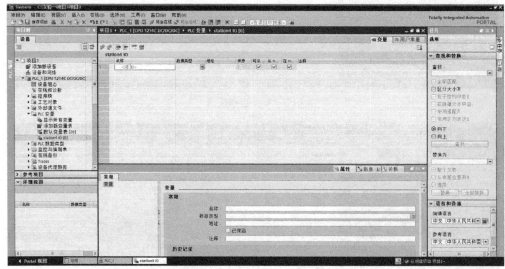

图 5-4-11　添加变量表

2）变量表中添加 I/O 变量。如图 5-4-12 所示，I/O 列表见附录表 A-1。

【技能训练 4】　PLC 程序编写

**1. 编写函数块 button**

如图 5-4-13 所示，本程序段中，对按钮的功能进行编写，实现手自动切换、自动运行、复位、停止等操作。

| IO表 | | | | | | | |
|---|---|---|---|---|---|---|---|
| | 名称 | 数据类型 | 地址 | 保持 | 可从 H... | 从 H... | 在 H... |
| 1 | 自动/手动 | Bool | %I0.0 | | ☑ | ☑ | ☑ |
| 2 | 启动 | Bool | %I0.1 | | ☑ | ☑ | ☑ |
| 3 | 停止 | Bool | %I0.2 | | ☑ | ☑ | ☑ |
| 4 | 急停 | Bool | %I0.3 | | ☑ | ☑ | ☑ |
| 5 | 搬运初始位 | Bool | %I0.4 | | ☑ | ☑ | ☑ |
| 6 | 搬运右侧位 | Bool | %I0.5 | | ☑ | ☑ | ☑ |
| 7 | 上料点有料 | Bool | %I0.6 | | ☑ | ☑ | ☑ |
| 8 | 高度检测点有料 | Bool | %I0.7 | | ☑ | ☑ | ☑ |
| 9 | 排料气缸缩回 | Bool | %I1.0 | | ☑ | ☑ | ☑ |
| 10 | 排料气缸伸出 | Bool | %I1.1 | | ☑ | ☑ | ☑ |
| 11 | 升降气缸抬起 | Bool | %I1.2 | | ☑ | ☑ | ☑ |
| 12 | 升降气缸落下 | Bool | %I1.3 | | ☑ | ☑ | ☑ |
| 13 | 推向下一站气缸缩回 | Bool | %I1.4 | | ☑ | ☑ | ☑ |
| 14 | 推向下一站气缸伸出 | Bool | %I1.5 | | ☑ | ☑ | ☑ |
| 15 | 红外测距物料高度 | Word | %IW64 | | ☑ | ☑ | ☑ |
| 16 | 自动运行指示/绿灯 | Bool | %Q0.0 | | ☑ | ☑ | ☑ |
| 17 | 同步带驱动电机使能 | Bool | %Q0.1 | | ☑ | ☑ | ☑ |
| 18 | 同步带驱动电机方向 | Bool | %Q0.2 | | ☑ | ☑ | ☑ |
| 19 | 排料气缸 | Bool | %Q0.3 | | ☑ | ☑ | ☑ |
| 20 | 升降气缸 | Bool | %Q0.4 | | ☑ | ☑ | ☑ |
| 21 | 推向下一站伸出线圈 | Bool | %Q0.5 | | ☑ | ☑ | ☑ |
| 22 | 推向下一站缩回线圈 | Bool | %Q0.6 | | ☑ | ☑ | ☑ |
| 23 | 复位 | Bool | %I2.0 | | ☑ | ☑ | ☑ |
| 24 | 黄灯 | Bool | %Q0.7 | | ☑ | ☑ | ☑ |
| 25 | 红灯 | Bool | %Q1.0 | | ☑ | ☑ | ☑ |
| 26 | 蜂鸣器 | Bool | %Q1.1 | | ☑ | ☑ | ☑ |

图 5-4-12 变量表写入变量

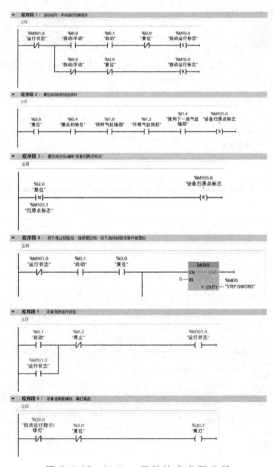

图 5-4-13 button 函数块参考程序段

## 2. 编写函数块 put get

本函数用于 PLC 之间进行数据交换，最常用的通信指令是 GET（获取数据）和 PUT（发送数据）指令，如图 5-4-14 所示为 GET 指令，图 5-4-15 所示为 GET 指令参数设置。

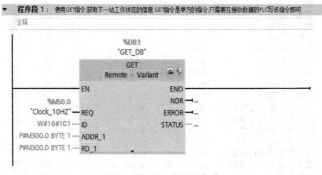

图 5-4-14　GET 指令

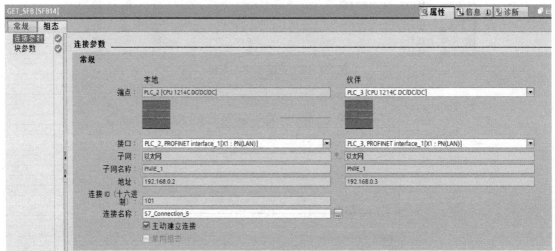

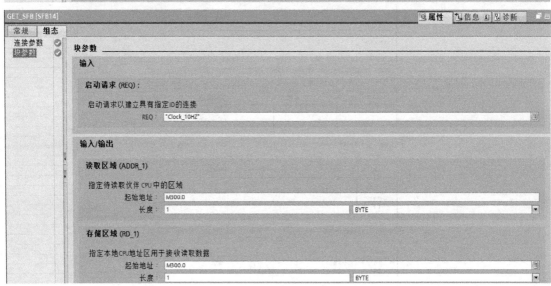

图 5-4-15　GET 指令参数设置

### 3. 编写函数块 SFC

按照操作步的原则，对全部加工操作进行分解，根据工作流程图绘制出工作站顺序功能图（SFC），再把 SFC 转换成梯形图，每一个动作编写一个程序段，完成整个工作站控制程序的编写。

【技能训练 5】 绘制工作站顺序功能图（SFC），根据工作站工作流程图，把工作流程图转化成顺序功能图，参考图 5-4-16，再根据顺序功能图编写出 SFC 函数块。

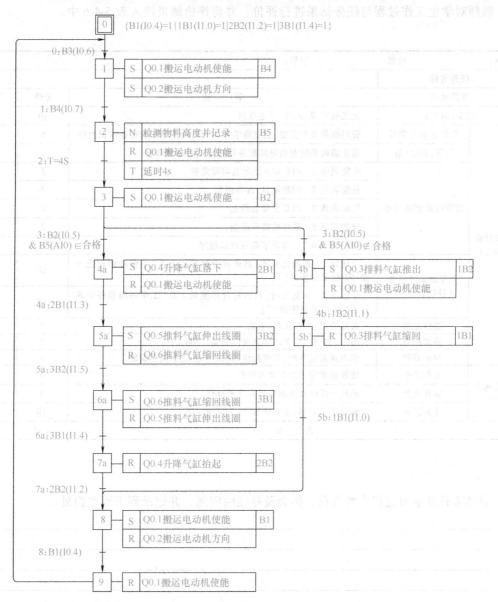

图 5-4-16 次品分拣工作站顺序功能图

### 4. 编写 main 函数

在 main 函数中调用其他函数。PLC 在运行时，只扫描 main 函数，其他的函数必须在 main 函数中调用才能执行。

【技能训练 6】 编译、下载到设备。

完成程序编写后，对程序进行调序，无错误的情况下，才允许下载到 PLC。

【技能训练 7】 调试程序。

下载完程序后，对设备进行试运行，在调试过程中对发现的问题进行处理，待多次运行无异常后才算完成任务。

## 任务评价与反馈

教师对学生工作过程与任务结果进行评价，并将评价结果填入表 5-4-6 中。

表 5-4-6　任务综合评价表

| 班级： | | 姓名： | 学号： | | |
|---|---|---|---|---|---|
| 任务名称 | | | | | |
| 评价项目 | | 等　级 | | 分值 | 得分 |
| 考勤(10%) | | 无无故旷课、迟到、早退现象 | | 10 | |
| 工作过程(70%) | 资料收集与学习 | 资料收集齐全完整,能完整学习相关资料并能正确理解知识内容 | | 5 | |
| | 引导问题回答 | 能正确回答所有引导问题并能有自己的理解和看法 | | 5 | |
| | 过程技能训练任务 | 技能训练1　PLC I/O 地址表填写完整 | | 2 | |
| | | 技能训练2　创建项目,设备组态 | | 2 | |
| | | 技能训练3　PLC 变量表建立 | | 2 | |
| | | 技能训练5　顺序功能图绘制 | | 2 | |
| | | 技能训练6、7　编译下载及调试程序 | | 2 | |
| | 工作站编程任务(技能训练4) | 子任务1　初始化回零[具体评分标准见下页"工作站编程任务表(S2-次品分拣站)"] | | 10 | |
| | | 子任务2　系统运行[具体评分标准见下页"工作站编程任务评分表(S2-次品分拣站)"] | | 30 | |
| | 工作态度 | 态度端正、工作认真、主动 | | 2 | |
| | 协调能力 | 与小组成员、同学之间能合作交流,协同工作 | | 3 | |
| | 职业素养 | 能做到安全生产,文明操作,保护环境,爱护设备设施 | | 5 | |
| 任务成果(20%) | 工作完整 | 能按要求完成所有学习任务 | | 5 | |
| | 操作规范 | 能按照设备及实训室要求规范操作 | | 5 | |
| | 任务结果 | 知识学习完整、正确理解,成果提交完整 | | 10 | |
| 合　计 | | | | 100 | |

## 任务小结

总结本任务学习过程中的收获、体会及存在的问题，并记录到下面空白处。

_____

_____

_____

_____

# 工作站编程任务评分表（S2-次品分拣站）

## 子任务一　初始化回零（10 分）

整个系统在任意状态下，通过操作面板执行相应的动作，使其恢复到初始状态。

| 编号 | 任务要求 | 分值 | 得分 |
|---|---|---|---|
| 1 | 自动运行指示灯以 2Hz 的频率闪烁直到回零动作全部完成 | 2 | |
| 2 | 终态时:同步带驱动电动机 M1 停止 | 1.6 | |
| 3 | 终态时:推料向下一站气缸缩回 | 1.6 | |
| 4 | 终态时:升降气缸抬起 | 1.6 | |
| 5 | 终态时:排料气缸缩回 | 1.6 | |
| 6 | 终态时:同步带输送组件处于搬运初始位 | 1.6 | |

## 子任务二　系统运行（30 分）

根据单步运行与自动运行的设计要求，完成本工作站相应的控制功能。

| 编号 | 任务要求 | 分值 | 得分 |
|---|---|---|---|
| | **进入单步运行模式后,完成以下动作序列:** | | |
| 1 | 上料点 B3 检测到物料后,按下起动按钮,同步带驱动电动机 M1 正转,同步带输送组件向右运行 | 1.3 | |
| 2 | 同步带输送组件移动到 B4(高度检测工位)后,电机 M1 停止运行,进行物料高度检测 | 1.3 | |
| 3 | 按下起动按钮,电动机 M1 继续正转 | 1.3 | |
| 4 | 同步带输送组件移动到搬运右限位 B2 后,电动机 M1 停止运行;按下起动按钮,根据物料高度是否合格分别做操作(此处为不合格) | 1.3 | |
| 5 | 高度判定不合格后,按下起动按钮,排料气缸伸出 | 1.3 | |
| 6 | 排料气缸伸出到位后,按下起动按钮,排料气缸缩回 | 1.3 | |
| 7 | 排料气缸缩回到位、推料气缸抬起到位后,按下起动按钮,电动机 M1 反转,同步带输送组件向左运行 | 1.3 | |
| 8 | 同步带输送组件移动到搬运初始位 B1 后,电动机 M1 停止运行 | 1.3 | |
| 9 | 系统能重复 1~8 之间的操作 | 2 | |
| | **进入自动运行模式后,实现以下动作序列:** | | |
| 10 | 上料点 B3 检测到物料后,延时 1s,同步带驱动电动机 M1 正转,同步带输送组件向右运行 | 1.3 | |
| 11 | 同步带输送组件移动到 B4(高度检测工位)后,电动机 M1 停止运行,进行物料高度检测 | 1.3 | |
| 12 | 延时 3s,电动机 M1 继续正转 | 1.3 | |
| 13 | 同步带输送组件移动到搬运右限位 B2 后,电动机 M1 停止运行;根据物料高度是否合格分别做操作,如果合格做 14~17 的操作,不合格做 18,19 的操作 | 1.3 | |
| 14 | 高度判定合格后,升降气缸落下 | 1.3 | |
| 15 | 升降气缸落下到位后,延时 1s,推料气缸伸出 | 1.3 | |
| 16 | 推料气缸伸出到位后,延时 1s,推料气缸缩回 | 1.3 | |
| 17 | 推料气缸缩回到位后,延时 1s,升降气缸抬起 | 1.3 | |
| 18 | 高度判定不合格后,排料气缸伸出 | 1.3 | |
| 19 | 排料气缸伸出到位后,延时 1s,排料气缸缩回 | 1.3 | |
| 20 | 排料气缸缩回到位、推料气缸抬起到位后,电动机 M1 反转,同步带输送组件向左运行 | 1.3 | |
| 21 | 同步带输送组件移动到搬运初始位 B1 后,电机 M1 停止运行 | 1.3 | |
| 22 | 系统能重复 10~21 之间的操作 | 2 | |

# 项目6　旋转工作站的安装与调试

| 项目6　旋转工作站的安装与调试 | 学时：8 学时 |
|---|---|

## 学习目标

**知识目标**

（1）掌握旋转工作站的结构组成和工艺要求

（2）掌握旋转工作站的气动回路图和电气原理图的识读方法

（3）掌握旋转工作站的机械安装和电气安装流程

（4）掌握旋转工作站 PLC 程序的编写和调试方法

**能力目标**

（1）能够正确认识旋转工作站的主要组成部件及绘制工作流程

（2）能识读和分析旋转工作站的气动回路图和电气原理图及安装接线图

（3）能够根据安装图样正确连接工作站的气路和电路

（4）能够根据旋转工作站的工艺要求进行软硬件的调试和故障排除

**素质目标**

（1）学生应树立职业意识，并按照企业的"8S"（整理、整顿、清扫、清洁、素养、安全、节约、学习）质量管理体系要求自己

（2）操作过程中，必须时刻注意安全用电，严禁带电作业，严格遵守电工安全操作规程

（3）爱护工具和仪器仪表，自觉地做好维护和保养工作

（4）具有吃苦耐劳、严谨细致、爱岗敬业、团队合作、勇于创新的精神，具备良好的职业道德

## 教学重点与难点

**教学重点**

（1）旋转工作站的气路和电路连接

（2）旋转工作站的 PLC 控制程序设计

**教学难点**

（1）旋转工作站的气路和电路故障诊断和排除

（2）旋转工作站的软件 PLC 程序故障分析和排除

| 任务名称 | 任务目标 |
|---|---|
| 任务6.1　认识旋转工作站组成及工作流程 | （1）掌握旋转工作站的主要结构和部件功能<br>（2）了解旋转工作站的工艺流程，并绘制工艺流程图 |

（续）

| 任务名称 | 任务目标 |
|---|---|
| 任务 6.2　识读与绘制旋转工作站系统电气图 | （1）能够看懂旋转工作站的气动控制回路的原理图<br>（2）能够看懂旋转工作站的电路原理图 |
| 任务 6.3　旋转工作站的硬件安装与调试 | （1）掌握旋转工作站的气动控制回路的布线方法和安装调试规范<br>（2）能根据气路原理图完成旋转工作站的气路连接与调试<br>（3）掌握旋转工作站的电路控制回路的布线方法和安装调试规范<br>（4）能根据电路原理图完成旋转工作站的电路连接与调试 |
| 任务 6.4　旋转工作站的控制程序设计与调试 | （1）掌握旋转工作站的主要动作过程和工艺要求<br>（2）能够编写旋转工作站的 PLC 控制程序<br>（3）能够正确分析并快速地排除旋转工作站的软硬件故障 |

## 任务 6.1　认识旋转工作站组成及工作流程

**任务工单**

任务 6.1　旋转工作站组成及工作流程

| 任务名称 | | | 姓名 | |
|---|---|---|---|---|
| 班级 | | 组号 | 成绩 | |
| 工作任务 | ◆ 扫描二维码，观看旋转工作站运行视频<br>◆ 认识工作站组成主要元部件，了解高度检测传感器的功能、原理、符号表示、使用方法、应用场景，完成引导问题<br>◆ 观察旋转工作站，阅读和查阅相关资料，填写工作站组成元器件清单表<br>◆ 观察工作站的运行过程，用流程图的形式描述工作站的工艺流程 | | <br>旋转工作站运行视频 | |
| 任务目标 | 知识目标<br>● 掌握旋转工作站的基本组成及主要部件的功能<br>● 了解旋转工作站的工作流程<br>● 掌握旋转气缸的符号表示、使用方法<br>● 了解对射光纤传感器功能及使用特点<br>能力目标<br>● 能正确识别旋转工作站的气动元件，包括类型、功能、符号表示<br>● 能正确识别旋转工作站的传感检测元件，包括类型、功能、符号表示<br>● 能正确识别旋转工作站的常用电气元件，包括类型、功能、符号表示<br>● 能正确填写旋转工作站的主要组成部件型号、功能、作用 | | | |

（续）

| | |
|---|---|
| 任务目标 | 素质目标<br>• 良好的协调沟通能力、团队合作及敬业精神<br>• 良好的职业素养，遵守实践操作中的安全要求和规范操作注意事项<br>• 勤于思考、善于探索的良好学习作风<br>• 勤于查阅资料、善于自学、善于归纳分析 |
| 任务准备 | 工具准备<br>• 扳手（17#）、螺丝刀（一字/内六角）、万用表<br>技术资料准备<br>• 智能自动化工厂综合实训平台各工作站的技术资料，包括工艺概览、组件列表、输入输出列表、电气原理图<br>环境准备<br>• 实践安装操作场所和平台 |

| 任务分配 | 职务 | 姓名 | 工作内容 |
|---|---|---|---|
| | 组长 | | |
| | 组员 | | |
| | 组员 | | |

## 任务资讯与实施

【引导问题 1】 观察工作站的运行情况，旋转工作站是由转盘组件，（    ）和（    ）组成。其中转盘组件是由转盘机构、（          ）、（          ）、连接件及固定螺栓组成，功能是（          ）；方向调整组件是由升降气缸、旋转气缸、气爪、（          ）、旋转气缸到位信号检测传感器、（          ）、连接件及固定螺栓组成，功能是（          ）；推料组件是由推料气缸、（          ）、连接件及固定螺栓组成；功能是将物料从旋转工作站送至方向调整站。

## 6.1.1 旋转工作站组成及工作流程介绍

### 1. 旋转工作站硬件组成

旋转工作站硬件组成如图 6-1-1、图 6-1-2 和表 6-1-1 所示。

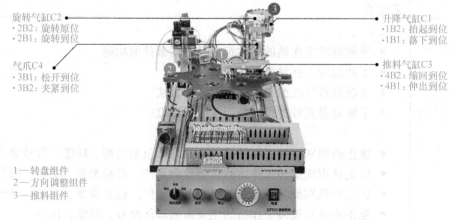

旋转气缸C2
·2B2：旋转原位
·2B1：旋转到位

升降气缸C1
·1B2：抬起到位
·1B1：落下到位

气爪C4
·3B1：松开到位
·3B2：夹紧到位

推料气缸C3
·4B2：缩回到位
·4B1：伸出到位

1—转盘组件
2—方向调整组件
3—推料组件

图 6-1-1 旋转工作站硬件组成（1）

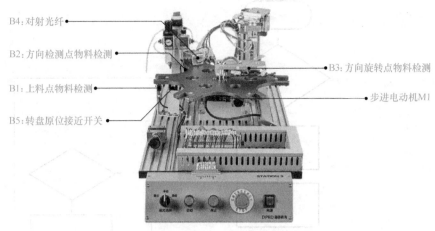

图 6-1-2 旋转工作站硬件组成（2）

表 6-1-1 旋转工作站组成结构及功能部件表

| 序号 | 名 称 | 组 成 | 功 能 |
|---|---|---|---|
| 1 | 转盘组件 | 转盘机构、步进电动机、减速机构、连接件及固定螺栓 | 通过步进电动机带动转盘转动，从而使物料到达不同的位置 |
| 2 | 方向调整组件 | 升降气缸、旋转气缸、气爪、升降气缸到位信号检测传感器、旋转气缸到位信号检测传感器、气爪到位检测传感器、连接件及固定螺栓 | 当工作站检测到物料的方向需要调整时，旋转气缸以及气爪动作，将物料旋转90° |
| 3 | 推料组件 | 推料气缸、推料气缸到位检测传感器、连接件及固定螺栓 | 将物料从旋转工作站送至方向调整站 |

【技能训练 1】 观察旋转工作站的基本结构，阅读相关资料手册，按要求填写表 6-1-2。

表 6-1-2 旋转工作站组成结构及功能部件表

| 序号 | 名称 | 组成 | 功能 |
|---|---|---|---|
| 1 | 机械本体部件 | | |
| 2 | 检测传感部件 | | |
| 3 | 电子控制单元 | | |
| 4 | 执行部件 | | |
| 5 | 动力源部件 | | |

**2. 旋转站工作流程**

转盘下的上料点红外漫反射光电开关 B1 检测到有料后，步进电动机转动，带动转盘组件顺时针转动 60°后使物料到达方向检测点 B2，对射光纤检测物料方向，并记录结果。然后转盘组件继续旋转 60°，物料到达方向旋转点 B3 后，根据方向检测的结果执行不同操作。

如果方向正确，不执行方向调整操作；如果方向不正确，方向调整组件将物料旋转 90°。然后在转盘组件顺时针转动 60°后停止，物料到达出料点，在接收到第四站空闲信号后，推料气缸动作，完成推料后，步进电动机归原点。

转盘组件旋转 60°说明：转盘组件上共有 6 个工位，相邻两个工位之间相差 60°；在转盘组件下方，有转盘原位传感器，转盘每旋转 60°时，工位上的标记物会被原位传感器检测到。如图 6-1-3 所示。

【技能训练 2】 完成现场验收测试（SAT），在表 6-1-3 中填写磁性开关的位号，安装位置，功能，是否检测到位。

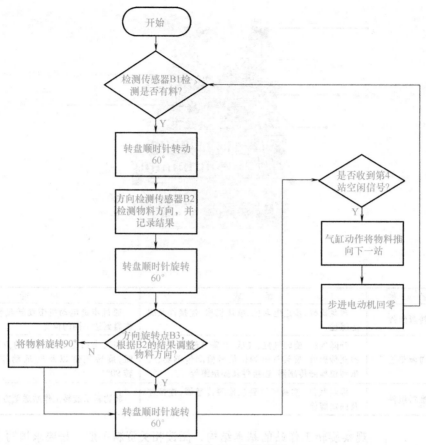

图 6-1-3 旋转站工作流程图

表 6-1-3 磁性开关信息清单

| 序号 | 设 备 名 称 | 安 装 位 置 | 功 能 | 是 否 到 位 |
|---|---|---|---|---|
| 1 | | | | □是 □否 |
| 2 | | | | □是 □否 |
| 3 | | | | □是 □否 |
| 4 | | | | □是 □否 |
| 5 | | | | □是 □否 |
| 6 | | | | □是 □否 |
| 7 | | | | □是 □否 |
| 8 | | | | □是 □否 |

【技能训练3】 完成现场验收测试（SAT），调节本站气流调节阀，在表 6-1-4 中填写不同执行机构的气流阀调节方法。

表 6-1-4 气流调节信息清单

| 序号 | 设 备 名 称 | 功 能 | 调节方法-增大气压 | 调节方法-减小气压 |
|---|---|---|---|---|
| 1 | | | □顺时针 □逆时针 | □顺时针 □逆时针 |
| 2 | | | □顺时针 □逆时针 | □顺时针 □逆时针 |
| 3 | | | □顺时针 □逆时针 | □顺时针 □逆时针 |
| 4 | | | □顺时针 □逆时针 | □顺时针 □逆时针 |
| 5 | | | □顺时针 □逆时针 | □顺时针 □逆时针 |
| 6 | | | □顺时针 □逆时针 | □顺时针 □逆时针 |
| 7 | | | □顺时针 □逆时针 | □顺时针 □逆时针 |
| 8 | | | □顺时针 □逆时针 | □顺时针 □逆时针 |

【技能训练4】　完成现场验收测试（SAT），使用万用表，在表 6-1-5 中列出 PLC 与电磁阀的对应关系。

表 6-1-5　PLC 与电磁阀的对应关系

| 序号 | PLC 信号 | 执行机构动作 | 电磁阀进气口 | 电磁阀出气口 |
|---|---|---|---|---|
| 1 | | | □接通　□关闭 | □接通　□关闭 |
| 2 | | | □接通　□关闭 | □接通　□关闭 |
| 3 | | | □接通　□关闭 | □接通　□关闭 |
| 4 | | | □接通　□关闭 | □接通　□关闭 |
| 5 | | | □接通　□关闭 | □接通　□关闭 |
| 6 | | | □接通　□关闭 | □接通　□关闭 |

【技能训练5】　找到本工作站中的所有按钮并根据设备的使用操作、设备执行的动作、PLC 输入输出指示灯的现象等情况，将本工作站中按钮控制与 PLC 的对应关系、按钮旋钮的型号填入表 6-1-6 中。

表 6-1-6　工作站中按钮控制与 PLC 的对应关系

| 序号 | 按钮名称 | PLC 输入点 | 型号 | 功能 | 初始位置状态 | 操作后状态 |
|---|---|---|---|---|---|---|
| 1 | | | | 手/自动切换 | □通　□不通 | □通　□不通 |
| 2 | | I0.1 | | | □通　□不通 | □通　□不通 |
| 3 | | | XB2-BA31C | 单步运行 | □通　□不通 | □通　□不通 |
| 4 | | I0.3 | XB2-BS542C | | □通　□不通 | □通　□不通 |
| 5 | 三位旋钮 | | | 复位 | □通　□不通 | □通　□不通 |
| 6 | | | | | □通　□不通 | □通　□不通 |
| 7 | 急停按钮 | | | | □通　□不通 | □通　□不通 |

【引导问题2】　在本工作站中，是如何区分加工件的有加工孔的一面是否放置在合适位置？

_____

_____

_____

_____

## 6.1.2　对射光纤传感器

对射光纤传感器的发射器发出一束可调制的不可见红外光（880nm），由接收器接收。当光线被物体遮断时，传感器便有电信号，如图 6-1-4 所示。

图 6-1-4　对射光纤传感器及其结构

光纤电缆由一束玻璃纤维或由一条或几条合成纤维组成。光纤能将光从一处传导到另一处甚至绕过拐角。工作原理是通过内部反射介质传递光线，光线通过具有高折射率的光纤材料和低折射率护套内表面，由此形成的光线在光纤里传递。

【技能训练6】　列出工作站主要电气部件，包括气动组件、传感器、开关、控制器、驱动、电动机等，填入表 6-1-7 中。

表 6-1-7　旋转工作站部件清单表

| 序号 | 名称 | 品牌 | 规格 | 型号 | 数量 |
|---|---|---|---|---|---|
| 1 | | | | | |
| 2 | | | | | |
| 3 | | | | | |
| 4 | | | | | |
| 5 | | | | | |
| 6 | | | | | |
| 7 | | | | | |
| 8 | | | | | |
| 9 | | | | | |
| 10 | | | | | |
| 11 | | | | | |
| 12 | | | | | |
| 13 | | | | | |
| 14 | | | | | |
| 15 | | | | | |
| 16 | | | | | |
| 17 | | | | | |
| 18 | | | | | |
| 19 | | | | | |
| 20 | | | | | |
| 21 | | | | | |
| 22 | | | | | |
| 23 | | | | | |
| 24 | | | | | |
| 25 | | | | | |
| 26 | | | | | |
| 27 | | | | | |
| 28 | | | | | |
| 29 | | | | | |
| 30 | | | | | |

## 任务评价与反馈

教师对学生工作过程与任务结果进行评价，并将评价结果填入表 6-1-8 中。

表 6-1-8　任务综合评价表

班级：　　　　　姓名：　　　　　学号：

| 任务名称 | | | | | |
|---|---|---|---|---|---|
| 评价项目 | | 等　级 | | 分值 | 得分 |
| 考勤（10%） | | 无无故旷课、迟到、早退现象 | | 10 | |
| 工作过程（60%） | 资料收集与学习 | 资料收集齐全完整，能完整学习相关资料并能正确理解知识内容 | | 5 | |
| | 引导问题回答 | 能正确回答所有引导问题并能有自己的理解和看法 | | 5 | |
| | 任务实施 | 技能训练1　工作站组成结构及部件功能 | | 5 | |
| | | 技能训练2　磁性开关信息清单 | | 5 | |
| | | 技能训练3　气流调节信息清单 | | 5 | |
| | | 技能训练4　PLC与电磁阀对应表 | | 5 | |
| | | 技能训练5　按钮控制与PLC的对应关系 | | 5 | |
| | | 技能训练6　旋转工作站部件清单表 | | 5 | |
| | 工作态度 | 态度端正、工作认真、主动 | | 5 | |
| | 协调能力 | 与小组成员、同学之间能合作交流，协同工作 | | 5 | |
| | 职业素养 | 能做到安全生产，文明操作，保护环境，爱护设备设施 | | 10 | |

（续）

| 评价项目 | | 等　级 | 分值 | 得分 |
|---|---|---|---|---|
| 任务成果（30%） | 工作完整 | 能按要求完成所有学习任务 | 10 | |
| | 操作规范 | 能按照设备及实训室要求规范操作 | 5 | |
| | 任务结果 | 知识学习完整、正确理解 | 15 | |
| 合计 | | | 100 | |

## 任务小结

总结本任务学习过程中的收获、体会及存在的问题，并记录到下面空白处。

_____

_____

_____

_____

# 任务6.2　识读与绘制旋转工作站系统电气图

## 任务工单

| 任务名称 | | | | 姓名 | |
|---|---|---|---|---|---|
| 班级 | | 组号 | | 成绩 | |

| 工作任务 | ◆ 学习相关知识点，完成引导问题<br>◆ 扫描二维码，下载旋转工作站的气动回路图和电气原理图，按要求完成气动回路图和电气原理图的分析和绘制 |
|---|---|

| 任务目标 | 知识目标<br>• 掌握工作站气动回路图识读与绘制方法<br>• 掌握电气原理图识读与绘制方法<br>• 了解步进电动机的驱动接线方法<br>能力目标<br>• 能够读懂气动回路图和电气原理图<br>• 能够绘制气动回路图和电气原理图<br>素质目标<br>• 良好的协调沟通能力、团队合作及敬业精神<br>• 良好的职业素养，遵守实践操作中的安全要求和规范操作注意事项<br>• 勤于思考、善于探索的良好学习作风<br>• 勤于查阅资料、善于自学、善于归纳分析<br><br>旋转工作站的气动回路图和电气原理图 |
|---|---|

| 任务准备 | 工具准备<br>• 扳手（17#）、螺丝刀（一字/内六角）、万用表<br>技术资料准备<br>• 智能自动化工厂综合实训平台各工作站的技术资料，包括工艺概览、组件列表、输入输出列表、电气原理图<br>环境准备<br>• 实践安装操作场所和平台 |
|---|---|

（续）

| 任务分配 | 职务 | 姓名 | 工作内容 |
|---|---|---|---|
| | 组长 | | |
| | 组员 | | |
| | 组员 | | |

## 任务资讯与实施

### 6.2.1 旋转工作站气动回路分析

**1. 元件介绍**

该工作站气动原理图如图 6-2-1、图 6-2-2 所示，图中，0V1 点画线框为阀岛，1V1、2V1、3V1、4V1 分别被点画线框包围，为 4 个电磁换向阀，也就是阀岛上的第一片阀、第二片阀、第三片阀、第四片阀，其中，1V1、2V1、3V1 为单控两位五通电磁阀，4V1 为双电控两位五通电磁阀；1C 为升降气缸，1B1 和 1B2 为磁感应式接近开关，分别检测升降气缸上升和落下是否到位；2C 为旋转气缸，2B1 和 2B2 为磁感应式接近开关，分别检测旋转气缸旋转和回位是否到位；3C 为推料气缸，3B1 和 3B2 为磁感应式接近开关，分别检测排料气缸缩回和伸出是否到位；4C 为气动手指（气爪），4B1 和 4B2 为磁感应式接近开关，分别检测排料气爪张开和抓紧是否到位。

1Y 为控制升降气缸的电磁阀的电磁控制信号；2Y 为控制旋转气缸的电磁阀的电磁控制信号；3Y 为控制推料气缸的电磁阀的电磁控制信号；4Y1、4Y2 为控制气爪的电磁阀的两个电磁控制信号。1V2、1V3、2V2、2V3、3V2、3V3、4V2、4V3 为单向节流阀，起到调节气缸推出和缩回的速度。

**2. 动作分析**

当 1Y 失电时，1V1 阀体的气控端起作用，即左位起作用，压缩空气经由单向节流阀 1V3 的单向阀到达气缸 1C 的右端，从气缸左端经由单向阀 1V2 的节流阀，实现排气节流，控制气缸速度，最后经 1V1 阀体由气体从 3/5 端口排出。简单地说就是由 A 路进 B 路出，气缸属于下降状态。

当 1Y 得电时，1V1 阀体的右位起作用，压缩空气经由单向节流阀 1V2 的单向阀到达气缸 1C 的左端，从气缸右端经由单向阀 1V3 的节流阀，实现排气节流，控制气缸速度，最后经 1V1 阀体由气体从 3/5 端口排出。简单地说就是由 B 路进 A 路出，气缸属于抬起状态。

当 2Y 失电时，2V1 阀体的左位起作用，压缩空气经由单向节流阀 2V3 的单向阀到达气缸 2C 的右端，从气缸左端经由单向阀 2V2 的节流阀，实现排气节流，控制气缸速度，最后经 2V1 阀体气体从 3/5 端口排出。简单地说就是由 A 路进 B 路出，气缸属于回位状态。

当 2Y 得电时，2V1 阀体的右位起作用，压缩空气经由单向节流阀 2V2 的单向阀到达气缸 2C 的左端，从气缸右端经由单向阀 2V3 的节流阀，实现排气节流，控制气缸速度，最后经 2V1 阀体气体从 3/5 端口排出。简单地说就是由 B 路进 A 路出，气缸属于旋转状态。

当 3Y 失电时，3V1 阀体的气控端起作用，即左位起作用，压缩空气经由单向节流阀 3V3 的单向阀到达气缸 3C 的右端，从气缸左端经由单向阀 3V2 的节流阀，实现排气节流，控制气缸速度，最后经 3V1 阀体气体从 3/5 端口排出。简单地说就是由 A 路进 B 路出，气缸属于缩回状态。

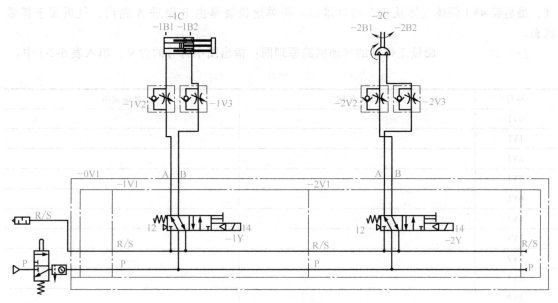

图 6-2-1　旋转工作站气动回路图（1）

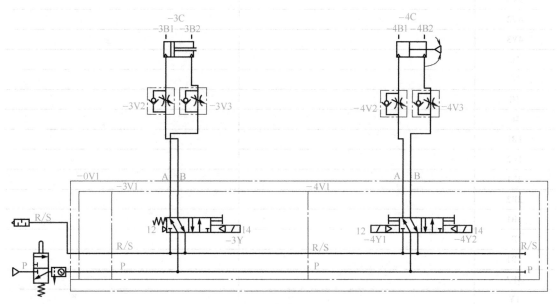

图 6-2-2　旋转工作站气动回路图（2）

当 3Y 得电时，3V1 阀体的右位起作用，压缩空气经由单向节流阀 3V2 的单向阀到达气缸 3C 的左端，从气缸右端经由单向阀 3V3 的节流阀，实现排气节流，控制气缸速度，最后经 3V1 阀体气体从 3/5 端口排出。简单地说就是由 B 路进 A 路出，气缸属于伸出状态。

当 4Y1 得电时，4Y2 失电时，4V1 阀体的左位起作用，压缩空气经由单向节流阀 4V2 的单向阀到达气爪 4C 的左端，从气爪右端经单向阀 4V3 的节流阀，实现排气节流，控制气爪速度，最后经 4V1 阀体气体从 3/5 端口排出。简单地说就是由 A 路进 B 路出，气爪属于张开状态。

当 4Y2 得电时，4Y1 失电时，4V1 阀体的右位起作用，压缩空气经单向节流阀 4V3 的单向阀到达气爪 4C 的右端，从气爪左端经单向阀 4V2 的节流阀，实现排气节流，控制气爪速度，最后经 4V1 阀体气体从 3/5 端口排出。简单地说就是由 B 路进 A 路出，气爪属于抓紧状态。

【技能训练 1】 阅读工作站的气动回路原理图。指出图中符号的含义，填入表 6-2-1 中。

表 6-2-1　气动回路图元件符号识别记录表

| 符号 | 含义名称 | 功能说明 |
| --- | --- | --- |
| 0V1 | | |
| 1V1 | | |
| 2V1 | | |
| 3V1 | | |
| 4V1 | | |
| 1V2 | | |
| 1V3 | | |
| 2V2 | | |
| 2V3 | | |
| 3V2 | | |
| 3V3 | | |
| 4V2 | | |
| 4V3 | | |
| 1C | | |
| 2C | | |
| 3C | | |
| 4C | | |
| 1B1 | | |
| 1B2 | | |
| 2B1 | | |
| 2B2 | | |
| 3B1 | | |
| 3B2 | | |
| 4B1 | | |
| 4B2 | | |
| 1Y | | |
| 2Y | | |
| 3Y | | |
| 4Y1 | | |
| 4Y2 | | |

## 6.2.2　旋转工作站电气控制电路分析

### 1. 电源电路

如图 6-2-3 所示，外部 220V 交流电源通过一个 2P 断路器（型号规格：SIEMENS 2P/10A）给 24V 开关电源（型号规格明纬 NES-100-24 100W 24V 4.5A）供电，输出 24V 直流电源，给后续控制单元供电。由 24V 翘板带灯开关控制 24V 直流供电电源的输出通断。

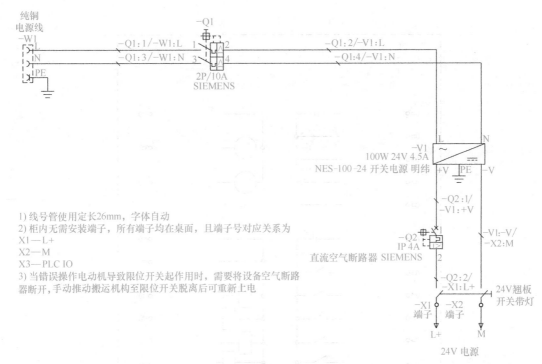

1) 线号管使用定长26mm，字体自动
2) 柜内无需安装端子，所有端子均在桌面，且端子号对应关系为
X1—L+
X2—M
X3—PLC IO
3) 当错误操作电动机导致限位开关起作用时，需要将设备空气断路器断开，手动推动搬运机构至限位开关脱离后可重新上电

图 6-2-3　旋转工作站电源电路

### 2. PLC 接线端子电路

如图 6-2-4 所示，PLC 为西门子 S7-1200PLC 1214DC/DC/DC，供货号为 SIE 6ES7214-1AG40-0XB0；输入端子（DI a-DI b）接按钮开关、接近开关及传感检测端；输出端子（DQ a-DQ b）接输出驱动（接触器线圈、继电器线圈、电机驱动）单元端子。

【技能训练2】　根据现场的端子接线，画出与之对应的端子图，填入表 6-2-2 中。

表 6-2-2　接线端子对照表

| | | | | | | | | | | | | | | | | | | | | | | | | | | |
|---|---|---|---|---|---|---|---|---|---|---|---|---|---|---|---|---|---|---|---|---|---|---|---|---|---|---|
| | | | | | | | | | | | | | | | | | | | | | | | | | | |
| | | | | | | | | | | | | | | | | | | | | | | | | | | |
| 1 | 2 | 3 | 4 | 5 | 6 | 7 | 8 | 9 | 10 | 11 | 12 | 13 | 14 | 15 | 16 | 17 | 18 | 19 | 20 | 21 | 22 | 23 | 24 | 25 | 26 | 27 |
| 1 | 2 | 3 | 4 | 5 | 6 | 7 | 8 | 9 | 10 | 11 | 12 | 13 | 14 | 15 | 16 | 17 | 18 | 19 | 20 | 21 | 22 | 23 | 24 | 25 | 26 | 27 |
| | | | | | | | | | | | | | | | | | | | | | | | | | | |
| | | | | | | | | | | | | | | | | | | | | | | | | | | |
| | | | | | | | | | | | | | | | | | | | | | | | | | | |
| | | | | | | | | | | | | | | | | | | | | | | | | | | |
| | | | | | | | | | | | | | | | | | | | | | | | | | | |

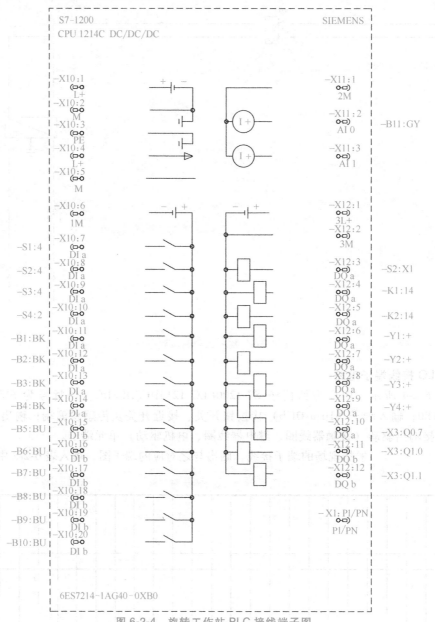

图 6-2-4 旋转工作站 PLC 接线端子图

### 3. PLC 电源供电电路

如图 6-2-5 所示，西门子 S7-1200PLC DC/DC/DC 由 DC 24V 供电。L+接 24V 电源正极，M 接 24V 电源正极，PE 接中性保护地。

【引导问题 1】 识读工作站有关按钮或红外漫反射光电开关传感器接线电路图，找到对射光纤传感器，简述该传感器的类型、功能。

_____

_____

_____

_____

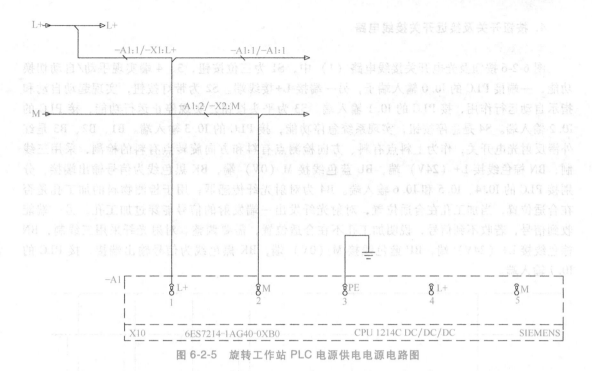

图 6-2-5 旋转工作站 PLC 电源供电电源电路图

【技能训练3】 用万用表检查相关线路，测量绘制出这个传感器和 PLC 端子的接线电路图。

### 4. 按钮开关及接近开关接线电路

电路图分析：

图 6-2-6 按钮及光电开关接线电路（1）中，S1 为三位按钮，3、4 端实现手动/自动切换功能，一端接 PLC 的 I0.0 输入端子，另一端接 L+接线端。S2 为带灯按钮，实现起动自动和指示自动运行作用，接 PLC 的 I0.1 输入端。S3 为平头按钮，实现停止运行功能，接 PLC 的 I0.2 输入端。S4 是急停按钮，实现系统急停功能，接 PLC 的 I0.3 输入端。B1、B2、B3 是红外漫反射光电开关，作为上料点有料、方向检测点有料和方向旋转点有料的检测，采用三线制，BN 棕色线接 L+（24V）端，BU 蓝色线接 M（0V）端，BK 黑色线为信号输出端接，分别接 PLC 的 I0.4、I0.5 和 I0.6 输入端。B4 为对射光纤传感器，用于检测物料的加工孔是否在合适位置，当加工孔在合适位置，对射光纤发出一端发射的信号能穿过加工孔，另一端能收到信号，若收不到信号，说明加工孔不在合适位置，需要调整。对射光纤采用三线制，BN 棕色线接 L+（24V）端，BU 蓝色线接 M（0V）端，BK 黑色线为信号输出端接，接 PLC 的 I0.7 输入端。

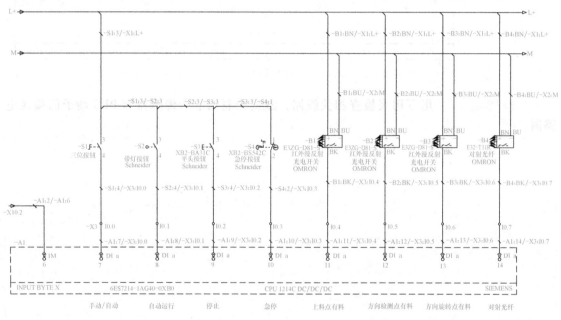

图 6-2-6　按钮开关、磁性开关、漫反射光电开关、对射光纤传感器接线电路图（1）

图 6-2-7 中，1B1、1B2 为磁性开关，用于检测升降气缸是否落下和抬起到位，BN 棕色线接 L+（24V）端，BU 蓝色线接 PLC 的 I1.0、I1.1 输入端。2B1、2B2 为磁性开关，用于检测旋转气缸是在旋转位还在原位，BN 棕色线接 L+（24V）端，BU 蓝色线分别接 PLC 的 I1.2 端和 I1.3 端。图 6-2-8 中，3B1、3B2 为磁性开关，用于检测气爪是否抓紧和张开到位，BN 棕色线接 L+（24V）端，BU 蓝色线分别接 PLC 的 I1.4 端和 I2.0 端。4B1、4B2 为磁性开关，用于检测推料气缸是否伸出和缩回到位，BN 棕色线接 L+（24V）端，BU 蓝色线分别接 PLC 的 I2.1 端和 I2.2 端。B5 为槽形光电开关，用于检测旋转工作台是否在原点位置，采用三线制，BN 棕色线接 L+（24V）端，BU 蓝色线接 M（0V）端，BK 黑色线为信号输出端接，接 PLC 的 I2.3 输入端。

### 5. PLC 输出端驱动电路

PLC 输出端驱动电路主要输出驱动指示灯、步进电动机、电磁阀线圈、蜂鸣器等执行指

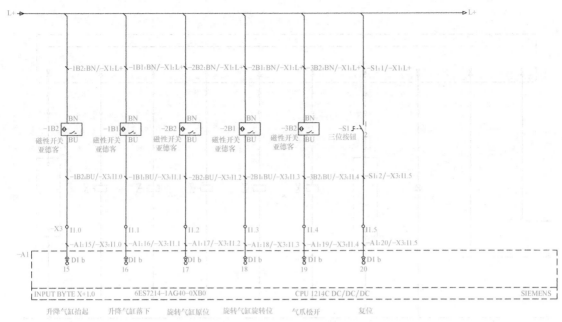

图 6-2-7　按钮开关、磁性开关、漫反射光电开关、对射光纤传感器接线电路图（2）

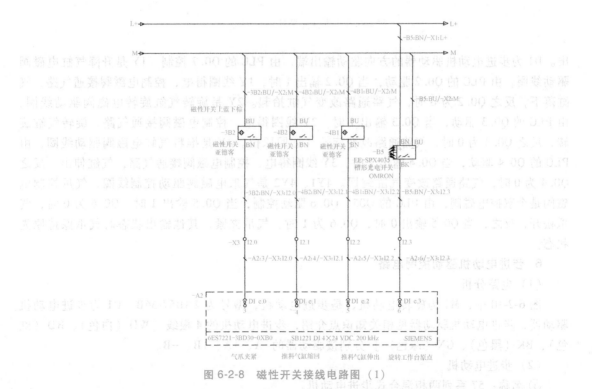

图 6-2-8　磁性开关接线电路图（1）

示部件。包括指示灯驱动、步进电动机脉冲和方向驱动、电磁阀线圈通断、报警蜂鸣器驱动等。

电路图分析：

图 6-2-9 中，PLC 的 I/O 输出端 Q0.0 接 L1 为带灯按钮，由 Q0.0 驱动按钮灯亮或灭。N1 为步进电动机驱动器的脉冲驱动输出端，由 PLC 的 Q0.1 驱动，作为步进电动机的脉冲信号输

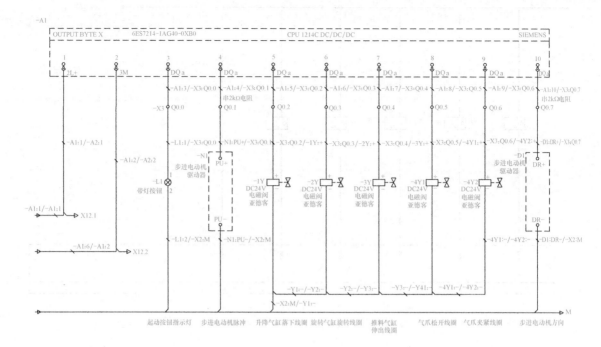

图 6-2-9　磁性开关接线电路图（2）

出。D1 为步进电动机驱动器的方向驱动输出端，由 PLC 的 Q0.7 控制。1Y 是升降气缸电磁阀驱动线圈，由 PLC 的 Q0.2 驱动，当 Q0.2 输出 1 时，1Y 线圈得电，控制电磁阀接通气路，气缸落下，反之 Q0.2 为 0 时，气路通路改变气缸抬起。2Y 是旋转气缸旋转电磁阀驱动线圈，由 PLC 的 Q0.3 驱动，当 Q0.3 输出 1 时，2Y 线圈得电，控制电磁阀接通气路，旋转气缸旋转，反之 Q0.3 为 0 时，气路通路改变旋转气缸回原位。3Y 是推料气缸电磁阀驱动线圈，由 PLC 的 Q0.4 驱动，当 Q0.4 输出 1 时，3Y 线圈得电，控制电磁阀接通气路，气缸伸出，反之 Q0.4 为 0 时，气路通路改变气缸缩回。4Y1、4Y2 是气爪电磁阀驱动控制线圈，气爪控制电磁阀是个双控电磁阀，由 PLC 的 Q05、Q0.6 驱动控制，当 Q0.5 输出 1 时，Q0.6 为 0 时，气爪松开，反之，当 Q0.5 输出 0 时，Q0.6 为 1 时，气爪夹紧，其他输出状态时气爪保持原先状态。

**6. 步进电动机驱动控制电路**

（1）电路分析

图 6-2-10 中，M1 为旋转电动机，是步进电动机，型号为 2HB57-56B。U1 为步进电动机驱动器，步进电动机驱动器见相关知识点介绍，步进电动机的 4 根线 ［WH（白色）、RD（红色）、BK（黑色）、GN（绿色）］ 分别接驱动器的 -A、+A、+B、-B。

（2）步进电动机

① 名称：57 系列两相混合式步进电动机。

② 型号：2HB57-56。

③ 外观：如图 6-2-11 所示。

④ 技术数据，见表 6-2-3。

**步距角**：每输入一个电脉冲信号时转子转过的角度称为步距角，步距角的大小可直接影响电动机的运行精度。

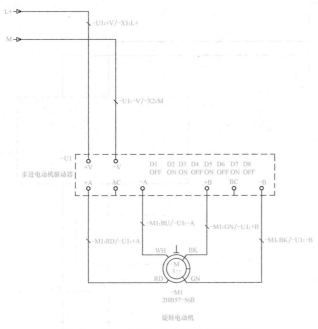

图 6-2-10　步进电动机驱动控制电路

图 6-2-11　步进电动机外观图

表 6-2-3　步进电动机技术数据

| 型号 | 步距角 | 电动机长度/mm | 保持转矩/(N·m) | 额定电流/A | 相电阻/Ω | 相电感/mH | 转子惯量/(g·cm²) | 电动机重量/kg |
|---|---|---|---|---|---|---|---|---|
| 2HB57-41 | | 41 | 0.39 | 2.0 | 1.4 | 1.4 | 120 | 0.45 |
| 2HB57-51 | 1.8° | 51 | 0.72 | 3.0 | 1.65 | 0.9 | 275 | 0.65 |
| 2HB57-56 | | 56 | 0.9 | 3.0 | 0.75 | 1.1 | 300 | 0.7 |
| 2HB57-76 | | 76 | 1.35 | 3.0 | 1.0 | 1.6 | 480 | 1.0 |

　　保持转矩：是指步进电机通电但没有转动时，定子锁住转子的力矩。它是步进电动机最重要的参数之一，通常步进电动机在低速时的力矩接近保持转矩。由于步进电动机的输出力矩随速度的增大而不断衰减，输出功率也随速度的增大而变化，所以保持力矩就成为衡量步进电动机的最重要参数之一。例如当人们说，2N·m 的步进电动机，在没有特殊说明的情况下是指保持力矩为 2N·m 的步进电动机。

　　细分：细分数就是指电动机运行时的实际步距角是基本步距角的几分之一，例如：驱动器工作在 10 细分状态时，其步距角只为"电动机固有步距角"的 1/10，也就是说：当驱动器工作在步细分的整步状态时，控制系统每发一个步进脉冲，电机转动 1.8°，而用细分驱动器工作在 10 细分状态时，电机只转动了 0.18°。细分功能完全是由驱动器靠精确控制电动机的相电流所产生的，与电动机无关。

　　⑤ 接线图：如图 6-2-12 所示，分别接到驱动器电动机的 AB 相，正负对应，不要接错。

　　【技能训练 4】　根据线号、通过使用万用表测量线路通断，将图 6-2-13 中断路器与电源供电部分的电路补充完整。

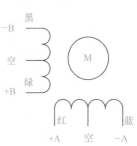

图 6-2-12　步进电动机接线图

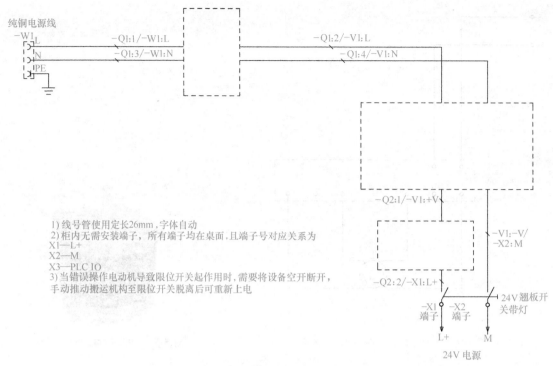

纯铜电源线

-W1

L

N

PE

-Q1:1/-W1:L

-Q1:3/-W1:N

-Q1:2/-V1:L

-Q1:4/-V1:N

-Q2:1/-V1:+V

-V1:-V/
-X2:M

-Q2:2/-X1:L+

-X1
端子

-X2
端子

24V翘板开
关带灯

L+

M

24V 电源

1) 线号管使用定长26mm，字体自动
2) 柜内无需安装端子，所有端子均在桌面，且端子号对应关系为
X1—L+
X2—M
X3—PLC IO
3) 当错误操作电动机导致限位开关起作用时，需要将设备空开断开，
手动推动搬运机构至限位开关脱离后可重新上电

图 6-2-13　断路器与电源供电部分的电路

【技能训练 5】　根据电气原理图，将图 6-2-14 中虚线框内的电路补全。

【技能训练 6】　在了解各部位的功能后，在电气柜安装的过程中，需要对每个盘面上每个元器件的位置进行确认，绘制出电气布局图。

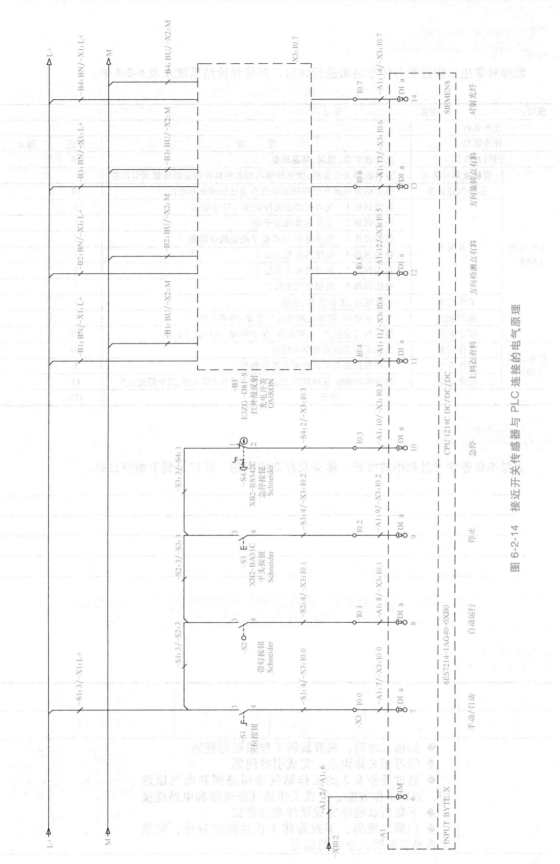

图 6-2-14　接近开关传感器与 PLC 连接的电气原理

**任务评价与反馈**

教师对学生工作过程与任务结果进行评价，并将评价结果填入表 6-2-4 中。

表 6-2-4　任务综合评价表

| 班级： | | 姓名： | 学号： | | |
|---|---|---|---|---|---|
| 任务名称 | | | | | |
| 评价项目 | | 等　级 | | 分值 | 得分 |
| 考勤(10%) | | 无无故旷课、迟到、早退现象 | | 10 | |
| 工作过程(60%) | 资料收集与学习 | 资料收集齐全完整，能完整学习相关资料并能正确理解知识内容 | | 5 | |
| | 引导问题回答 | 能正确回答所有引导问题并能有自己的理解和看法 | | 10 | |
| | 任务实施 | 技能训练1　气动回路图元件识读与符号识别 | | 5 | |
| | | 技能训练2　工作站接线端子图 | | 5 | |
| | | 技能训练3　传感器和PLC端子的接线电路图 | | 5 | |
| | | 技能训练4　电路图补充完整1 | | 3 | |
| | | 技能训练5　电路图补充完整2 | | 2 | |
| | | 技能训练6　绘制电气布局图 | | 5 | |
| | 工作态度 | 态度端正、工作认真、主动 | | 5 | |
| | 协调能力 | 与小组成员、同学之间能合作交流，协同工作 | | 5 | |
| | 职业素养 | 能做到安全生产，文明操作，保护环境，爱护设备设施 | | 10 | |
| 任务成果(30%) | 工作完整 | 能按要求完成所有学习任务 | | 10 | |
| | 操作规范 | 能按照设备及实训室要求规范操作 | | 5 | |
| | 任务结果 | 知识学习完整、正确理解，技能训练任务表正确完成，成果提交完整 | | 15 | |
| 合计 | | | | 100 | |

**任务小结**

总结本任务学习过程中的收获、体会及存在的问题，并记录到下面空白处。

_____

_____

_____

_____

_____

## 任务6.3　旋转工作站的硬件安装与调试

**任务工单**

| 任务名称 | | | | 姓名 | |
|---|---|---|---|---|---|
| 班级 | | 组号 | | 成绩 | |
| 工作任务 | ◆ 扫描二维码，观看旋转工作站运行视频<br>◆ 学习相关知识点，完成引导问题<br>◆ 通过任务6.2的工作站气动回路图和电气原理图，制定工作方案，完成工作站气路连接和电路连接<br>◆ 下载测试程序完成硬件功能测试<br>◆ 扫描二维码，下载旋转工作站测试程序，完成工作站安装调试报告的编写 | | | 旋转工作站运行视频　旋转工作站测试程序 | |

（续）

| 任务目标 | 知识目标 |
|---|---|
| | • 掌握常用装调工具和仪器的使用方法 |
| | • 掌握机电设备安装调试技术标准 |
| | • 掌握设备安装调试安全规范 |
| | 能力目标 |
| | • 能够正确识读电气图 |
| | • 能够制定设备装调工作计划 |
| | • 能够正确使用常用的机械装调工具 |
| | • 能够正确使用常用的电工工具、仪器 |
| | • 会正确使用机械、电气安装工艺规范和相应的国家标准 |
| | • 能够编写安装调试报告 |
| | 素质目标 |
| | • 良好的协调沟通能力、团队合作及敬业精神 |
| | • 良好的职业素养，遵守实践操作中的安全要求和规范操作注意事项 |
| | • 勤于思考、善于探索的良好学习作风 |
| | • 勤于查阅资料、善于自学、善于归纳分析 |
| 任务准备 | 工具准备 |
| | • 扳手（17#）、螺丝刀（一字/内六角）、斜口钳、尖嘴钳、压线钳、剥线钳、网线钳、万用表 |
| | 技术资料准备 |
| | • 智能自动化工厂综合实训平台各工作站的技术资料，包括工艺概览、组件列表、输入输出列表、电气原理图 |
| | 材料准备 |
| | • 气管、气管接头、尼龙扎带、螺栓、螺母、导线、接线端子等 |
| | 环境准备 |
| | • 实践安装操作场所和平台 |

| | 职务 | 姓名 | 工作内容 |
|---|---|---|---|
| 任务分配 | 组长 | | |
| | 组员 | | |
| | 组员 | | |

## 🔁》 任务资讯与实施

### 6.3.1　制定工作方案

【技能训练1】　将设备安装调试流程步骤及工作内容填入表6-3-1中。

【技能训练2】　将所需仪表、工具、耗材和器材等清单填入表6-3-2中。

表 6-3-1　工作站安装调试工作方案

| 序号 | 步骤 | 工作内容 | 负责人 |
|---|---|---|---|
| 1 | | | |
| 2 | | | |
| 3 | | | |
| 4 | | | |
| 5 | | | |
| 6 | | | |
| 7 | | | |
| 8 | | | |
| 9 | | | |
| 10 | | | |
| 11 | | | |
| 12 | | | |

表 6-3-2　工作站安装调试工具耗材清单

| 序号 | 名称 | 型号与规格 | 单位 | 数量 | 备注 |
|---|---|---|---|---|---|
| 1 | | | | | |
| 2 | | | | | |
| 3 | | | | | |
| 4 | | | | | |
| 5 | | | | | |
| 6 | | | | | |
| 7 | | | | | |
| 8 | | | | | |

## 6.3.2　工作站安装调试过程

**1. 调试准备**

1）识读气动和电气原理图，明确线路连接关系。

2）按图样要求选择合适的工具和元器件。

3）确保安装平台及元器件洁净。

**2. 零部件安装**

（1）转盘组件安装

包括转盘机构、步进电动机、减速机构、连接件的安装。

（2）方向调整组件安装

包括升降气缸、旋转气缸、气爪、升降气缸到位信号检测传感器、旋转气缸到位信号检测传感器、气爪到位检测传感器等部件安装。

（3）推料组件安装

包括推料气缸、推料气缸到位检测传感器等部件安装。

（4）气路电磁阀组安装

（5）接线端口安装

**3. 回路连接与接线**

根据气动原理图与电气控制原理图进行回路连接与接线。

**4. 系统连接**

（1）PLC 控制板与铝合金工作平台连接

（2）PLC 控制板与控制面板连接

（3）PLC 控制板与电源连接

（4）PLC 控制板与 PC 连接

（5）电源连接

工作站所需电压为 DC 24V（最大 5A）；PLC 板的电压与工作站一致。

（6）气动系统连接

将气泵与过滤调压组件连接，在过滤调压组件上设定压力为 0.6MPa。

**5. 传感器等检测部件的调试**

1）上料传感器测试。

2）接近式传感器安装在气缸的末端位置，接近式传感器对安装在气缸活塞上的磁环进行感应。

**6. 气路调试**

1）单向节流阀调试。

2）单向节流阀用于控制双作用气缸的气体流量，进而控制气缸活塞伸出和缩回的速度，在相反方向上，气体通过单向阀流动。

**7. 系统整体调试**

（1）外观检查

在进行调试前，必须进行外观检查！在开始起动系统前，必须检查电气连接、气源、机械部件（损坏与否，连接牢固与否）。在起动系统前，要保证工作站没有任何损坏！

（2）设备准备情况检查

已经准备好的设备应该包括：装调好的旋转单元工作平台，连接好的控制面板、PLC 控制板、电源、装有 PLC 编程软件的 PC，连接好的气源等。

（3）下载程序

设备所用控制器一般为 S7-1200。设备所用编程软件一般为 TIA 博途 V16 或更高版本。

【技能训练3】 完成安装与调试表 6-3-3 的填写。

表 6-3-3 安装与调试完成情况表

| 序号 | 内 容 | 计划时间 | 实际时间 | 完成情况 |
|---|---|---|---|---|
| 1 | 制定工作计划 | | | |
| 2 | 制定安装计划 | | | |
| 3 | 工作准备情况 | | | |
| 4 | 清单材料填写情况 | | | |
| 5 | 机械部分安装 | | | |
| 6 | 气路安装 | | | |
| 7 | 传感器安装 | | | |
| 8 | 连接各部分部件 | | | |
| 9 | 按要求检查点检 | | | |
| 10 | 各部分设备测试情况 | | | |
| 11 | 问题与解决情况 | | | |
| 12 | 故障排除情况 | | | |

**任务评价与反馈**

教师对学生工作过程与任务结果进行评价，并将评价结果填入表 6-3-4 中。

表 6-3-4　任务综合评价表

| 班级： | | 姓名： | 学号： | | | |
|---|---|---|---|---|---|---|
| 任务名称 | | | | | | |
| 评价项目 | | | 等　级 | | 分值 | 得分 |
| 考勤（10%） | | | 无无故旷课、迟到、早退现象 | | 10 | |
| 工作过程<br>（60%） | 资料收集与学习 | | 资料收集齐全完整，能完整学习相关资料并能正确理解知识内容 | | 10 | |
| | 任务实施 | | 技能训练1　设备安装调试流程步骤 | | 10 | |
| | | | 技能训练2　仪表、工具、耗材和器材清单 | | 10 | |
| | | | 技能训练3　安装与调试完成情况 | | 10 | |
| | 工作态度 | | 态度端正、工作认真、主动 | | 5 | |
| | 协调能力 | | 与小组成员、同学之间能合作交流，协同工作 | | 5 | |
| | 职业素养 | | 能做到安全生产，文明操作，保护环境，爱护设备设施 | | 10 | |
| 任务成果<br>（30%） | 工作完整 | | 能按要求完成所有学习任务 | | 10 | |
| | 操作规范 | | 能按照设备及实训室要求规范操作 | | 5 | |
| | 任务结果 | | 知识学习完整、正确理解，图样识读和绘制正确，成果提交完整 | | 15 | |
| 合计 | | | | | 100 | |

**任务小结**

总结本任务学习过程中的收获、体会及存在的问题，并记录到下面空白处。

_____

_____

_____

_____

# 任务6.4　旋转工作站的控制程序设计与调试

**任务工单**

| 任务名称 | | | | 姓名 | |
|---|---|---|---|---|---|
| 班级 | | 组号 | | 成绩 | |
| 工作任务 | ◆ 完成单站I/O列表绘制<br>◆ 完成电机项目模块化、气缸项目结构化编程和调试<br>◆ 完成单站编程和调试 | | | | |
| 任务目标 | 知识目标<br>• 了解组织块OB、函数块FB/函数FC、数据块DB<br>• 掌握I/O列表绘制方法<br>• 掌握线性化编程、模块化编程、结构化编程方法<br>技能目标<br>• 能够使用组织块调用函数块FB及函数FC编写程序<br>• 能够使用线性化编程、模块化编程、结构化编程方法编写单站的程序 | | | | |

（续）

| 任务目标 | 职业素养目标<br>• 安全意识：严格遵守操作规范和操作流程<br>• 自主学习：主动完成任务内容，提炼学习重点<br>• 团结合作：主动帮助同学、善于协调工作关系<br>• 工匠精神：培养一丝不苟、严谨细致、勇于探索的学习态度，精益求精、认真细致的工作态度，培育爱岗敬业的专业素质 | | |
| --- | --- | --- | --- |
| 任务准备 | 软硬件环境<br>• 计算机 1 台，作为工程组态站<br>• TIA 博途软件平台里的 SIMATIC STEP 7 软件—V14 SP1 及以上版本<br>• 智能产线综合实训平台—标准版及以上版本<br>资料准备<br>• 智能产线供料工作站操作指导手册 1 份 | | |
| 任务分配 | 职务 | 姓名 | 工作内容 |
| | 组长 | | |
| | 组员 | | |
| | 组员 | | |

## 任务实施

【技能训练 1】　观察工作站运行过程，用流程图描述该站的工艺过程分析。

### 6.4.1　旋转工作站动作流程

1）转盘下的上料点漫反射光电开关 B1 检测到有料后，步进电动机转动，带动转盘组件顺时针转动 60°后使物料到达方向检测点 B2，对射光纤检测物料方向，并记录结果。

2）然后转盘组件继续旋转 60°，当物料到达方向旋转点 B3，根据方向检测的结果执行不同操作。如果方向正确，不执行方向调整操作；如果方向不正确，方向调整组件将物料旋转 90°。

3）在转盘组件顺时针转动 60°后停止，物料到达出料点，在接收到第四站空闲信号后，推料向下一站气缸动作完成推料，然后步进电动机归原点。

转盘组件旋转 60°说明：转盘组件上共有 6 个工位，相邻两个工位之间相差 60°；在转盘组件下方，有转盘原位传感器，转盘每旋转 60°时，工位上的标记物会被原位传感器检测到。

## 6.4.2 旋转工作站工作逻辑功能图（见图 6-4-1）

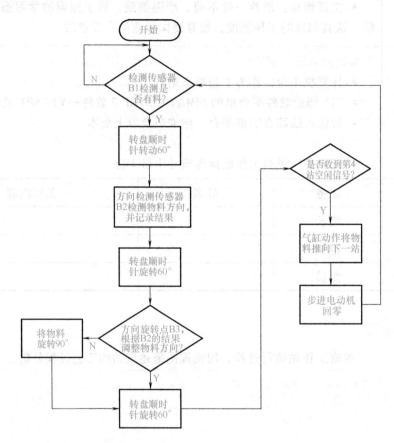

图 6-4-1 旋转工作站工作逻辑功能图

【引导问题 1】 旋转工作站控制中，简述要实现哪些功能？

_____

_____

_____

_____

## 6.4.3 工作站控制程序分析

设计程序时，可以使用结构化的设计方法，每个功能由单独的函数块实现，尽可能地使函数块之间互不干扰。这种方法既可以降低开发和维护的难度，又可以方便多人协作开发。

那么这个工作站的控制中，要实现哪些功能呢？

首先，我们检测到上料位有料后，需要驱动转盘转动 60°，通过对射式光纤传感器判断物料方向，转盘再转 60°，根据刚才的物料方向判断是否要通过气爪将物料方向做调整，方向调整完后转盘再转 60°，等待第四站空闲后就将物料推送至第四站。从物料进入本工作站到推到下一站，每一步操作是按顺序进行的。即前一步工作完成后，会触发进入下一步操作的条件。在程序的编写中，我们将每一步操作设计为一个程序段，程序段按顺序衔接起来就是物料方向检测及调整的流程。

其次，由于每一站同一时间只能加工一个物料，那么当本站正在加工时，就不允许前一站将物料推入本站，需要等待本站物料排空后再推入新的物料。为了使前一站知晓本站的工作状态，需要与前一站 PLC 通信。所以必须要写一个通信程序，获取后一站工作状态，同时向前一站发送本站的工作状态。

最后，还要写一个按钮控制程序，用于设备的手自动切换、起动、停止、复位、急停等功能。

## 6.4.4　工作站 PLC I/O 地址分配

PLC I/O 地址分配表分为输入、输出两个部分，输入部分主要为各传感器、磁性开关、按钮等；输出部分主要是电磁阀、电动机使能控制（继电器线圈）、指示灯等。

【技能训练2】　阅读和查阅资料，观察工作站硬件接线情况及阅读硬件电路接线图，结合之前做过的任务，完成旋转工作站的 I/O 地址分配表的填写，把相关信息填入表 6-4-1 中。

表 6-4-1　旋转工作站 I/O 地址分配表

| PLC 地址 | 端子符号 | 功能说明 | 状态 | |
|---|---|---|---|---|
| | | | 0 | 1 |
| I0.0 | S1 | 自动/手动 | 手动（断开） | 自动（接通） |
| I0.1 | S2 | 起动 | 断开 | 接通 |
| I0.2 | S3 | 停止 | 接通 | 断开 |
| I0.3 | S4 | 急停 | 接通 | 断开 |
| I0.4 | B1 | 上料点有料 | 无料（灭） | 有料（亮） |
| I0.5 | | | | |
| I0.6 | | | | |
| I0.7 | | | | |
| I1.0 | | | | |
| I1.1 | | | | |
| I1.2 | | | | |
| I1.3 | | | | |
| I1.4 | | | | |
| I1.5 | | | | |
| I2.0 | | | | |
| I2.1 | | | | |
| I2.2 | | | | |
| I2.3 | | | | |
| Q0.0 | | | | |
| Q0.1 | | | | |
| Q0.2 | | | | |
| Q0.3 | | | | |
| Q0.4 | | | | |
| Q0.5 | | | | |
| Q0.6 | | | | |
| Q0.7 | | | | |

说明：I/O 地址不是绝对的，需要根据实际硬件组态的地址空间而定

### 6.4.5 工作站 PLC 程序设计

使用结构化的设计方法，每个功能由单独的函数块实现，尽可能地使函数块之间互不干扰。这种方法既可以降低开发和维护的难度，又可以方便多人协作开发。根据前面的控制任务程序分析，按结构化编程方法，把控制程序分为 4 个功能模块来实现相应功能。

各函数块的特性见表 6-4-2。

表 6-4-2 函数块的特性

| 函数块名称 | 类型 | 功能 | 描述 |
|---|---|---|---|
| main | 组织块(OB) | 主程序 | 调用其他函数 |
| button | 函数块(FC) | 按钮控制程序 | 按钮的控制(起动、复位等) |
| putget | 函数块(FC) | 通信程序 | 与其他 PLC 通信 |
| SFC | 函数块(FC) | 顺序控制程序 | 物料方向检测及调整流程的顺序控制 |

【技能训练3】 创建新项目、设备组态。

1）在 STEP7 中创建一个新的项目。双击 TIA 博途 V15，默认启动选项，选择"创建新项目"，输入项目名称，选择路径，单击"创建"。如图 6-4-2 所示。

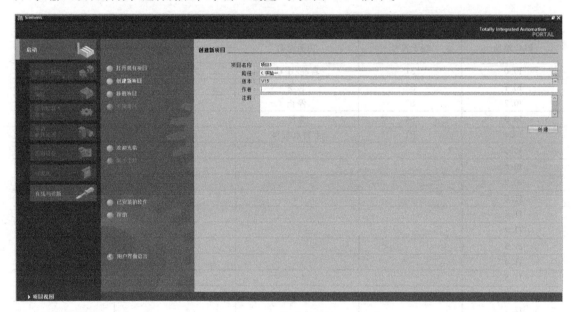

图 6-4-2 项目建立

2）出现"设备与网络"菜单，选择"添加新设备"选项，进行 CPU 组态。单击 PLC，"SIMATIC S7-1200"→"CPU"→"CPU 1214C DC/DC/DC"→"6ES7 214-1AG40-0XB0"，硬件版本选择 V4.0（这里必须根据实际硬件版本选择，否则后续下载会出错），如图 6-4-3 所示。

3）单击左侧项目目录中的"PLC_3-设备组态-以太网地址"，给 PLC 分配 IP 和子网，IP 地址为：192.168.0.3，子网掩码为 255.255.255.0。IP 地址与计算机 IP 地址在同一网段，如图 6-4-4 所示。

【技能训练4】 PLC 变量表建立。

1）单击"PLC 变量-添加新的表量表"，命名为"station3 IO"。如图 6-4-5 所示。

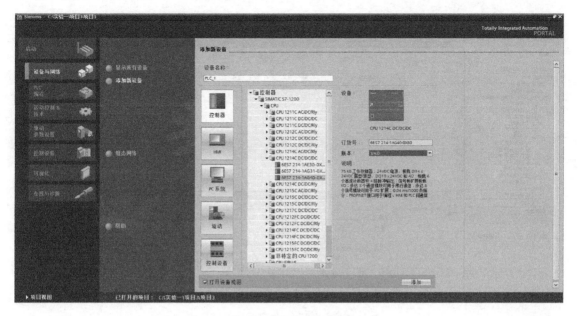

图 6-4-3  PLC 设备添加与版本选择

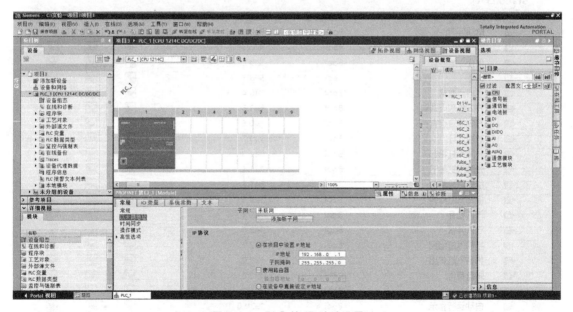

图 6-4-4  PLC 的 IP 地址设置

2）根据前面分配的 PLC I/O 地址表，在变量表中添加 I/O 变量，如图 6-4-6 所示。

【技能训练 5】  PLC 程序编写。

**1. 编写函数块 button**

本程序段中，对按钮的功能进行编写，实现手自动切换、自动运行、复位、停止等操作。

**2. 编写函数块 put get**

本函数用于 PLC 之间进行数据交换，最常用的通信指令是 GET（获取数据）和 PUT（发送数据）指令。如图 6-4-7、图 6-4-8 和图 6-4-9 所示。

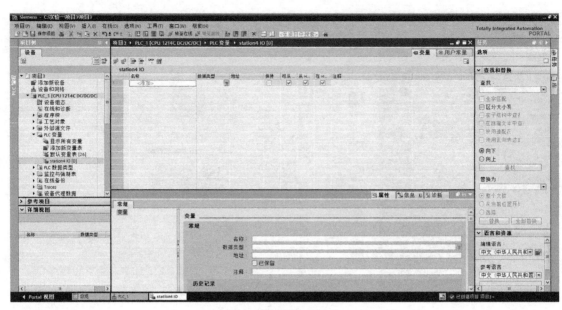

图 6-4-5　添加变量表

| | | 名称 | 数据类型 | 地址 | 保持 | 从 H... | 从 H... | 在 H... |
|---|---|---|---|---|---|---|---|---|
| | | **station3 IO** | | | | | | |
| 1 | | 自动/手动 | Bool | %I0.0 | ☐ | ☑ | ☑ | ☑ |
| 2 | | 启动 | Bool | %I0.1 | ☐ | ☑ | ☑ | ☑ |
| 3 | | 停止 | Bool | %I0.2 | ☐ | ☑ | ☑ | ☑ |
| 4 | | 急停 | Bool | %I0.3 | ☐ | ☑ | ☑ | ☑ |
| 5 | | 上料点有料 | Bool | %I0.4 | ☐ | ☑ | ☑ | ☑ |
| 6 | | 方向检测点有料 | Bool | %I0.5 | ☐ | ☑ | ☑ | ☑ |
| 7 | | 方向旋转点有料 | Bool | %I0.6 | ☐ | ☑ | ☑ | ☑ |
| 8 | | 对射光纤 | Bool | %I0.7 | ☐ | ☑ | ☑ | ☑ |
| 9 | | 升降气缸抬起 | Bool | %I1.0 | ☐ | ☑ | ☑ | ☑ |
| 10 | | 升降气缸落下 | Bool | %I1.1 | ☐ | ☑ | ☑ | ☑ |
| 11 | | 旋转气缸原位 | Bool | %I1.2 | ☐ | ☑ | ☑ | ☑ |
| 12 | | 旋转气缸旋转 | Bool | %I1.3 | ☐ | ☑ | ☑ | ☑ |
| 13 | | 气爪松开 | Bool | %I1.4 | ☐ | ☑ | ☑ | ☑ |
| 14 | | 气爪夹紧 | Bool | %I2.0 | ☐ | ☑ | ☑ | ☑ |
| 15 | | 推料气缸缩回 | Bool | %I2.1 | ☐ | ☑ | ☑ | ☑ |
| 16 | | 推料气缸伸出 | Bool | %I2.2 | ☐ | ☑ | ☑ | ☑ |
| 17 | | 转盘原位 | Bool | %I2.3 | ☐ | ☑ | ☑ | ☑ |
| 18 | | 复位 | Bool | %I1.5 | ☐ | ☑ | ☑ | ☑ |
| 19 | | 自动运行指示 | Bool | %Q0.0 | ☐ | ☑ | ☑ | ☑ |
| 20 | | 步进电机脉冲 | Bool | %Q0.1 | ☐ | ☑ | ☑ | ☑ |
| 21 | | 升降气缸 | Bool | %Q0.2 | ☐ | ☑ | ☑ | ☑ |
| 22 | | 旋转气缸 | Bool | %Q0.3 | ☐ | ☑ | ☑ | ☑ |
| 23 | | 推料气缸 | Bool | %Q0.4 | ☐ | ☑ | ☑ | ☑ |
| 24 | | 气爪松开线圈 | Bool | %Q0.5 | ☐ | ☑ | ☑ | ☑ |
| 25 | | 气爪夹紧线圈 | Bool | %Q0.6 | ☐ | ☑ | ☑ | ☑ |
| 26 | | 步进电机方向 | Bool | %Q0.7 | ☐ | ☑ | ☑ | ☑ |
| 27 | | 接收第4站空闲信号 | Bool | %M400.0 | ☐ | ☑ | ☑ | ☑ |
| 28 | | 发送至第2站空闲信号 | Bool | %M300.0 | ☐ | ☑ | ☑ | ☑ |

图 6-4-6　变量表写入变量

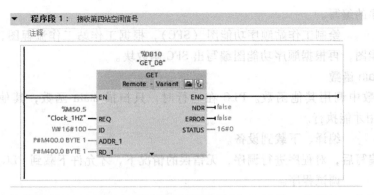

图 6-4-7 GET 指令

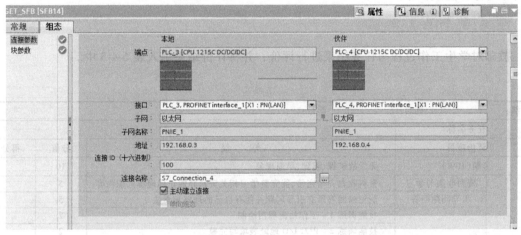

图 6-4-8 PUT/GET 通信设置（1）

图 6-4-9 PUT/GET 通信设置（2）

### 3. 编写函数块 SFC

按照操作步的原则，对全部加工操作进行分解，每一个动作编写一个程序段，完成整个工作站控制程序的编写。

【技能训练6】 绘制工作站顺序功能图（SFC），根据工作站工作流程图，把工作流程图转化成顺序功能图，再根据顺序功能图编写出 SFC 函数块。

### 4. 编写 main 函数

在 main 函数中调用其他函数。PLC 在运行时，只扫描 main 函数，其他的函数必须在 main 函数中调用才能执行。

【技能训练7】 编译、下载到设备。

完成程序编写后，对程序进行调序，无错误的情况下，才允许下载到 PLC。

【技能训练8】 调试程序。

下载完程序后，对设备进行试运行，在调试过程中对发现的问题进行处理，待多次运行无异常后才算完成任务。

## 任务评价与反馈

教师对学生工作过程与任务结果进行评价，并将评价结果填入表 6-4-3 中。

表 6-4-3 任务综合评价表

班级： 姓名： 学号：

| 任务名称 | | | |
|---|---|---|---|
| 评价项目 | 等 级 | 分值 | 得分 |
| 考勤(10%) | 无无故旷课、迟到、早退现象 | 10 | |
| 工作过程(60%) 资料收集与学习 | 资料收集齐全完整，能完整学习相关资料并能正确理解知识内容 | 5 | |
| 引导问题回答 | 能正确回答所有引导问题并能有自己的理解和看法 | 5 | |
| 过程技能训练任务 | 技能训练1 工作站流程图绘制 | 2 | |
| | 技能训练2 PLC I/O 地址表填写完整 | 2 | |
| | 技能训练3 创建项目，设备组态 | 1 | |
| | 技能训练4 PLC 变量表建立 | 2 | |
| | 技能训练6 顺序功能图绘制 | 2 | |
| | 技能训练7、8 编译下载及调试程序 | 1 | |
| 工作站编程任务(技能训练4) | 子任务1 初始化回零[具体评分标准见下页"工作站编程任务评分表(S3-旋转工作站)"] | 10 | |
| | 子任务2 系统运行[具体评分标准见下页"工作站编程任务表(S3-旋转工作站)"] | 30 | |
| 工作态度 | 态度端正、工作认真、主动 | 5 | |
| 协调能力 | 与小组成员、同学之间能合作交流，协同工作 | 5 | |
| 职业素养 | 能做到安全生产，文明操作，保护环境，爱护设备设施 | 5 | |
| 任务成果(30%) 工作完整 | 能按要求完成所有学习任务 | 5 | |
| 操作规范 | 能按照设备及实训室要求规范操作 | 5 | |
| 任务结果 | 知识学习完整、正确理解，成果提交完整 | 5 | |
| 合计 | | 100 | |

## 任务小结

总结本任务学习过程中的收获、体会及存在的问题，并记录到下面空白处。

# 工作站编程任务评分表（S3-旋转工作站）

## 子任务一  初始化回零

整个系统在任意状态下，通过操作面板执行相应的动作，使其恢复到初始状态。

| 编号 | 任务要求 | 分值 | 得分 |
|------|----------|------|------|
| 1 | 自动运行指示灯以 2Hz 的频率闪烁直到回零动作全部完成 | 1.6 | |
| 2 | 终态时：步进电动机回零后停止 | 1.4 | |
| 3 | 终态时：推向下一站气缸缩回 | 1.4 | |
| 4 | 终态时：旋转气缸在原位 | 1.4 | |
| 5 | 终态时：气爪松开 | 1.4 | |
| 6 | 终态时：升降气缸抬起 | 1.4 | |
| 7 | 终态时：转盘在原位 | 1.4 | |

## 子任务二  系统运行

根据单步运行与自动运行的设计要求，完成本工作站相应的控制功能。

| 编号 | 任务要求 | 分值 | 得分 |
|------|----------|------|------|
| | **进入单步运行模式后，完成以下动作序列：** | | |
| 1 | 上料点 B1 检测到物料后，按下起动按钮，步进电动机起动 | 1.3 | |
| 2 | 转盘转动 60°后，步进电动机停止运转 | 1.3 | |
| 3 | 方向检测点 B2 检测到物料后，对射光纤检测物料的穿孔情况并记录，按下起动按钮，步进电动机起动 | 1.3 | |
| 4 | 转盘转动 60°后，步进电动机停止运转 | 1.3 | |
| 5 | 方向旋转点 B3 检测到物料后，根据方向检测上一次记录的物料穿孔情况做相应操作，无穿孔跳转到步骤 6~9，有穿孔执行旋转操作步骤 10~21 | 2 | |
| 6 | 物料无穿孔情况，按下起动按钮，步进电动机起动 | 1.3 | |
| 7 | 转盘转动 60°后，步进电动机停止运转 | 1.3 | |
| 8 | 按下起动按钮，推料气缸伸出 | 1.3 | |
| 9 | 推料气缸伸出到位后，按下起动按钮，推料气缸缩回，跳转至 22 | 1.3 | |
| 10 | 物料有穿孔情况，按下起动按钮，升降气缸落下 | 1.3 | |
| 11 | 升降气缸落下到位后，按下起动按钮，气爪夹紧 | 1.3 | |
| 12 | 气爪夹紧到位后，按下起动按钮，升降气缸抬起 | 1.3 | |
| 13 | 升降气缸抬起到位后，按下起动按钮，旋转气缸旋转 | 1.3 | |
| 14 | 旋转气缸旋转到位后，按下起动按钮，升降气缸落下 | 1.3 | |
| 15 | 升降气缸落下到位后，按下起动按钮，气爪松开 | 1.3 | |
| 16 | 气爪松开到位后，按下起动按钮，升降气缸抬起 | 1.3 | |
| 17 | 升降气缸抬起到位后，按下起动按钮，旋转气缸回原位 | 1.3 | |
| 18 | 旋转气缸在原位，按下起动按钮，步进电动机起动 | 1.3 | |
| 19 | 转盘转动 60°后，步进电动机停止运转 | 1.3 | |
| 20 | 按下起动按钮，推料气缸伸出 | 1.3 | |
| 21 | 推料气缸伸出到位后，按下起动按钮，推料气缸缩回 | 1.3 | |
| 22 | 步骤 1~21 可重复运行 | 2 | |

# 项目7　方向调整工作站的安装与调试

| 项目 7　方向调整工作站的安装与调试 | 学时：8 学时 |
|---|---|
| 学习目标 | |

**知识目标**

(1) 掌握方向调整工作站的结构组成和工艺要求

(2) 掌握方向调整工作站的气动回路图和电气原理图的识读方法

(3) 掌握方向调整工作站的机械安装和电气安装流程

(4) 掌握方向调整工作站 PLC 程序的编写和调试方法

**能力目标**

(1) 能够正确认识方向调整工作站的主要组成部件及绘制工作流程

(2) 能识读和分析方向调整工作站的气动回路图和电气原理图及安装接线图

(3) 能够根据安装图样正确连接工作站的气路和电路

(4) 能够根据方向调整工作站的工艺要求进行软硬件的调试和故障排除

**素质目标**

(1) 学生应树立职业意识，并按照企业的"8S"（整理、整顿、清扫、清洁、素养、安全、节约、学习）质量管理体系要求自己

(2) 操作过程中，必须时刻注意安全用电，严禁带电作业，严格遵守电工安全操作规程

(3) 爱护工具和仪器仪表，自觉地做好维护和保养工作

(4) 具有吃苦耐劳、严谨态度、爱岗敬业、团队合作、勇于创新的精神，具备良好的职业道德

| 教学重点与难点 |
|---|

**教学重点**

(1) 方向调整工作站的气路和电路连接

(2) 方向调整工作站的 PLC 控制程序设计

**教学难点**

(1) 方向调整工作站的气路和电路故障诊断和排除

(2) 方向调整工作站的 PLC 程序分析和故障排除

（续）

| 任务名称 | 任务目标 |
|---|---|
| 任务7.1　认识方向调整工作站组成及工作流程 | （1）掌握方向调整工作站的主要结构和部件功能<br>（2）了解方向调整工作站的工艺流程，并绘制工艺流程图 |
| 任务7.2　识读与绘制方向调整工作站系统电气图 | （1）能够看懂方向调整工作站的气动控制回路的原理图<br>（2）能够看懂方向调整工作站的电路原理图 |
| 任务7.3　方向调整工作站的硬件安装与调试 | （1）掌握方向调整工作站的气动控制回路的布线方法和安装调试规范<br>（2）能根据气路原理图完成方向调整工作站的气路连接与调试<br>（3）掌握方向调整工作站的电路控制回路的布线方法和安装调试规范<br>（4）能根据电路原理图完成方向调整工作站的电路连接与调试 |
| 任务7.4　方向调整工作站的控制程序设计与调试 | （1）掌握方向调整工作站的主要动作过程和工艺要求<br>（2）能够编写方向调整工作站的PLC控制程序<br>（3）能够正确分析并快速地排除方向调整工作站的软硬件故障 |

## 任务7.1　认识方向调整工作站组成及工作流程

### 任务工单

| 任务名称 | | | | 姓名 | |
|---|---|---|---|---|---|
| 班级 | | 组号 | | 成绩 | |
| 工作任务 | ◆ 扫描二维码，观看方向调整工作站运行视频<br>◆ 认识工作站组成主要部件，了解金属检测传感器的功能、原理、符号表示、使用方法、应用场景，完成引导问题<br>◆ 观察方向调整工作站，阅读和查阅相关资料，填写工作站组成部件清单表<br>◆ 观察工作站的运行过程，用流程图的形式描述工作站的工艺流程 | | | | 方向调整<br>工作站运<br>行视频 |
| 任务目标 | 知识目标<br>• 掌握方向调整工作站的基本组成及主要部件的功能<br>• 了解方向调整工作站的工作流程<br>• 掌握方向调整气缸的符号表示、使用方法 | | | | |

(续)

| | |
|---|---|
| 任务目标 | • 了解金属检测传感器的原理、符号表示、使用方法<br>能力目标<br>• 能正确识别方向调整工作站的气动元件，包括类型、功能、符号表示<br>• 能正确识别方向调整工作站的传感检测元件，包括类型、功能、符号表示<br>• 能正确识别方向调整工作站的常用电气元件，包括类型、功能、符号表示<br>• 能正确填写方向调整工作站的主要组成部件型号、功能、作用<br>素质目标<br>• 良好的协调沟通能力、团队合作及敬业精神<br>• 良好的职业素养，遵守实践操作中的安全要求和规范操作注意事项<br>• 勤于思考、善于探索的良好学习作风<br>• 勤于查阅资料、善于自学、善于归纳分析 |
| 任务准备 | 工具准备<br>• 扳手（17#）、螺丝刀（一字/内六角）、万用表<br>技术资料准备<br>• 智能自动化工厂综合实训平台各工作站的技术资料，包括工艺概览、组件列表、输入输出列表、电气原理图<br>环境准备<br>• 实践安装操作场所和平台 |

| 任务分配 | 职务 | 姓名 | 工作内容 |
|---|---|---|---|
| | 组长 | | |
| | 组员 | | |
| | 组员 | | |

## 任务资讯与实施

【引导问题1】 方向调整工作站硬件是由同步带输送组件，（　　　），（　　　）组成，同步带输送组件是由（　　　）、（　　　）、上料点物料检测传感器、（　　　）、连接件以及固定螺栓组成，其功能（　　　）；推料组件是由2号升降气缸、推料气缸、（　　　）、（　　　）连接件及固定螺栓组成，其功能将物料从（　　　）送至（　　　）。

### 7.1.1 方向调整工作站组成及工作流程介绍

#### 1. 方向调整站硬件组成

如图7-1-1、图7-1-2和表7-1-1所示。

【技能训练1】 观察次品分拣工作站的基本结构，阅读相关资料手册，按要求填写表7-1-2。

旋转气缸C2
- B7：旋转原位
- B8：旋转到位

B2：金属检测

B3：方向旋转点物料检测

气爪C5
- B9：夹紧到位
- B10：松开到位

推料气缸C4
- B11：缩回到位
- B12：伸出到位

1—同步带输送组件
2—推料组件
3—方向调整组件

图 7-1-1　方向调整站的硬件组成（一）

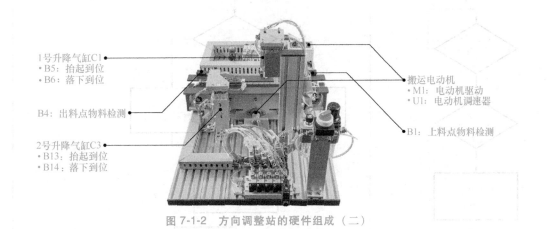

1号升降气缸C1
- B5：抬起到位
- B6：落下到位

B4：出料点物料检测

2号升降气缸C3
- B13：抬起到位
- B14：落下到位

搬运电动机
- M1：电动机驱动
- U1：电动机调速器

B1：上料点物料检测

图 7-1-2　方向调整站的硬件组成（二）

表 7-1-1　方向调整工作站组成结构及功能部件表

| 序号 | 名　称 | 组　成 | 功　能 |
|---|---|---|---|
| 1 | 同步带输送组件 | 同步带输送模组、推料气缸、上料点物料检测传感器、出料点检测传感器、连接件以及固定螺栓 | 将物料从上料点输送至出料点 |
| 2 | 推料组件 | 2号升降气缸、推料气缸、2号升降气缸到位信号检测传感器、推料气缸到位信号检测传感器、连接件及固定螺栓 | 将物料从方向调整站送至产品组装站 |
| 3 | 方向调整组件 | 1号升降气缸、旋转气缸、气爪、1号升降气缸到位信号检测传感器、旋转气缸到位信号检测传感器、气爪到位检测传感器、方向旋转点物料检测传感器、连接件及固定螺栓 | 当金属检测传感器检测到物料的金属面时，旋转气缸以及气爪动作，将物料旋转180° |

表 7-1-2　次品分拣工作站组成结构及功能部件表

| 序号 | 名　称 | 组　成 | 功　能 |
|---|---|---|---|
| 1 | 机械本体部件 | | |
| 2 | 检测传感部件 | | |
| 3 | 电子控制单元 | | |
| 4 | 执行部件 | | |
| 5 | 动力源部件 | | |

### 2. 方向调整站工作流程

物料由前一站推料气缸推送到输送带上的上料点物料检测传感器处，当上料点物料检测传感器检测到有物料时，电感式接近开关 B2 检测物料上是否有金属部件，并记录结果。然后同步带驱动电动机 M1 开始转动，同步带带动物料向出料点移动，当方向旋转点物料检测传感器检测到物料时，电动机 M1 停止转动并根据金属检测结果执行不同操作。

如果检测结果为没有金属，不对物料实行方向调整操作；如果检测到有金属，方向调整组件将物料旋转 180°。然后电动机 M1 转动，带动物料向出料点 B4 移动，当出料点漫反射光电开关 B4 检测到物料时，电动机 M1 停止转动，在接收到第五站空闲信号后，2 号升降气缸带动推料向下一站气缸下行，推料向下一站气缸动作完成推料，2 号升降气缸带动推料向下一站气缸上行。如图 7-1-3 所示。

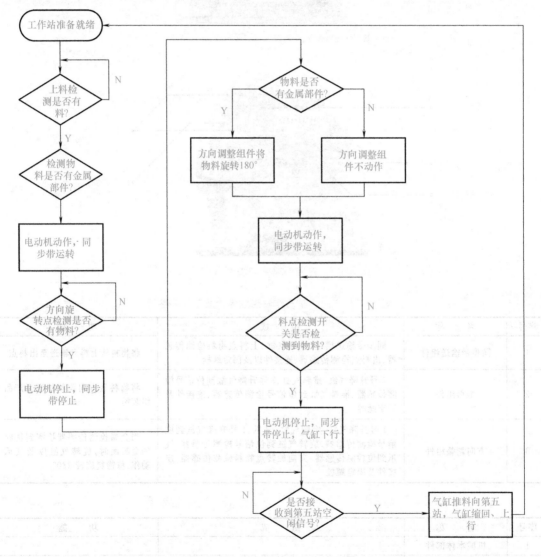

图 7-1-3　方向调整站工作流程图

【技能训练2】　阅读及查阅资料，观察产品组装工作站运行过程，用流程图的形式绘制工作站工作流程。

【技能训练3】 完成现场验收测试（SAT），在表 7-1-3 中填写磁性开关的位号、安装位置、功能、是否检测到位。

表 7-1-3 磁性开关信息清单

| 序号 | 设备名称 | 安装位置 | 功能 | 是否到位 |
|---|---|---|---|---|
| 1 | | | | □是 □否 |
| 2 | | | | □是 □否 |
| 3 | | | | □是 □否 |
| 4 | | | | □是 □否 |
| 5 | | | | □是 □否 |
| 6 | | | | □是 □否 |
| 7 | | | | □是 □否 |
| 8 | | | | □是 □否 |

【技能训练4】 完成现场验收测试（SAT），使用万用表，在表 7-1-4 中列出 PLC 与电磁阀的对应关系。

表 7-1-4 PLC 与电磁阀的对应

| 序号 | PLC 信号 | 执行机构动作 | 电磁阀进气口 | 电磁阀出气口 |
|---|---|---|---|---|
| 1 | | | □接通 □关闭 | □接通 □关闭 |
| 2 | | | □接通 □关闭 | □接通 □关闭 |
| 3 | | | □接通 □关闭 | □接通 □关闭 |
| 4 | | | □接通 □关闭 | □接通 □关闭 |
| 5 | | | □接通 □关闭 | □接通 □关闭 |
| 6 | | | □接通 □关闭 | □接通 □关闭 |

【技能训练5】 找到本工作站中的所有按钮并根据设备的使用操作、设备执行的动作、PLC 输入输出指示灯的现象等情况，将本工作站中按钮控制与 PLC 的对应关系、按钮旋钮的型号填入表 7-1-5 中。

表 7-1-5  工作站中按钮控制与 PLC 的对应关系

| 序号 | 按钮名称 | PLC 输入点 | 型号 | 功能 | 初始位置状态 | | 操作后状态 | |
|---|---|---|---|---|---|---|---|---|
| 1 | | | | 手/自动切换 | □通 □不通 | | □通 □不通 | |
| 2 | | I0.1 | | | □通 □不通 | | □通 □不通 | |
| 3 | | | XB2-BA31C | 单步运行 | □通 □不通 | | □通 □不通 | |
| 4 | | I0.3 | XB2-BS542C | | □通 □不通 | | □通 □不通 | |
| 5 | 三位旋钮 | | | 复位 | □通 □不通 | | □通 □不通 | |
| 6 | | | | | □通 □不通 | | □通 □不通 | |
| 7 | 急停按钮 | | | | □通 □不通 | | □通 □不通 | |

【引导问题 2】  在本工作站中，是如何区分加工件（物料）有金属的一面的？

_____

_____

_____

_____

### 7.1.2  电感式接近开关

电感型接近开关是用于非接触检测金属物体的一种低成本方式，当金属物体移向或移出接近开关时，信号会自动变化，从而达到检测的目的。电感型接近开关由 LC 振荡电路、信号触发器和开关放大器组成，振荡电路的线圈产生高频变磁场，该磁场经由传感器的感应面释放。当金属材料靠近感应面时，如果是非磁性金属，则产生旋涡电流。如果是磁性金属，滞后现象及涡流损耗也会产生，这些损失使 LC 振荡电路能量减少从而降低振荡，当信号触发器检测到这减少现象时，便会把它转换成开关信号。如图 7-1-4 所示。

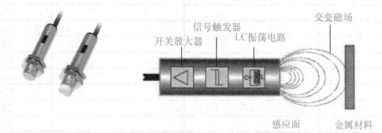

图 7-1-4  电感式接近开关原理示意图

电感式接近开关有 NPN 和 PNP 两种类型，接线方式如图 7-1-5 所示。

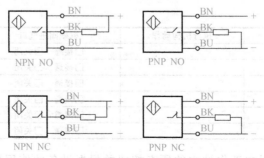

图 7-1-5  电感式接近开关引脚接线图

接近开关的电气符号、文字符号见表 7-1-6。

表 7-1-6　接近开关电气符号和文字符号

| 名　　　称 | 符　　　号 |
|---|---|
| NO 型接近开关电气符号 | SQ |
| NC 型接近开关电气符号 | SQ |
| 接近开关文字符号 | SQ |

【技能训练 6】 列出工作站主要电气部件包括气动组件、传感器、开关、控制器、驱动、电动机等，填入表 7-1-7 中。

表 7-1-7　方向调整工作站元器件清单表

| 序号 | 名称 | 品牌 | 规格 | 型号 | 数量 |
|---|---|---|---|---|---|
| 1 | | | | | |
| 2 | | | | | |
| 3 | | | | | |
| 4 | | | | | |
| 5 | | | | | |
| 6 | | | | | |
| 7 | | | | | |
| 8 | | | | | |
| 9 | | | | | |
| 10 | | | | | |
| 11 | | | | | |
| 12 | | | | | |
| 13 | | | | | |
| 14 | | | | | |
| 15 | | | | | |
| 16 | | | | | |
| 17 | | | | | |
| 18 | | | | | |
| 19 | | | | | |
| 20 | | | | | |
| 21 | | | | | |
| 22 | | | | | |
| 23 | | | | | |
| 24 | | | | | |
| 25 | | | | | |
| 26 | | | | | |
| 27 | | | | | |
| 28 | | | | | |
| 29 | | | | | |
| 30 | | | | | |

### 任务评价与反馈

教师对学生工作过程与任务结果进行评价，并将评价结果填入表 7-1-8 中。

表 7-1-8 任务综合评价表

| 班级： | 姓名： | 学号： | | |
|---|---|---|---|---|
| 任务名称 | | | | |
| 评价项目 | | 等 级 | 分值 | 得分 |
| 考勤(10%) | | 无无故旷课、迟到、早退现象 | 10 | |
| 工作过程<br>(60%) | 资料收集与学习 | 资料收集齐全完整，能完整学习相关资料并能正确理解知识内容 | 5 | |
| | 引导问题回答 | 能正确回答所有引导问题并能有自己的理解和看法 | 5 | |
| | 过程任务训练 | 技能训练1 工作站组成结构及部件功能 | 5 | |
| | | 技能训练2 绘制工作站流程图 | 5 | |
| | | 技能训练3 磁性开关信息清单 | 5 | |
| | | 技能训练4 PLC与电磁阀对应表 | 5 | |
| | | 技能训练5 按钮控制与PLC的对应关系 | 5 | |
| | | 技能训练6 工作站部件清单表 | 5 | |
| | 工作态度 | 态度端正、工作认真、主动 | 5 | |
| | 协调能力 | 与小组成员、同学之间能合作交流，协同工作 | 5 | |
| | 职业素养 | 能做到安全生产，文明操作，保护环境，爱护设备设施 | 10 | |
| 任务成果<br>(30%) | 工作完整 | 能按要求完成所有学习任务 | 10 | |
| | 操作规范 | 能按照设备及实训室要求规范操作 | 5 | |
| | 任务结果 | 引导问题回答完整，按要求完成任务表内容，能介绍清楚本工作站的组成部件功能及作用、安装位置及工作站的工艺流程 | 15 | |
| 合计 | | | 100 | |

## 任务小结

总结本任务学习过程中的收获、体会及存在的问题，并记录到下面空白处。

_____

_____

_____

# 任务7.2 识读与绘制方向调整工作站系统电气图

## 任务工单

| 任务名称 | | | | 姓名 | |
|---|---|---|---|---|---|
| 班级 | | 组号 | | 成绩 | |
| 工作任务 | ◆ 学习相关知识点，完成引导问题<br>◆ 扫描二维码，下载方向调整工作站的气动回路图和电气原理图，按要求完成气动回路图和电气原理图的分析和绘制 | | | | 方向调整工作站的气动回路图和电气原理图 |
| 任务目标 | 知识目标<br>• 掌握工作站气动回路图识读与绘制方法<br>• 掌握电气原理图识读与绘制方法<br>能力目标<br>• 能够读懂气动回路图和电气原理图<br>• 能够绘制气动回路图和电气原理图 | | | | |

（续）

| | | | | |
|---|---|---|---|---|
| 任务目标 | **素质目标**<br>• 良好的协调沟通能力、团队合作及敬业精神<br>• 专业的职业素养，遵守实践操作中的安全要求和规范操作注意事项<br>• 勤于思考、善于探索的良好学习作风<br>• 勤于查阅资料、善于自学、善于归纳分析 | | | |
| 任务准备 | **工具准备**<br>• 扳手（17#）、螺丝刀（一字/内六角）、万用表<br>**技术资料准备**<br>• 智能自动化工厂综合实训平台各工作站的技术资料，包括工艺概览、组件列表、输入输出列表、电气原理图<br>**环境准备**<br>• 实践安装操作场所和平台 | | | |
| 任务分配 | 职务 | 姓名 | | 工作内容 |
| | 组长 | | | |
| | 组员 | | | |
| | 组员 | | | |

## 任务资讯与实施

【技能训练1】 阅读工作站的气动回路原理图。请指出图中符号的含义，填入表7-2-1中。

表7-2-1 气动回路图元件符号识别记录表

| 符　号 | 含义名称 | 功能说明 |
|---|---|---|
| 0V1 | | |
| 1V1 | | |
| 2V1 | | |
| 3V1 | | |
| 4V1 | | |
| 5V1 | | |
| 1V2 | | |
| 1V3 | | |
| 2V2 | | |
| 2V3 | | |
| 3V2 | | |
| 3V3 | | |
| 4V2 | | |
| 4V3 | | |
| 5V2 | | |
| 5V3 | | |
| 1C | | |
| 2C | | |
| 3C | | |
| 4C | | |

（续）

| 符　　号 | 含 义 名 称 | 功 能 说 明 |
|---|---|---|
| 5C | | |
| 1B1 | | |
| 1B2 | | |
| 2B1 | | |
| 2B2 | | |
| 3B1 | | |
| 4B1 | | |
| 4B2 | | |
| 5B1 | | |
| 5B2 | | |
| 1Y | | |
| 2Y | | |
| 3Y | | |
| 4Y | | |
| 5Y1 | | |
| 5Y2 | | |

## 7.2.1　方向调整工作站气动回路分析

### 1. 元件介绍

该工作站气动原理图如图 7-2-1 和图 7-2-2 所示，图中，0V1 点画线框为阀岛，1V1、2V1、3V1、4V1、5V1 分别被点画线框包围，为 5 个电磁换向阀，也就是阀岛上的第一片阀、第二片阀、第三片阀、第四片阀、第五片阀，其中，1V1、2V1、3V1、4V1 为单控两位五通电磁阀，5V1 为双电控两位五通电磁阀；1C 为 1#升降气缸，1B1 和 1B2 为磁感应式接近开关，分别检测升降气缸上升和落下是否到位；2C 为旋转气缸，2B1 和 2B2 为磁感应式接近开关，分别检测旋转气缸旋转位和回原位是否到位；3C 为 2#升降气缸，3B1 为磁感应式接近开关，检测 2#升降气缸落下位是否到位；4C 为推料气缸手指（气爪），4B1 和 4B2 为磁感应式接近开关，分别检测推料气缸缩回和伸出是否到位；5C 为气动手指（气爪），5B1 和 5B2 为磁感

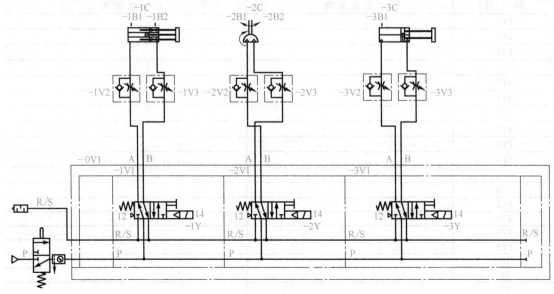

图 7-2-1　方向调整工作站气动回路图（1）

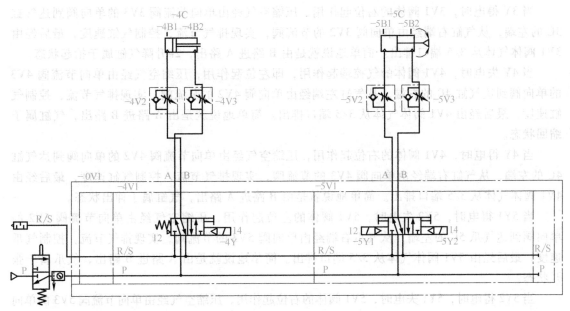

图 7-2-2 方向调整工作站气动回路图（2）

应式接近开关，分别检测气爪抓紧和张开是否到位。

1Y 为控制 1#升降气缸的电磁阀的电磁控制信号；2Y 为控制旋转气缸的电磁阀的电磁控制信号；3Y 为控制 2#升降气缸的电磁阀的电磁控制信号；4Y 为控制推料气缸的电磁阀的电磁控制信号；5Y1、5Y2 为控制气爪的电磁阀的两个电磁控制信号。

1V2、1V3、2V2、2V3、3V2、3V3、4V2、4V3、5V2、5V3 为单向节流阀，起到调节气缸推出和缩回（气爪抓紧和松开）的速度。

2. 动作分析

当 1Y 失电时，1V1 阀体的气控端起作用，即左位起作用，压缩空气经由单向节流阀 1V2 的单向阀到达气缸 1C 的左端，从气缸右端经由单向阀 1V3 的节流阀，实现排气节流，控制气缸速度，最后经 1V1 阀体由气体从 3/5 端口排出。简单地说就是由 A 路进 B 路出，气缸属于下降状态。

当 1Y 得电时，1V1 阀体的右位起作用，压缩空气经由单向节流阀 1V3 的单向阀到达气缸 1C 的左端，从气缸右端经由单向阀 1V2 的节流阀，实现排气节流，控制气缸速度，最后经由 1V1 阀体气体从 3/5 端口排出。简单地说就是由 B 路进 A 路出，气缸属于抬起状态。

当 2Y 失电时，2V1 阀体的左位起作用，压缩空气经由单向节流阀 2V3 的单向阀到达气缸 2C 的右端，从气缸左端经由单向阀 2V2 的节流阀，实现排气节流，控制气缸速度，最后经由 2V1 阀体气体从 3/5 端口排出。简单地说就是由 A 路进 B 路出，气缸属于回原位状态。

当 2Y 得电时，2V1 阀体的右位起作用，压缩空气经由单向节流阀 2V2 的单向阀到达气缸 2C 的左端，从气缸右端经由单向阀 2V3 的节流阀，实现排气节流，控制气缸速度，最后经由 2V1 阀体气体从 3/5 端口排出。简单地说就是由 B 路进 A 路出，气缸属于旋转状态。

当 3Y 失电时，3V1 阀体的气控端起作用，即左位起作用，压缩空气经由单向节流阀 3V2 的单向阀到达 2#升降气缸 3C 的左端，从气缸右端经由单向阀 3V3 的节流阀，实现排气节流，控制气缸速度，最后经由 3V1 阀体气体从 3/5 端口排出。简单地说就是由 A 路进 B 路出，气缸属于下降状态。

当 3Y 得电时，3V1 阀体的右位起作用，压缩空气经由单向节流阀 3V3 的单向阀到达气缸 3C 的左端，从气缸右端经由单向阀 3V2 的节流阀，实现排气节流，控制气缸速度，最后经由 3V1 阀体气体从 3/5 端口排出。简单地说就是由 B 路进 A 路出，2#升降气缸属于抬起状态。

当 4Y 失电时，4V1 阀体的气控端起作用，即左位起作用，压缩空气经由单向节流阀 4V3 的单向阀到达气缸 4C 的右端，从气缸左端经由单向阀 4V2 的节流阀，实现排气节流，控制气缸速度，最后经由 4V1 阀体气体从 3/5 端口排出。简单地说就是由 A 路进 B 路出，气缸属于缩回状态。

当 4Y 得电时，4V1 阀体的右位起作用，压缩空气经由单向节流阀 4V2 的单向阀到达气缸 4C 的左端，从气缸右端经由单向阀 4V3 的节流阀，实现排气节流，控制气缸速度，最后经由 4V1 阀体气体从 3/5 端口排出。简单地说就是由 B 路进 A 路出，气缸属于伸出状态。

当 5Y1 得电时，5Y2 失电时，5V1 阀体的左位起作用，压缩空气经由单向节流阀 5V2 的单向阀到达气爪 5C 的左端，从气爪右端经由单向阀 5V3 的节流阀，实现排气节流，控制气爪速度，最后经由 5V1 阀体气体从 3/5 端口排出。简单地说就是由 A 路进 B 路出，气爪属于张开状态。

当 5Y2 得电时，5Y1 失电时，5V1 阀体的右位起作用，压缩空气经由单向节流阀 5V3 的单向阀到达气爪 5C 的右端，从气爪左端经由单向阀 5V2 的节流阀，实现排气节流，控制气爪速度，最后经由 5V1 阀体气体从 3/5 端口排出。简单地说就是由 B 路进 A 路出，气爪属于抓紧状态。

## 7.2.2 方向调整工作站电气控制电路分析

### 1. 电源电路

如图 7-2-3 所示，外部 220V 交流电源通过一个 2P 断路器（型号规格：SIEMENS 2P/

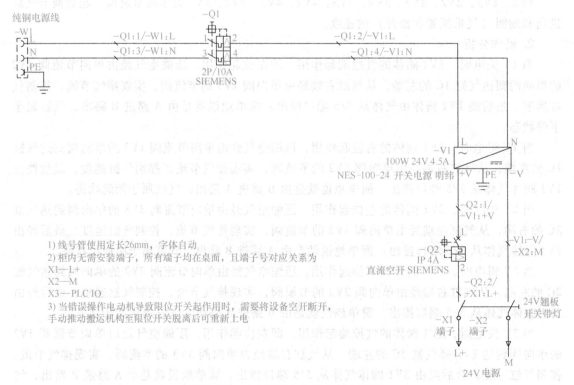

图 7-2-3　方向调整工作站电源电路图

10A）给 24V 开关电源（型号规格：明纬 NES-100-24 100W 24V 4.5A）供电，输出 24V 直流电源，给后续控制单元供电。由 24V 翘板带灯开关控制 24V 直流供电电源的输出通断。

### 2. PLC 接线端子电路（见图 7-2-4）

PLC 为西门子 S7-1200PLC 1214DC/DC/DC，供货号：SIE 6ES7214-1AG40-0XB0；输入端子（DI a-DI b）接按钮开关、接近开关及传感检测端；输出端子（DQ a-DQ b）接输出驱动（接触器线圈、继电器线圈、电动机驱动）单元端子。

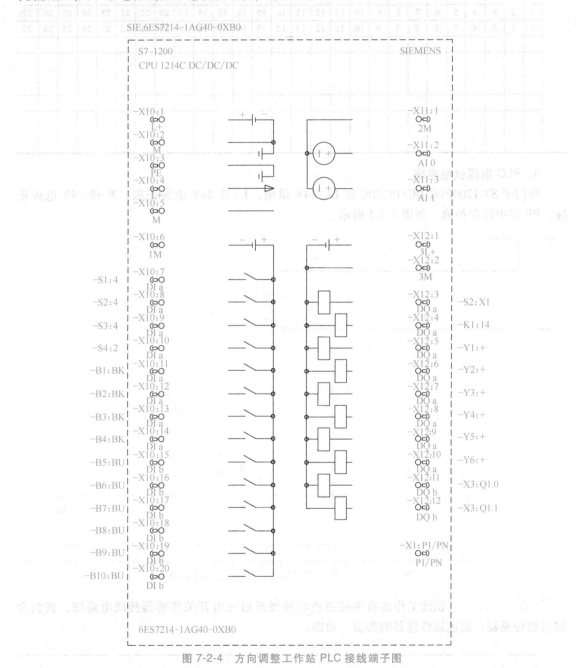

图 7-2-4　方向调整工作站 PLC 接线端子图

【技能训练 2】　根据现场的端子接线，画出与之对应的端子图，填入表 7-2-2 接线图对照表中。

表 7-2-2  接线端子对照表

| 1 | 2 | 3 | 4 | 5 | 6 | 7 | 8 | 9 | 10 | 11 | 12 | 13 | 14 | 15 | 16 | 17 | 18 | 19 | 20 | 21 | 22 | 23 | 24 | 25 | 26 | 27 |
|---|---|---|---|---|---|---|---|---|----|----|----|----|----|----|----|----|----|----|----|----|----|----|----|----|----|----|
| 1 | 2 | 3 | 4 | 5 | 6 | 7 | 8 | 9 | 10 | 11 | 12 | 13 | 14 | 15 | 16 | 17 | 18 | 19 | 20 | 21 | 22 | 23 | 24 | 25 | 26 | 27 |

### 3. PLC 电源供电电路

西门子 S7-1200PLC DC/DC/DC 由 DC 24V 供电。L+接 24V 电源正极，M 接 24V 电源正极，PE 接中性保护地。如图 7-2-5 所示。

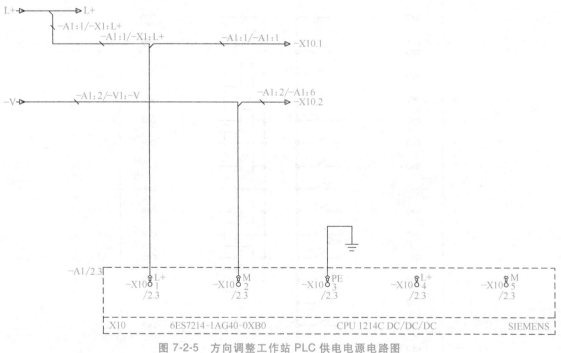

图 7-2-5  方向调整工作站 PLC 供电电源电路图

【引导问题 1】 识读工作站有关按钮或红外漫反射光电开关传感器接线电路图，找到金属检测传感器，简述该传感器的类型、功能。

_____

_____

_____

【技能训练3】　用万用表检查相关线路，测量绘制出这个传感器和 PLC 端子的接线电路图。

按钮开关及接近开关接线电路

## 4. 按钮开关及接近开关接线电路

电路图分析：

图 7-2-6 中，按钮及光电开关接线电路（1）中，S1 为三位按钮，3、4 端实现手动/自动

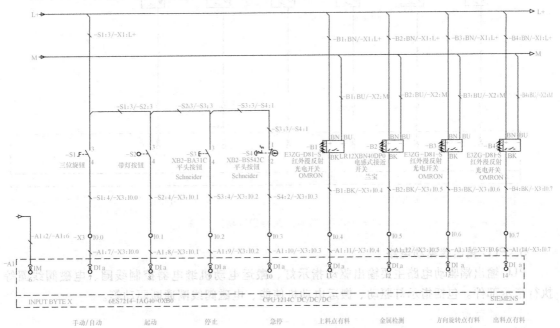

图 7-2-6　按钮开关、磁性开关、漫反射光电开关、电感式接近开关接线电路图

切换功能，一端接 PLC 的 I0.0 输入端子，另一端接 L+接线端。S2 为带灯按钮，实现起动自动和指示自动运行作用，接 PLC 的 I0.1 输入端。S3 为平头按钮，实现停止运行功能，接 PLC 的 I0.2 输入端。S4 是急停按钮，实现系统急停功能，接 PLC 的 I0.3 输入端。B1、B3、B4 是红外漫反射光电开关，作为上料点有料、方向旋转点有料和出料点有料的检测，采用三线制，BN 棕色线接 L+（24V）端，BU 蓝色线接 M（0V）端，BK 黑色线为信号输出端，分别接 PLC 的 I0.4、I0.6 和 I0.7 输入端。B2 为电感式接近开关，用于检测物料的当前面是否金属面。电感式接近开关采用三线制，BN 棕色线接 L+（24V）端，BU 蓝色线接 M（0V）端，BK 黑色线为信号输出端接，接 PLC 的 I0.5 输入端。

图 7-2-7 中，1B2、1B1 为磁性开关，用于检测 1#升降气缸是否抬起和落下到位，BN 棕色线接 L+（24V）端，BU 蓝色线接 PLC 的 I1.0、I1.1 输入端。2B2、2B1 为磁性开关，用于检测旋转气缸是在原位还是在旋转位，BN 棕色线接 L+（24V）端，BU 蓝色线接分别接 PLC 的 I1.2 端和 I1.3 端。5B1、5B2 为磁性开关，用于检测气爪是否抓紧和张开到位，BN 棕色线接 L+（24V）端，BU 蓝色线接分别接 PLC 的 I1.4 端和 I1.5 端。图 7-2-8 中，4B2、4B1 为磁性开关，用于检测推料气缸是否缩回和伸出到位，BN 棕色线接 L+（24V）端，BU 蓝色线接分别接 PLC 的 I2.0 端和 I2.1 端。3B1 为磁性开关，用于检测 2#升降气缸是否落下到位，BN 棕色线接 L+（24V）端，BU 蓝色线接 PLC 的 I2.3 输入端。S1 为三位旋钮，1、2 端作为复位按钮，接 PLC 的 I2.2 输入端，起到复位功能。

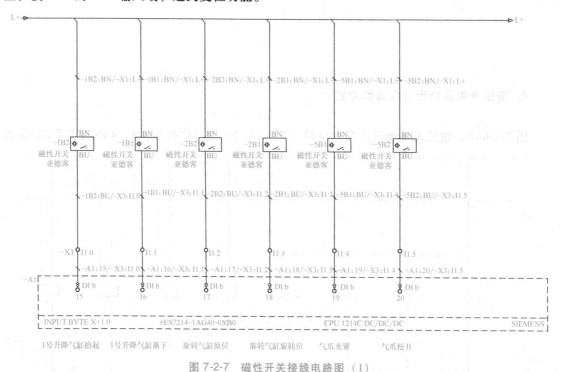

图 7-2-7  磁性开关接线电路图（1）

### 5. PLC 输出端驱动电路

PLC 输出端驱动电路主要输出驱动指示灯、搬运电动机继电器控制线圈、电磁阀线圈等执行指示部件。包括指示灯驱动、搬运电动机使能、电磁阀线圈通断驱动等。

电路图分析：

图 7-2-9 中，PLC 的 I/O 输出端 Q0.0 接 L1 为带灯按钮，由 Q0.0 驱动按钮灯亮或灭。K1

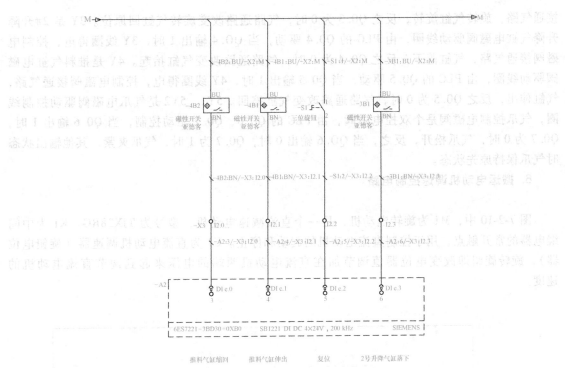

图 7-2-8　磁性开关接线电路图（2）

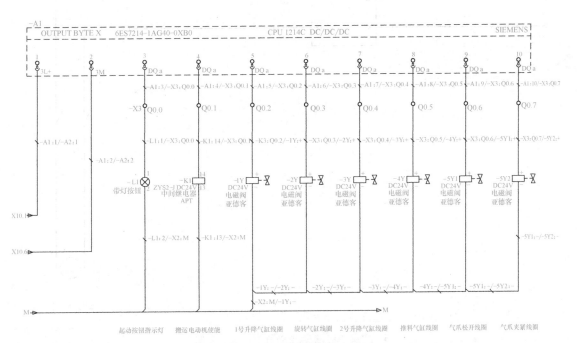

图 7-2-9　PLC 输出端驱动电路图

为搬运电动机使能中间继电器输出端，由 PLC 的 Q0.1 驱动，作为搬运电动机的使能输出。
1Y 是 1#升降气缸电磁阀驱动线圈，由 PLC 的 Q0.2 驱动，当 Q0.2 输出 1 时，1Y 线圈得电，
控制电磁阀接通气路，气缸落下，反之 Q0.2 为 0 时，气路通路改变气缸抬起。2Y 是旋转气
缸旋转电磁阀驱动线圈，由 PLC 的 Q0.3 驱动，当 Q0.3 输出 1 时，2Y 线圈得电，控制电磁阀

接通气路，旋转气缸旋转，反之 Q0.3 为 0 时，气路通路改变旋转气缸回原位。3Y 是 2#升降升降气缸电磁阀驱动线圈，由 PLC 的 Q0.4 驱动，当 Q0.4 输出 1 时，3Y 线圈得电，控制电磁阀接通气路，气缸落下，反之 Q0.4 为 0 时，气路通路改变气缸抬起。4Y 是推料气缸电磁阀驱动线圈，由 PLC 的 Q0.5 驱动，当 Q0.5 输出 1 时，4Y 线圈得电，控制电磁阀接通气路，气缸伸出，反之 Q0.5 为 0 时，气路通路改变气缸缩回。5Y1、5Y2 是气爪电磁阀驱动控制线圈，气爪控制电磁阀是个双控电磁阀，由 PLC 的 Q0.6、Q0.7 驱动控制，当 Q0.6 输出 1 时，Q0.7 为 0 时，气爪松开，反之，当 Q0.6 输出 0 时，Q0.7 为 1 时，气爪夹紧，其他输出状态时气爪保持原先状态。

### 6. 搬运电动机调速控制电路

电路图分析：

图 7-2-10 中，M1 为旋转电动机，是一个直流减速电动机，型号为 TJX38RG。K1 为中间继电器的常开触点，用于控制直流电动机的起动和停止。U1 为直流电动机调速器（旋钮电位器），旋转旋钮即改变电位器值调节加在直流电动机两端的电压来起到调节直流电动机的速度。

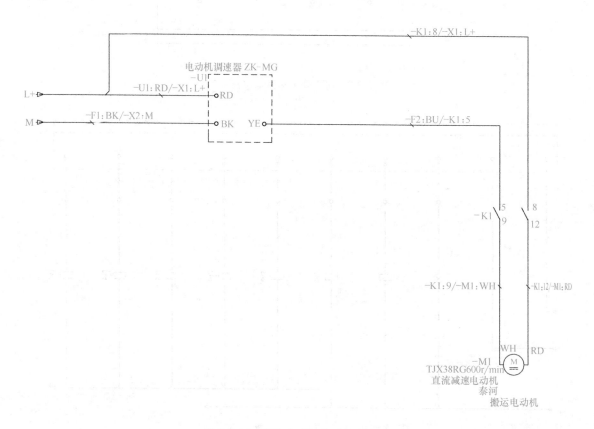

图 7-2-10　搬运电动机调速控制电路

【技能训练 4】　根据线号、通过使用万用表测量线路通断，将图 7-2-11 中的断路器与电源供电部分的电路补完整。

【技能训练 5】　根据电气原理图，将图 7-2-12 接近开关传感器与 PLC 连接的电气原理图虚线框内的电路补全。

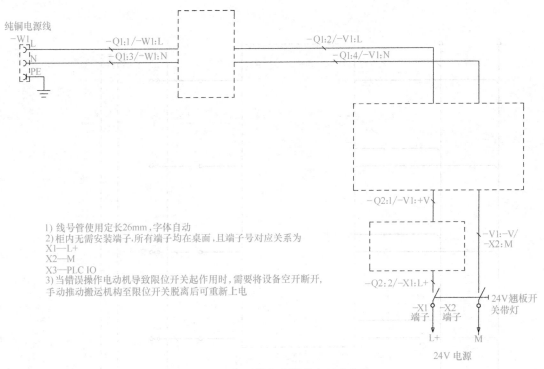

1) 线号管使用定长26mm,字体自动
2) 柜内无需安装端子,所有端子均在桌面,且端子号对应关系为
X1—L+
X2—M
X3—PLC IO
3) 当错误操作电动机导致限位开关起作用时,需要将设备空开断开,
手动推动搬运机构至限位开关脱离后可重新上电

图 7-2-11　断路器与电源供电部分电路

【技能训练6】　在了解各部位的功能后,在电气柜安装的过程中,需要对每个盘面上每个元器件的位置进行确认,绘制出电气布局图。

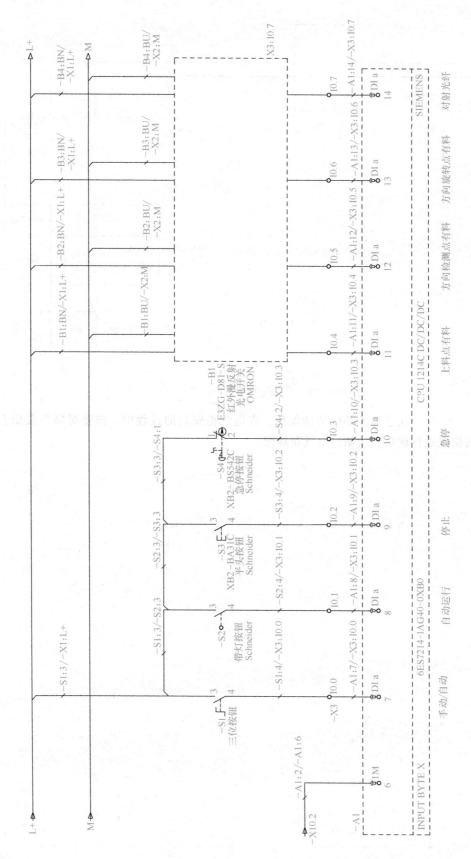

图 7-2-12 接近开关传感器与 PLC 连接的电气原理图

## 任务评价与反馈

教师对学生工作过程与任务结果进行评价，并将评价结果填入表 7-2-3 中。

表 7-2-3　任务综合评价表

| 班级： | | 姓名： | | 学号： | | | |
|---|---|---|---|---|---|---|---|
| 任务名称 | | | | | | | |
| 评价项目 | | 等　级 | | | | 分值 | 得分 |
| 考勤(10%) | | 无无故旷课、迟到、早退现象 | | | | 10 | |
| 工作过程<br>(60%) | 资料收集与学习 | 资料收集齐全完整，能完整学习相关资料并能正确理解知识内容 | | | | 5 | |
| | 引导问题回答 | 能正确回答所有引导问题并能有自己的理解和看法 | | | | 5 | |
| | 过程任务训练 | 技能训练1　气动回路图元件符号识别 | | | | 5 | |
| | | 技能训练2　工作站端子接线图 | | | | 5 | |
| | | 技能训练3　绘制传感器和 PLC 接线端子图 | | | | 5 | |
| | | 技能训练4　补全电路1 | | | | 5 | |
| | | 技能训练5　补全电路2 | | | | 5 | |
| | | 技能训练6　绘制布局图 | | | | 5 | |
| | 工作态度 | 态度端正，工作认真、主动 | | | | 5 | |
| | 协调能力 | 与小组成员、同学之间能合作交流，协同工作 | | | | 5 | |
| | 职业素养 | 能做到安全生产，文明操作，保护环境，爱护设备设施 | | | | 10 | |
| 任务成果<br>(30%) | 工作完整 | 能按要求完成所有学习任务 | | | | 10 | |
| | 操作规范 | 能按照设备及实训室要求规范操作 | | | | 5 | |
| | 任务结果 | 引导问题回答完整，按要求完成技能训练内容，成果提交完整 | | | | 15 | |
| 合计 | | | | | | 100 | |

## 任务小结

总结本任务学习过程中的收获、体会及存在的问题，并记录到下面空白处。

_____

_____

_____

_____

# 任务7.3　方向调整工作站的硬件安装与调试

## 任务工单

任务 7.3　方向调整
工作站安装与调试

| 任务名称 | | | 姓名 | |
|---|---|---|---|---|
| 班级 | | 组号 | 成绩 | |
| 工作任务 | ◆ 扫描二维码，观看方向调整工作站运行视频<br>◆ 学习相关知识点，完成引导问题<br>◆ 通过任务 7.2 的工作站气动回路图和电气原理图，制定装调计划，完成工作站气路连接和电路连接<br>◆ 扫描二维码，下载方向调整工作站测试程序，完成硬件功能测试<br>◆ 完成工作站安装调试报告的编写 | | <br>方向调整　　方向调整<br>工作站运　　工作站测<br>行视频　　　试程序 | |

综合自动化系统安装与调试

（续）

| | |
|---|---|
| 任务目标 | **知识目标**<br>• 掌握常用装调工具和仪器的使用方法<br>• 掌握机电设备安装调试技术标准<br>• 掌握设备安装调试安全规范<br>• 掌握气缸的安装调试方法<br>**能力目标**<br>• 能够正确识读电气图<br>• 能够制定设备装调工作计划<br>• 能够正确使用常用的机械装调工具<br>• 能够正确使用常用的电工工具、仪器<br>• 会正确使用机械、电气安装工艺规范和相应的国家标准<br>• 能够编写安装调试报告<br>**素质目标**<br>• 良好的协调沟通能力、团队合作及敬业精神<br>• 良好的职业素养，遵守实践操作中的安全要求和规范操作注意事项<br>• 勤于思考、善于探索的良好学习作风<br>• 勤于查阅资料、善于自学、善于归纳分析 |
| 任务准备 | **工具准备**<br>• 扳手（17#）、螺丝刀（一字/内六角）、斜口钳、尖嘴钳、压线钳、剥线钳、网线钳、万用表<br>**技术资料准备**<br>• 智能自动化工厂综合实训平台各工作站的技术资料，包括工艺概览、组件列表、输入输出列表、电气原理图<br>**材料准备**<br>• 气管、气管接头、尼龙扎带、螺栓、螺母、导线、接线端子等<br>**环境准备**<br>• 实践安装操作场所和平台 |

| | 职务 | 姓名 | 工作内容 |
|---|---|---|---|
| 任务分配 | 组长 | | |
| | 组员 | | |
| | 组员 | | |

## 任务资讯与实施

### 7.3.1 制定工作方案

【技能训练 1】 将方向调整工作站的安装调试流程步骤及工作内容填入表 7-3-1 中。

【技能训练 2】 将所需仪表、工具、耗材和器材等清单填入表 7-3-2 中。

表 7-3-1　工作站安装调试工作方案

| 序号 | 步骤 | 工作内容 | 负责人 |
|---|---|---|---|
| 1 | | | |
| 2 | | | |
| 3 | | | |
| 4 | | | |
| 5 | | | |
| 6 | | | |
| 7 | | | |
| 8 | | | |
| 9 | | | |
| 10 | | | |
| 11 | | | |
| 12 | | | |

表 7-3-2　工作站安装调试工具耗材清单

| 序号 | 名称 | 型号与规格 | 单位 | 数量 | 备注 |
|---|---|---|---|---|---|
| 1 | | | | | |
| 2 | | | | | |
| 3 | | | | | |
| 4 | | | | | |
| 5 | | | | | |
| 6 | | | | | |

## 7.3.2　工作站安装调试过程

### 1. 调试准备

（1）识读气动和电气原理图，明确线路连接关系

（2）按图样要求选择合适的工具和零部件

（3）确保安装平台及零部件洁净

### 2. 零部件安装

（1）机械本体安装

（2）气缸的安装

① 双轴气缸的使用与安装如图 7-3-1 所示。

使用六角扳手将图中夹具在固定位置的螺栓拧紧即可，使用同样方法安装顶面、前面与底面，如图 7-3-2 所示。

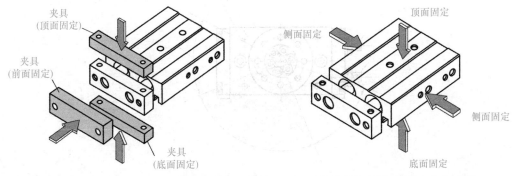

图 7-3-1　夹具固定方位示意图　　　　图 7-3-2　气缸固定方位示意图

使用六角扳手将图中需要固定位置的螺栓拧紧即可，使用同样方法安装顶面、侧面、底面，如图7-3-3所示。

② 旋转气缸的使用与安装如图7-3-4所示。

图7-3-3　实际工作站安装位置

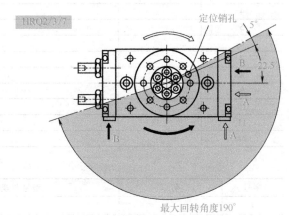

图7-3-4　旋转气缸安装位置

以旋转定位销孔为基准，最大转角范围如图7-3-5，最大转角为190°。

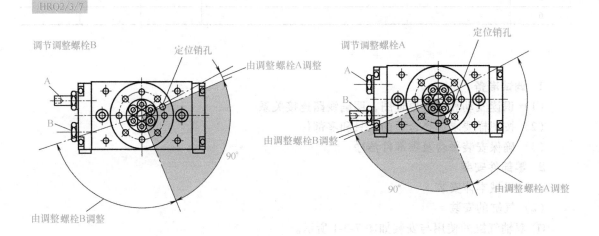

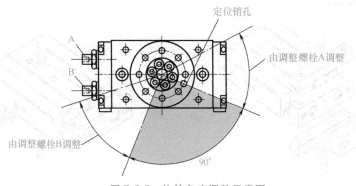

图7-3-5　旋转角度调整示意图

在方向调整站中，旋转气缸工作是为了将物料旋转 180°，而调整气缸旋转角度如图 7-3-5 所示，使用六角扳手拧紧或者拧松螺栓 A、B 即可。

旋转气缸在工作站实际的安装位置如图 7-3-6 所示。

③ 笔形气缸的使用与安装如图 7-3-7 所示。

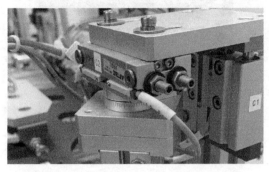

图 7-3-6　旋转气缸在工作站实际安装位置

图 7-3-7　笔形气缸实际安装位置

包括气路电磁阀安装，工件检测传感器安装，接线端口安装。

**3. 回路连接与接线**

根据气动原理图与电气控制原理图进行回路连接与接线。

**4. 系统连接**

1）PLC 控制板与铝合金工作平台连接。

2）PLC 控制板与控制面板连接。

3）PLC 控制板与电源连接。4mm 的安全插头插入电源插座中。

4）PLC 控制板与 PC 连接。

5）电源连接。工作站所需电压为：DC 24V（最大 5A）。PLC 板的电压与工作站一致。

6）气动系统连接。将气泵与过滤调压组件连接。在过滤调压组件上设定压力为：0.6MPa。

**5. 传感器等测试器件的调试**

（1）接近式传感器

（2）磁性开关安装和调节

在 3 种气缸都安装好之后，还需要调节气缸上的磁性开关，调节方法很简单，在气缸不进气的情况下，手动使气缸动作，如图 7-3-8 所示。

气缸推杆下行、上行到合适位置时，使用一字螺钉旋具去调整磁性开关位置，例如下行到合适位置时，往下拖拽下限位磁性开关，使其指示灯亮起然后固定即可，如图 7-3-9 所示。

将物料放置旋转气缸正下方，与物料平行且气爪能抓起物料为 0 刻度线，此时拖拽前限位磁性开关使其亮起然后固定即可；旋转 180° 后，拖拽后限位磁性开关使其亮起然后固定即可，如图 7-3-10 所示。

手动拉出气缸推杆，到合适位置时拖拽前限位磁性开关使其亮起然后固定即可；手动推回气缸，到初始位置时拖拽后限位磁性开关使其亮起然后固定即可。

**6. 气路调试**

单向节流阀用于控制双作用气缸的气体流量，进而控制气缸活塞伸出和缩回的速度。在相反方向上，气体通过单向阀流动。

**7. 系统整体调试**

（1）外观检查

图 7-3-8  双轴气缸磁性开关调节

图 7-3-9  旋转气缸磁性开关调节

图 7-3-10  笔形气缸磁性开关调节

在进行调试前，必须进行外观检查！在开始起动系统前，必须检查：电气连接、气源、机械元件（损坏与否，连接牢固与否）。在起动系统前，要保证工作站没有任何损坏！

（2）设备准备情况检查

已经准备好的设备应该包括：装调好的供料单元工作平台，连接好的控制面板、PLC 控制板、电源、装有 PLC 编程软件的 PC，连接好的气源等。

（3）下载测试程序

设备所用控制器一般为 S7-1200 。

设备所用编程软件一般为 TIA 博途 V16 或更高版本。

【技能训练 3】  完成安装与调试表 7-3-3 的填写。

表 7-3-3  安装与调试完成情况

| 序号 | 内　容 | 计划时间 | 实际时间 | 完成情况 |
|---|---|---|---|---|
| 1 | 制定工作计划 | | | |
| 2 | 制定安装计划 | | | |
| 3 | 工作准备情况 | | | |
| 4 | 清单材料填写情况 | | | |
| 5 | 机械部分安装 | | | |
| 6 | 气路安装 | | | |
| 7 | 传感器安装 | | | |
| 8 | 连接各部分器件 | | | |
| 9 | 按要求检查点检 | | | |
| 10 | 各部分设备测试情况 | | | |
| 11 | 问题与解决情况 | | | |
| 12 | 故障排除情况 | | | |

**任务评价与反馈**

教师对学生工作过程与任务结果进行评价,并将评价结果填入表7-3-4中。

表 7-3-4 综合评价表

班级:                姓名:                学号:

| 任务名称 | | | |
|---|---|---|---|
| 评价项目 | 等 级 | 分值 | 得分 |
| 考勤(10%) | 无无故旷课、迟到、早退现象 | 10 | |
| 工作过程<br>(60%) 资料收集与学习 | 资料收集齐全完整,能完整学习相关资料并能正确理解知识内容 | 5 | |
| 引导问题回答 | 能正确回答所有引导问题并能有自己的理解和看法 | 5 | |
| 任务实施 | 技能训练1 安装调试方案制定 | 10 | |
| | 技能训练2 工作站安装调试工具耗材清单 | 5 | |
| | 技能训练3 安装与调试完成情况记录 | 15 | |
| 工作态度 | 态度端正,工作认真、主动 | 5 | |
| 协调能力 | 与小组成员、同学之间能合作交流,协同工作 | 5 | |
| 职业素养 | 能做到安全生产,文明操作,保护环境,爱护设备设施 | 10 | |
| 任务成果<br>(30%) 工作完整 | 能按要求完成所有学习任务 | 10 | |
| 操作规范 | 能按照设备及实训室要求规范操作 | 5 | |
| 任务结果 | 知识学习完整、正确理解,工作站气路电路安装规范正确,成果提交完整 | 15 | |
| 合计 | | 100 | |

**任务小结**

总结本任务学习过程中的收获、体会及存在的问题,并记录到下面空白处。

_____

_____

_____

_____

_____

## 任务 7.4 方向调整工作站的控制程序设计与调试

**任务工单**

| 任务名称 | | | | 姓名 | |
|---|---|---|---|---|---|
| 班级 | | 组号 | | 成绩 | |
| 工作任务 | ◆ 完成单站 I/O 列表绘制<br>◆ 完成电动机项目模块化、气缸项目结构化编程和调试<br>◆ 完成工作站初始化复位和系统运行程序 | | | | |
| 任务目标 | 知识目标<br>• 了解组织块 OB、函数块 FB/函数 FC、数据块 DB<br>• 掌握 I/O 列表绘制方法<br>• 掌握线性化编程、模块化编程、结构化编程方法 | | | | |

| | 能力目标 |
|---|---|
| 任务目标 | 能力目标<br>• 能使用组织块调用函数块 FB 及函数 FC 编写程序<br>• 能够使用线性化编程、模块化编程、结构化编程方法编写单站的程序<br>素质目标<br>• 安全意识：严格遵守操作规范和操作流程<br>• 自主学习：主动完成任务内容，提炼学习重点<br>• 团结合作：主动帮助同学、善于协调工作关系<br>• 工匠精神：培养一丝不苟、严谨细致、勇于探索的学习态度，精益求精、认真细致的工作态度，培育爱岗敬业的专业素质 |
| 任务准备 | 软硬件环境<br>• 计算机 1 台，作为工程组态站<br>• TIA 博途软件平台里的 SIMATIC STEP 7 软件—V15 SP1 及以上版本<br>智能产线综合实训平台—标准版及以上版本<br>资料准备<br>• 智能产线供料工作站操作指导手册 1 份 |

| | 职务 | 姓名 | 工作内容 |
|---|---|---|---|
| 任务分配 | 组长 | | |
| | 组员 | | |
| | 组员 | | |

**任务资讯与实施**

【技能训练 1】 观察工作站运行过程，用流程图描述该站的工艺过程分析。

## 7.4.1 方向调整工作站工作逻辑功能图（见图7-4-1）

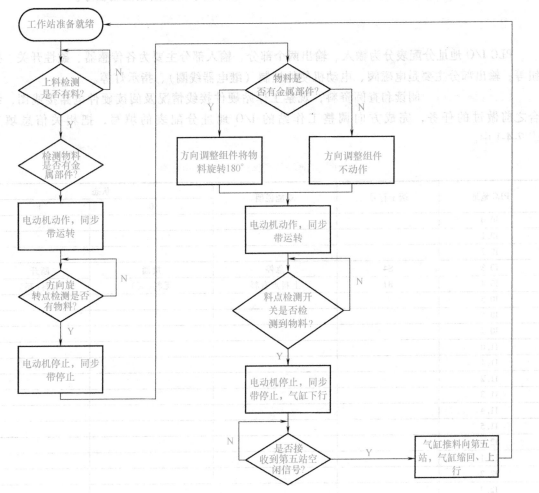

图 7-4-1 方向调整工作站工作逻辑功能图

## 7.4.2 工作站控制程序分析

在编程时，我们使用的是结构化编程，根据工作站的运行逻辑，让每个功能的实现都有单独的块或者程序段去实现，这样的程序结构层次分明，互不干扰，并且便于设计与维护。气缸在方向调整站的作用很重要，是整个工作站运行流畅的保证，因此我们必须掌握对气缸的一些简单编程使用，任务如下：

### 子任务一　通过编程实现气缸的旋转与上下行

通过博途结构化语言编程，实现当方向旋转点检测到物料金属面时，气缸下行并且夹起物料，将物料旋转180°，放下物料，气缸上行，旋转气缸复位；没有检测到物料金属面时，气缸不动作。

### 子任务二　通过编程实现笔形气缸的上下行与推杆的伸出、缩回

通过结构化语言编程，实现当料点检测开关检测到物料时，气缸下行，气杆推出，推走

物料后，气杆缩回，气缸上行。

另外还有和前面工作站类似的就是工作站之间通信程序以及按钮控制程序。

### 7.4.3 工作站 PLC I/O 地址分配

PLC I/O 地址分配表分为输入、输出两个部分，输入部分主要为各传感器、磁性开关、按钮等；输出部分主要是电磁阀、电动机使能控制（继电器线圈）、指示灯等。

【技能训练2】 阅读和查阅资料，观察工作站硬件接线情况及阅读硬件电路接线图，结合之前做过的任务，完成方向调整工作站的 I/O 地址分配表的填写，把相关信息填入表 7-4-1 中。

表 7-4-1　方向调整工作站 I/O 地址分配表

| PLC 地址 | 端子符号 | 功能说明 | 状态 | |
|---|---|---|---|---|
| | | | 0 | 1 |
| I0.0 | | | | |
| I0.1 | | | | |
| I0.2 | | | | |
| I0.3 | S4 | 急停 | 接通 | 断开 |
| I0.4 | B1 | 上料点有料 | 无料（灭） | 有料（亮） |
| I0.5 | | | | |
| I0.6 | | | | |
| I0.7 | | | | |
| I1.0 | | | | |
| I1.1 | | | | |
| I1.2 | | | | |
| I1.3 | | | | |
| I1.4 | | | | |
| I1.5 | | | | |
| I2.0 | | | | |
| I2.1 | | | | |
| I2.2 | | | | |
| I2.3 | | | | |
| Q0.0 | | | | |
| Q0.1 | | | | |
| Q0.2 | | | | |
| Q0.3 | | | | |
| Q0.4 | | | | |
| Q0.5 | | | | |
| Q0.6 | 5Y1 | 气爪松开线圈 | / | 松开 |
| Q0.7 | 5Y2 | 气爪夹紧线圈 | / | 夹紧 |

说明：I/O 地址不是绝对的，需要根据实际硬件组态的地址空间而定

### 7.4.4 工作站 PLC 程序设计

使用结构化的设计方法，每个功能由单独的函数块实现，尽可能地使函数块之间互不干扰。这种方法既可以降低开发和维护的难度，又可以方便多人协作开发。根据前面的控制任务程序分析，按结构化编程方法，把控制程序分为 3 个大的功能模块，气缸控制及其他功能模块嵌入到其中来实现工作站相应功能。

各函数块特性见表 7-4-2。

194

表 7-4-2 函数块特性

| 块名称 | 块类型 | 功 能 描 述 |
|--------|--------|------------|
| button | FC | 实现手动与自动切换的功能块 |
| putget | FC | 工作站联调时用来接受下一站信号的功能块 |
| SFC | FC | 工作站工作流程的程序即运行逻辑程序块 |

【技能训练 3】 创建新项目、设备组态。

1）在 STEP7 中创建一个新的项目。双击 TIA 博途 V15，默认启动选项，选择"创建新项目"，输入项目名称，选择路径，如图 7-4-2 所示。

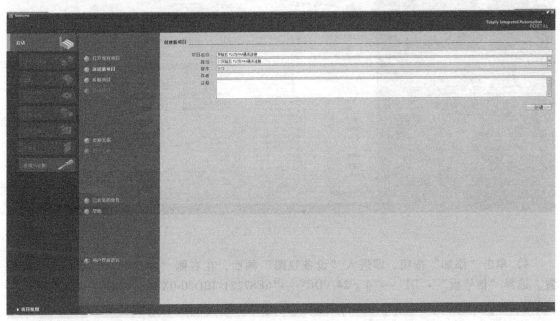

图 7-4-2 创建新项目

2）单击"创建"按钮，出现"开始"菜单选项，选择"组态设备"，如图 7-4-3 所示。

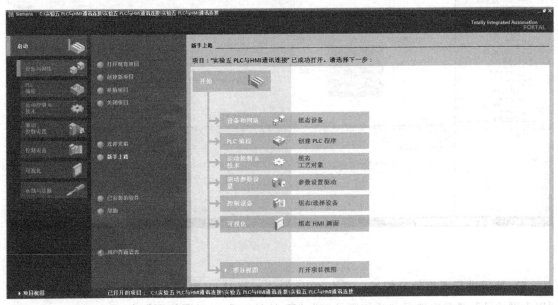

图 7-4-3 组态设备

3）出现"设备与网络"菜单，选择"添加新设备"选项，进行 CPU 组态。单击 PLC，SIMATIC S7-1200→"CPU"→"CPU 1214C DC/DC/DC"→"6ES7 214-1AG40-0XB0"，硬件版本选择 V4.0（这里必须根据实际硬件版本选择，否则后续下载会出错），如图 7-4-4 所示。

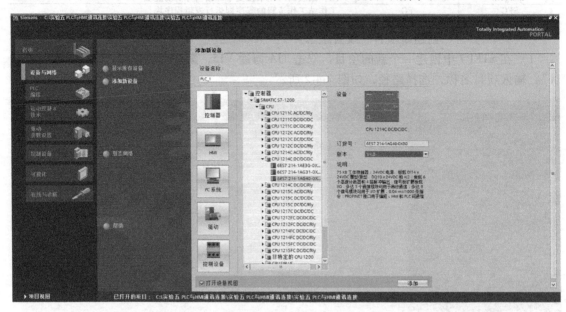

图 7-4-4　CPU 组态

4）单击"添加"按钮，即进入"设备视图"画面，在右侧"硬件目录"进行信号板配置。选择"信号板"→"DI"→"4 x 24 VDC"→"6ES7221-3BD30-0XB0"。如图 7-4-5 所示。

图 7-4-5　信号板组态

5）然后进行通信地址配置，选中 CPU 的"网线接口"，在"属性"选项卡中，在"以太网地址"选项中选择"添加新子网"，"IP 地址"和"子网掩码"修改为"192.168.0.4"

和"255.255.255.0"即可（若各试验台间连接到同一局域网，则 IP 地址不能相同），如图 7-4-6 所示。

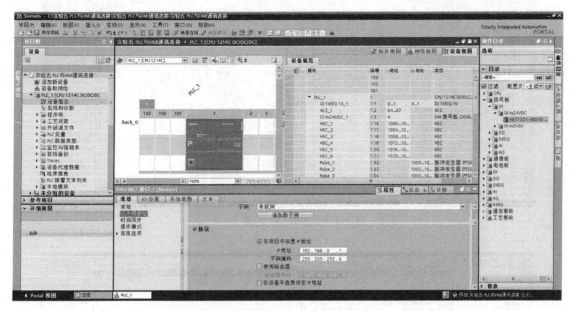

图 7-4-6　以太网 IP 配置

【技能训练 4】　PLC 变量表建立。

单击"PLC 变量-添加新的表量表"，根据前面分配的 PLC I/O 地址表，命名为"station4 IO"将方向调整站的 I/O 点以及后面编程所用的中间变量添加进去。如图 7-4-7、图 7-4-8 和图 7-4-9 所示。

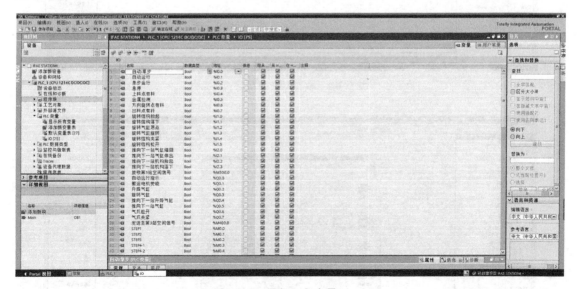

图 7-4-7　添加 I/O 变量（一）

【技能训练 5】　工作站控制程序编写。

下面开始编写程序，首先在程序块中添加 3 个 FC 块，供主程序块调用，单击程序块中的添加模块，选择 FC 块，依次添加，分别命名为"putget、button、SFC"。如图 7-4-10 所示。

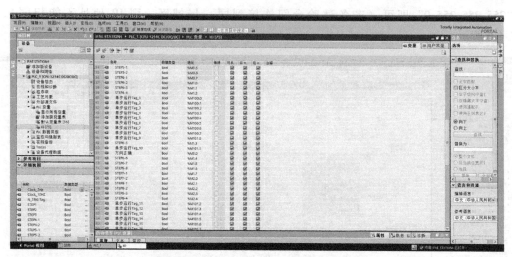

图 7-4-8 添加 I/O 变量（二）

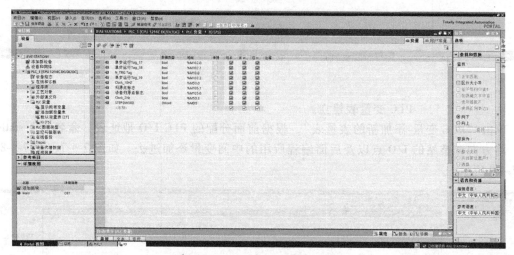

图 7-4-9 添加 I/O 变量（三）

图 7-4-10 添加 FC 块

### 1. "put get" FC 块程序

此程序段的作用是在第三站与第四站联调时，用来接受第五站空闲信号，触发第四站推杆动作；用来发生第四站空闲信号，触发第三站推杆动作，如图 7-4-11 所示。

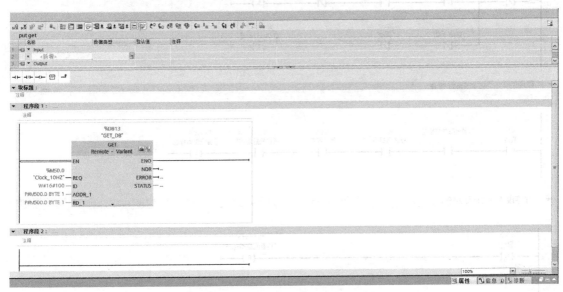

图 7-4-11 "put get" FC 块程序

注意，要使用"PUTGET"指令，要将 PLC 的时钟存储器功能勾选上，单击左侧的设备组态，双击 PLC 模块，单击"设备组态-PLC_1-常规-脉冲发生器-系统和时钟存储器"，勾选上即可。如图 7-4-12 所示。

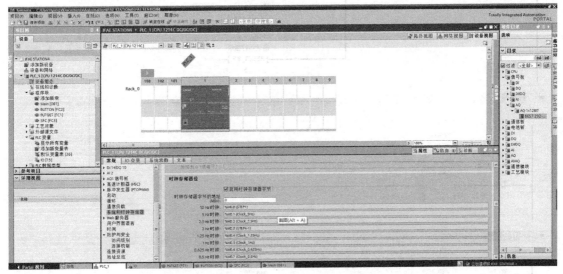

图 7-4-12 时钟存储器功能勾选

### 2. "button" FC 块程序（见图 7-4-13）

### 3. SFC 块程序编写

（1）绘制顺序功能图

【技能训练6】 根据工作站工作流程图，绘制方向调整工作站顺序功能图。

199

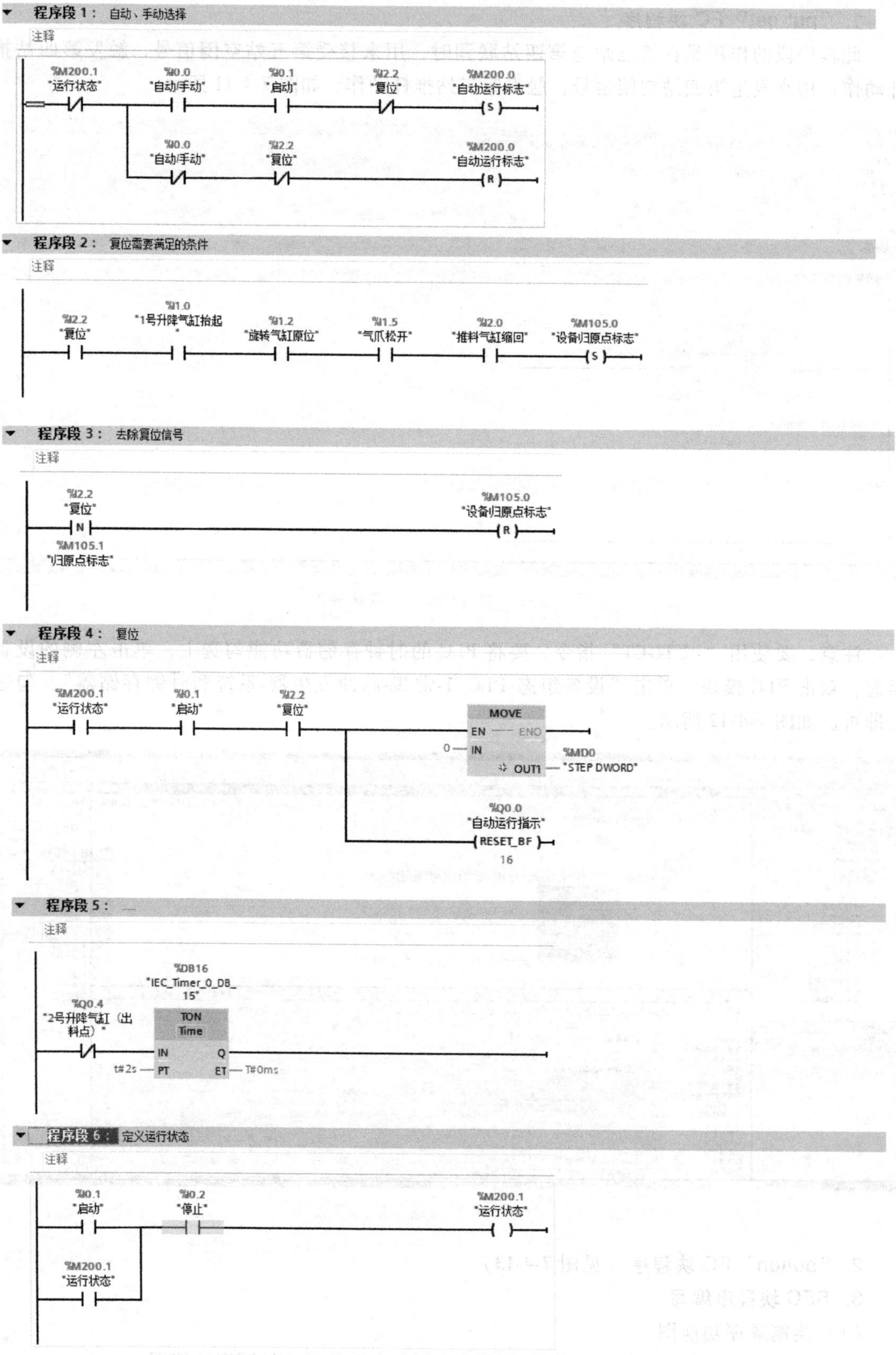

▼ **程序段 1：** 自动、手动选择

注释

```
%M200.1        %I0.0      %I0.1      %I2.2       %M200.0
"运行状态"      "自动/手动"  "启动"     "复位"      "自动运行标志"
──┤/├──┬──────┤├────────┤├────────┤/├─────────( S )──
        │
        │      %I0.0      %I2.2                  %M200.0
        │     "自动/手动"  "复位"                 "自动运行标志"
        └──────┤├────────┤├───────────────────( R )──
```

▼ **程序段 2：** 复位需要满足的条件

注释

```
%I2.2        %I1.0          %I1.2       %I1.5       %I2.0        %M105.0
"复位"     "1号升降气缸抬起" "旋转气缸原位" "气爪松开"  "推料气缸缩回"  "设备归原点标志"
──┤├────────┤├──────────────┤├──────────┤├──────────┤├──────────( S )──
```

▼ **程序段 3：** 去除复位信号

注释

```
%I2.2                                               %M105.0
"复位"                                              "设备归原点标志"
──┤N├────────────────────────────────────────────( R )──
%M105.1
"归原点标志"
```

▼ **程序段 4：** 复位

注释

```
%M200.1    %I0.1     %I2.2
"运行状态"  "启动"    "复位"                    MOVE
──┤├───────┤├───────┤├────────┬──────────  EN ── ENO
                              │          0 ─ IN
                              │                      %MD0
                              │                ⇥ OUT1 ─ "STEP DWORD"
                              │
                              │             %Q0.0
                              │            "自动运行指示"
                              └───────────( RESET_BF )──
                                                16
```

▼ **程序段 5：** ....

注释

```
                        %DB16
                      "IEC_Timer_0_DB_
                            15"
    %Q0.4
  "2号升降气缸(出          TON
    料点)"                Time
  ──┤/├─────────────── IN      Q
                 t#2s ─ PT     ET ─ T#0ms
```

▼ **程序段 6：** 定义运行状态

注释

```
%I0.1      %I0.2                              %M200.1
"启动"     "停止"                             "运行状态"
──┤├──┬───┤/├────────────────────────────────( )──
      │
      │ %M200.1
      │ "运行状态"
      └──┤├──
```

图 7-4-13　buttonFC 程序块参考程序

（2）由顺序功能图，转化成 PLC 梯形图程序，编写出 SFC 函数块

### 4．编写 main 函数

在 main 函数中调用其他函数。PLC 在运行时，只扫描 main 函数，其他的函数必须在 main 函数中调用才能执行。

【技能训练7】　工作站程序下载及调试。

### 5．编译、下载到设备

完成程序编写后，对程序进行调序，无错误的情况下，才允许下载到 PLC。

### 6．调试程序

下载完程序后，对设备进行试运行，在调试过程中对发现的问题进行处理，待多次运行无异常后才算完成任务。

## 任务评价与反馈

教师对学生工作过程与任务结果进行评价，并将评价结果填入表 7-4-3 中。

表 7-4-3　任务综合评价表

| 班级： | | 姓名： | 学号： | | |
|---|---|---|---|---|---|
| | 任务名称 | | | | |
| | 评价项目 | 等　级 | | 分值 | 得分 |
| 考勤（10%） | | 无无故旷课、迟到、早退现象 | | 10 | |
| 工作过程（70%） | 资料收集与学习 | 资料收集齐全完整，能完整学习相关资料并能正确理解知识内容 | | 10 | |
| | 过程技能训练任务 | 技能训练1　工作站流程图绘制 | | 2 | |
| | | 技能训练2　PLC I/O 地址表填写完整 | | 2 | |
| | | 技能训练3　创建项目，设备组态 | | 1 | |
| | | 技能训练4　PLC变量表建立 | | 2 | |
| | | 技能训练6　顺序功能图绘制 | | 2 | |
| | | 技能训练7　编译下载及调试程序 | | 1 | |
| | 工作站编程任务（技能训练5） | 子任务1　初始化回零[具体评分标准见下页"工作站编程任务评分表（S4-方向调整工作站）"] | | 10 | |
| | | 子任务2　系统运行[具体评分标准见下页"工作站编程任务评分表（S4-方向调整工作站）"] | | 30 | |
| | 工作态度 | 态度端正，工作认真、主动 | | 2 | |
| | 协调能力 | 与小组成员、同学之间能合作交流，协同工作 | | 3 | |
| | 职业素养 | 能做到安全生产，文明操作，保护环境，爱护设备设施 | | 5 | |
| 任务成果（20%） | 工作完整 | 能按要求完成所有学习任务 | | 5 | |
| | 操作规范 | 能按照设备及实训室要求规范操作 | | 5 | |
| | 任务结果 | 知识学习完整、正确理解，成果提交完整 | | 10 | |
| 合计 | | | | 100 | |

## 任务小结

总结本任务学习过程中的收获、体会及存在的问题，并记录到下面空白处。

## 工作站编程任务评分表（S4-方向调整工作站）

### 子任务一　初始化回零

整个系统在任意状态下，通过操作面板执行相应的动作，使其恢复到初始状态。

| 编号 | 任 务 要 求 | 分值 | 得分 |
|---|---|---|---|
| 1 | 自动运行指示灯以 2Hz 的频率闪烁直到回零动作全部完成 | 1.6 | |
| 2 | 终态时:同步带驱动电动机停止运行 | 1.4 | |
| 3 | 终态时:推向下一站气缸缩回 | 1.4 | |
| 4 | 终态时:旋转气缸在原位 | 1.4 | |
| 5 | 终态时:气爪松开 | 1.4 | |
| 6 | 终态时:1 号升降气缸抬起 | 1.4 | |
| 7 | 终态时:2 号升降气缸抬起 | 1.4 | |

### 子任务二　系统运行

根据单步运行与自动运行的设计要求，完成本工作站相应的控制功能。

| 编号 | 任 务 要 求 | 分值 | 得分 |
|---|---|---|---|
| | 进入单步运行模式后,完成以下动作序列: | | |
| 1 | 上料点 B1 检测到物料后,电感式接近开关 B2 检测物料接近面(与 B2 相邻的面)上是否有金属部件,并记录结果,按下起动按钮,同步驱动电动机 M1 起动,带动同步带上物料向右移动<br>要求:当 B1 检测到物料时,B2 必须执行检测 | 2 | |
| 2 | 当物料移动到方向旋转点 B3 时,电动机 M1 停止运行 | 1.3 | |
| 3 | 将金属检测的结果做分析,结果为有金属执行旋转;结果为无金属不执行旋转。无旋转过程为 4~8 步骤,有旋转过程为 9~21 步骤 | 1.3 | |
| 4 | 按下起动按钮,电动机 M1 起动,带动物料向右运行,当物料到达出料口 B4 后(B4 的下降沿),电动机 M1 停止运行 | 1.3 | |
| 5 | 按下起动按钮,2 号升降气缸落下 | 1.3 | |
| 6 | 2 号升降气缸落下到位后,按下起动按钮,推料气缸伸出 | 1.3 | |
| 7 | 推料气缸伸出到位后,按下起动按钮,推料气缸缩回 | 1.3 | |
| 8 | 推料气缸缩回到位后,按下起动按钮,2 号升降气缸抬起,跳转至 22 | 1.3 | |
| 9 | 结果为有金属,按下起动按钮,1 号升降气缸落下 | 1.3 | |
| 10 | 1 号升降气缸落下到位后,按下起动按钮,气爪夹紧 | 1.3 | |
| 11 | 气爪夹紧到位后,按下起动按钮,1 号升降气缸提升 | 1.3 | |
| 12 | 1 号升降气缸提升到位后,按下起动按钮,旋转气缸旋转 | 1.3 | |
| 13 | 旋转气缸旋转到位后,按下起动按钮,1 号升降气缸落下 | 1.3 | |
| 14 | 1 号升降气缸落下到位后,按下起动按钮,气爪松开 | 1.3 | |
| 15 | 气爪松开到位后,按下起动按钮,1 号升降气缸抬起 | 1.3 | |
| 16 | 1 号升降气缸抬起到位后,按下起动按钮,旋转气缸回原位 | 1.3 | |
| 17 | 旋转气缸在原位后,按下起动按钮,电动机 M1 带动输送带向右运行,当物料到达出料口 B4 后(B4 的下降沿),电动机 M1 停止运行 | 1.3 | |
| 18 | 按下起动按钮,2 号升降气缸落下 | 1.3 | |
| 19 | 2 号升降气缸落下到位后,按下起动按钮,推料气缸伸出 | 1.3 | |
| 20 | 推料气缸伸出到位后,按下起动按钮,推料气缸缩回 | 1.3 | |
| 21 | 推料气缸缩回到位后,按下起动按钮,2 号升降气缸抬起 | 1.3 | |
| 22 | 系统能重复 1~21 之间的操作 | 2 | |

# 项目8 产品组装工作站的安装与调试

| 项目8 产品组装工作站的安装与调试 | 学时：8学时 |
|---|---|

## 学习目标

**知识目标：**

（1）掌握产品组装工作站的结构组成和工艺要求

（2）掌握产品组装工作站的气动回路图和电气原理图的识读方法

（3）掌握产品组装工作站的机械安装和电气安装流程

（4）掌握产品组装工作站PLC程序的编写和调试方法

**能力目标：**

（1）能够正确认识产品组装工作站的主要组成部件及绘制工作流程

（2）能识读和分析产品组装工作站的气动回路图和电气原理图及安装接线图

（3）能够根据安装图样正确连接工作站的气路和电路

（4）能够根据产品组装工作站的工艺要求进行软硬件的调试和故障排除

**素质目标：**

（1）学生应树立职业意识，并按照企业的"8S"（整理、整顿、清扫、清洁、素养、安全、节约、学习）质量管理体系要求自己

（2）操作过程中，必须时刻注意安全用电，严禁带电作业，严格遵守电工安全操作规程

（3）爱护工具和仪器仪表，自觉地做好维护和保养工作

（4）具有吃苦耐劳、严谨细致、爱岗敬业、团队合作、勇于创新的精神，具备良好的职业道德

## 教学重点与难点

**教学重点：**

（1）产品组装工作站的气路和电路连接

（2）产品组装工作站的PLC控制程序设计

**教学难点：**

（1）产品组装工作站的气路和电路故障诊断和排除

（2）产品组装工作站的软件PLC程序故障分析和排除

（续）

| 任务名称 | 任务目标 |
|---|---|
| 任务 8.1　认识产品组装工作站组成及工作流程 | （1）掌握产品组装工作站的主要结构和部件功能<br>（2）了解产品组装工作站的工艺流程，并绘制工艺流程图 |
| 任务 8.2　识读与绘制产品组装工作站系统电气图 | （1）能够看懂产品组装工作站的气动控制回路的原理图<br>（2）能够看懂产品组装工作站的电路原理图 |
| 任务 8.3　产品组装工作站的硬件安装与调试 | （1）掌握产品组装工作站的气动控制回路的布线方法和安装调试规范<br>（2）能根据气路原理图完成产品组装工作站的气路连接与调试<br>（3）掌握产品组装工作站的电路控制回路的布线方法和安装调试规范<br>（4）能根据电路原理图完成产品组装工作站的电路连接与调试 |
| 任务 8.4　产品组装工作站的控制程序设计与调试 | （1）掌握产品组装工作站的主要动作过程和工艺要求<br>（2）能够编写产品组装工作站的 PLC 控制程序<br>（3）能够正确分析并快速地排除产品组装工作站的软硬件故障 |

## 任务 8.1　认识产品组装工作站组成及工作流程

### 任务工单

| 任务名称 | | | 姓名 | |
|---|---|---|---|---|
| 班级 | | 组号 | 成绩 | |
| 工作任务 | ◆ 扫描二维码，观看产品组装工作站运行视频<br>◆ 认识工作站组成主要部件，了解无杆气缸的功能、原理、符号表示、使用方法、应用场景，完成引导问题<br>◆ 观察产品组装工作站，阅读和查阅相关资料，填写工作站组成部件清单表<br>◆ 观察工作站的运行过程，用流程图的形式描述工作站的工艺流程 | | | 产品组装<br>工作站运<br>行视频 |
| 任务目标 | 知识目标<br>• 掌握产品组装工作站的基本组成及主要部件的功能<br>• 了解产品组装工作站的工作流程<br>• 掌握无杆气缸的符号表示、使用方法 | | | |

（续）

| 任务目标 | 能力目标<br>● 能正确识别产品组装工作站的气动元件，包括类型、功能、符号表示<br>● 能正确识别产品组装工作站的传感检测元件，包括类型、功能、符号表示<br>● 能正确识别产品组装工作站的常用电气元件，包括类型、功能、符号表示<br>● 能正确填写产品组装工作站的主要组成部件型号、功能、作用<br>素质目标<br>● 良好的协调沟通能力、团队合作及敬业精神<br>● 良好的职业素养，遵守实践操作中的安全要求和规范操作注意事项<br>● 勤于思考、善于探索的良好学习作风<br>● 勤于查阅资料、善于自学、善于归纳分析 | | |
|---|---|---|---|
| 任务准备 | 工具准备<br>● 扳手（17#），螺丝刀（一字/内六角），万用表<br>技术资料准备<br>● 智能自动化工厂综合实训平台各工作站的技术资料，包括工艺概览、组件列表、输入输出列表、电气原理图<br>环境准备<br>● 实践安装操作场所和平台 | | |
| 任务分配 | 职务 | 姓名 | 工作内容 |
| | 组长 | | |
| | 组员 | | |
| | 组员 | | |

## 任务资讯与实施

【引导问题 1】　产品组装工作站是由无杆气缸输送组件，（　　　　　）和（　　　　　）构成；无杆气缸输送组件是由上料点物料检测 B1、（　　　　　）、无杆气缸模组、（　　　　　）、连接件及固定螺栓组成，其功能将物料从（　　　　　）输送至（　　　　　）；按钮头装配组件是由按钮头供料槽、按钮头供料气缸、（　　　　　）、连接件及固定螺栓组成，功能是将（　　　　）推入物料中，完成按钮头的装配；螺栓装配组件是由螺栓供料槽、（　　　　）、（　　　　　）、螺栓供料气缸到位检测传感器（伸出 3B2、缩回 3B1）、螺栓推出气缸到位检测传感器（伸出 5B2、缩回 5B1）、（　　　　　）、连接件及固定螺栓组成。

### 8.1.1　产品组装工作站组成及工作流程介绍

**1. 产品组装站硬件组成**（见图 8-1-1、表 8-1-1）

【技能训练 1】　观察产品组装工作站的基本结构，阅读相关资料手册，按要求填写表 8-1-2。

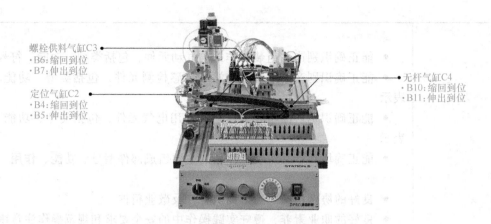

螺栓供料气缸C3
·B6:缩回到位
·B7:伸出到位

定位气缸C2
·B4:缩回到位
·B5:伸出到位

无杆气缸C4
·B10:缩回到位
·B11:伸出到位

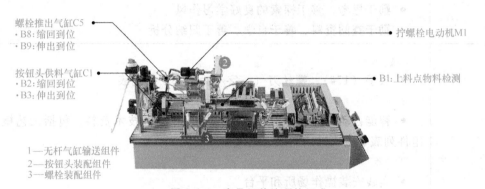

螺栓推出气缸C5
·B8:缩回到位
·B9:伸出到位

按钮头供料气缸C1
·B2:缩回到位
·B3:伸出到位

拧螺栓电动机M1

B1:上料点物料检测

1—无杆气缸输送组件
2—按钮头装配组件
3—螺栓装配组件

图 8-1-1　产品组装站硬件组成

表 8-1-1　产品组装工作站组成结构及功能部件表

| 序号 | 名　称 | 组　成 | 功　能 |
|---|---|---|---|
| 1 | 无杆气缸输送组件 | 上料点物料检测 B1、定位气缸、无杆气缸模组、定位气缸到位检测传感器(伸出 2B2、缩回 2B1)、连接件及固定螺栓 | 将物料从上料点输送至螺栓装配点 |
| 2 | 按钮头装配组件 | 按钮头供料槽、按钮头供料气缸、按钮头供料气缸到位检测传感器(伸出 1B2、缩回 1B1)、连接件及固定螺栓 | 将按钮头推入物料中,完成按钮头的装配 |
| 3 | 螺栓装配组件 | 螺栓供料槽、螺栓供料气缸、螺栓推出气缸、螺栓供料气缸到位检测传感器(伸出 3B2、缩回 3B1)、螺栓推出气缸到位检测传感器(伸出 5B2、缩回 5B1)、拧螺栓电动机、连接件及固定螺栓 | 通过拧螺栓电动机将螺栓拧入物料中,完成产品组装 |

表 8-1-2　产品组装工作站组成结构及功能部件表

| 序号 | 名　称 | 组　成 | 功　能 |
|---|---|---|---|
| 1 | 机械本体部件 | | |
| 2 | 检测传感部件 | | |
| 3 | 电子控制单元 | | |
| 4 | 执行部件 | | |
| 5 | 动力源部件 | | |

### 2. 产品组装工作站工作流程

物料由前一站推料气缸推送到上料点物料检测传感器处,当物料检测传感器检测到有物料时,定位气缸将物料固定,然后推杆供料气缸缩回。推杆从推杆供料槽落下,完成推杆的供料,推杆供料气缸伸出将推杆推入物料的开孔中,实现推杆的装配。

当推杆装配完后,螺栓供料气缸缩回,螺栓从螺栓供料槽落下,然后螺栓供料气缸伸出,完成螺栓装配的供料。

然后无杆气缸伸出带动无杆气缸输送组件向右移动,移动到"无杆气缸伸出到位检测"得到信号,拧螺栓电动机 M1 起动,电动机 M1 起动后,螺栓推出气缸伸出,从而实现螺栓的装配。

当螺栓装配完成后,拧螺栓电动机 M1 停止运转,螺栓推出气缸缩回,定位气缸将物料松开。然后给第六站发送完成信号,当第六站将物料夹取物料离开上料点物料检测传感器后,无杆气缸缩回带动无杆气缸输送组件回到初始位置。图 8-1-2 所示为产品组装站工作流程图。

【技能训练2】 阅读及查阅资料,观察供料工作站运行过程,用流程图的形式绘制工作站工作流程。

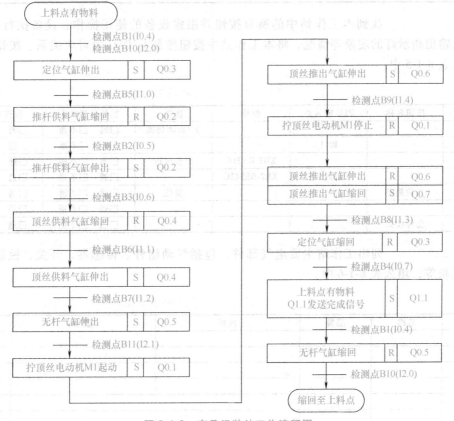

图 8-1-2 产品组装站工作流程图

【技能训练3】 完成现场验收测试(SAT),在表 8-1-3 中填写磁性开关的位号,安装位置,功能,是否检测到位。

表 8-1-3 磁性开关信息清单

| 序号 | 设备名称 | 安装位置 | 功能 | 是否到位 |
|---|---|---|---|---|
| 1 | | | | □是 □否 |
| 2 | | | | □是 □否 |
| 3 | | | | □是 □否 |
| 4 | | | | □是 □否 |
| 5 | | | | □是 □否 |
| 6 | | | | □是 □否 |
| 7 | | | | □是 □否 |
| 8 | | | | □是 □否 |

【技能训练4】 完成现场验收测试（SAT），使用万用表，在表 8-1-4 中列出 PLC 与电磁阀的对应关系。

表 8-1-4　PLC 与电磁阀的对应关系

| 序号 | PLC 信号 | 执行机构动作 | 电磁阀进气口 | | 电磁阀出气口 | |
|---|---|---|---|---|---|---|
| 1 | | | □接通 | □关闭 | □接通 | □关闭 |
| 2 | | | □接通 | □关闭 | □接通 | □关闭 |
| 3 | | | □接通 | □关闭 | □接通 | □关闭 |
| 4 | | | □接通 | □关闭 | □接通 | □关闭 |
| 5 | | | □接通 | □关闭 | □接通 | □关闭 |
| 6 | | | □接通 | □关闭 | □接通 | □关闭 |

【技能训练5】 找到本工作站中的所有按钮并根据设备的使用操作、设备执行的动作、PLC 输入输出指示灯的现象等情况，将本工作站中按钮控制与 PLC 的对应关系、按钮旋钮的型号填入表 8-1-5 中。

表 8-1-5　工作站中按钮控制与 PLC 的对应关系

| 序号 | 按钮名称 | PLC 输入点 | 型号 | 功能 | 初始位置状态 | | 操作后状态 | |
|---|---|---|---|---|---|---|---|---|
| 1 | | | | 手/自动切换 | □通 | □不通 | □通 | □不通 |
| 2 | | I0.1 | | | □通 | □不通 | □通 | □不通 |
| 3 | | | XB2-BA31C | 单步运行 | □通 | □不通 | □通 | □不通 |
| 4 | | I0.3 | XB2-BS542C | | □通 | □不通 | □通 | □不通 |
| 5 | 三位旋钮 | | | 复位 | □通 | □不通 | □通 | □不通 |
| 6 | | | | | □通 | □不通 | □通 | □不通 |
| 7 | 急停按钮 | | | | □通 | □不通 | □通 | □不通 |

【技能训练6】 列出工作站主要电气部件，包括气动组件、传感器，开关，控制器，驱动，电动机等，填入表 8-1-6 中。

表 8-1-6　产品组装工作站元器件清单表

| 序号 | 名称 | 品牌 | 规格 | 型号 | 数量 |
|---|---|---|---|---|---|
| 1 | | | | | |
| 2 | | | | | |
| 3 | | | | | |
| 4 | | | | | |
| 5 | | | | | |
| 6 | | | | | |
| 7 | | | | | |
| 8 | | | | | |
| 9 | | | | | |
| 10 | | | | | |
| 11 | | | | | |
| 12 | | | | | |
| 13 | | | | | |
| 14 | | | | | |
| 15 | | | | | |
| 16 | | | | | |
| 17 | | | | | |
| 18 | | | | | |
| 19 | | | | | |
| 20 | | | | | |

（续）

| 序号 | 名称 | 品牌 | 规格 | 型号 | 数量 |
|------|------|------|------|------|------|
| 21 | | | | | |
| 22 | | | | | |
| 23 | | | | | |
| 24 | | | | | |
| 25 | | | | | |
| 26 | | | | | |
| 27 | | | | | |
| 28 | | | | | |
| 29 | | | | | |
| 30 | | | | | |

## 任务评价与反馈

教师对学生工作过程与任务结果进行评价，并将评价结果填入表8-1-7中。

表 8-1-7 任务综合评价表

| 班级： | 姓名： | 学号： | | | |
|--------|--------|--------|--------|------|------|
| 任务名称 | | | | | |
| 评价项目 | | 等　　级 | | 分值 | 得分 |
| 考勤（10%） | | 无无故旷课、迟到、早退现象 | | 10 | |
| 工作过程（60%） | 资料收集与学习 | 资料收集齐全完整，能完整学习相关资料并能正确理解知识内容 | | 5 | |
| | 引导问题回答 | 能正确回答所有引导问题并能有自己的理解和看法 | | 5 | |
| | 过程任务训练 | 技能训练1　工作站组成结构及部件功能 | | 5 | |
| | | 技能训练2　绘制工作站流程图 | | 5 | |
| | | 技能训练3　磁性开关信息清单 | | 5 | |
| | | 技能训练4　PLC与电磁阀对应表 | | 5 | |
| | | 技能训练5　按钮控制与PLC的对应关系 | | 5 | |
| | | 技能训练6　工作站元器件清单表 | | 5 | |
| | 工作态度 | 态度端正，工作认真、主动 | | 5 | |
| | 协调能力 | 与小组成员、同学之间能合作交流，协同工作 | | 5 | |
| | 职业素养 | 能做到安全生产，文明操作，保护环境，爱护设备设施 | | 10 | |
| 任务成果（30%） | 工作完整 | 能按要求完成所有学习任务 | | 10 | |
| | 操作规范 | 能按照设备及实训室要求规范操作 | | 5 | |
| | 任务结果 | 引导问题回答完整，按要求完成任务表内容，能介绍清楚本工作站的组成部件功能及作用、安装位置及工作站的工艺流程 | | 15 | |
| 合计 | | | | 100 | |

## 任务小结

总结本任务完成中过程中的收获、体会以及存在的问题，记录到下面空白处。

_____

_____

_____

_____

_____

## 任务 8.2　识读与绘制产品组装工作站系统电气图

### >> 任务工单

| 任务名称 | | | | 姓名 | |
|---|---|---|---|---|---|
| 班级 | | 组号 | | 成绩 | |
| 工作任务 | ◆ 学习相关知识点，完成引导问题<br>◆ 扫描二维码，下载产品组装工作站的气动回路图和电气原理图，按要求完成气动回路图和电气原理图的分析和绘制 | | | | 产品组装工作站的气动回路图和电气原理图 |
| 任务目标 | 知识目标<br>• 掌握工作站气动回路图识读与绘制方法<br>• 掌握电气原理图识读与绘制方法<br>能力目标<br>• 能够读懂气动回路图和电气原理图<br>• 能够绘制气动回路图和电气原理图<br>素质目标<br>• 良好的协调沟通能力、团队合作及敬业精神<br>• 良好的职业素养，遵守实践操作中的安全要求和规范操作注意事项<br>• 勤于思考、善于探索的良好学习作风<br>• 勤于查阅资料、善于自学、善于归纳分析 | | | | |
| 任务准备 | 工具准备<br>• 扳手（17#）、螺丝刀（一字/内六角）、万用表<br>技术资料准备<br>• 智能自动化工厂综合实训平台各工作站的技术资料，包括工艺概览、组件列表、输入输出列表、电气原理图<br>环境准备<br>• 实践安装操作场所和平台 | | | | |
| 任务分配 | 职务 | 姓名 | | 工作内容 | |
| | 组长 | | | | |
| | 组员 | | | | |
| | 组员 | | | | |

### >> 任务资讯与实施

【技能训练 1】　请根据已经学习的气动元件的气路符号，阅读工作站的气动回路原理图，指出图中符号的含义，完成表 8-2-1 气动回路图元件符号识别记录表的填写。

表 8-2-1 气动回路图元件符号识别记录表

| 符 号 | 含 义 名 称 | 功 能 说 明 |
|---|---|---|
| 0V1 | | |
| 1V1 | | |
| 2V1 | | |
| 3V1 | | |
| 4V1 | | |
| 5V1 | | |
| 1V2 | | |
| 1V3 | | |
| 2V2 | | |
| 2V3 | | |
| 3V2 | | |
| 3V3 | | |
| 4V2 | | |
| 4V3 | | |
| 5V2 | | |
| 5V3 | | |
| 1C | | |
| 2C | | |
| 3C | | |
| 4C | | |
| 5C | | |
| 1B1 | | |
| 1B2 | | |
| 2B1 | | |
| 2B2 | | |
| 3B1 | | |
| 4B1 | | |
| 4B2 | | |
| 5B1 | | |
| 5B2 | | |
| 1Y | | |
| 2Y | | |
| 3Y | | |
| 4Y | | |
| 5Y1 | | |
| 5Y2 | | |

## 8.2.1 产品组装工作站气动回路分析

### 1. 元件介绍

该工作站气动原理图如图 8-2-1、图 8-2-2 所示,图中,0V1 点画线框为阀岛,1V1、2V1、3V1、4V1、5V1 分别被点画线框包围,为 5 个电磁换向阀,也就是阀岛上的第一片阀、第二片阀、第三片阀、第四片阀、第五片阀,其中,1V1、2V1、3V1 为单控两位五通电磁阀,4V1、5V1 为双电控两位五通电磁阀;1C 为按钮头供料气缸,1B1 和 1B2 为磁感应式接近开关,分别检测供料气缸推出和缩回是否到位;2C 为定位气缸,2B1 和 2B2 为磁感应式接近开关,分别检测定位气缸缩回和伸出是否到位;3C 为螺栓供料气缸,3B1 和 3B2 为磁感应式接近开关,分别检测螺栓供料气缸缩回和推出是否到位;4C 为无杆气缸,4B1 和 4B2 为磁感应

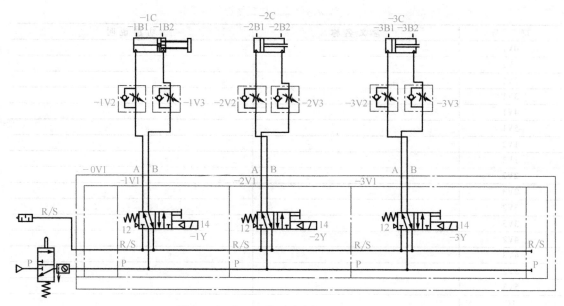

图 8-2-1　产品组装工作站气动回路图（1）

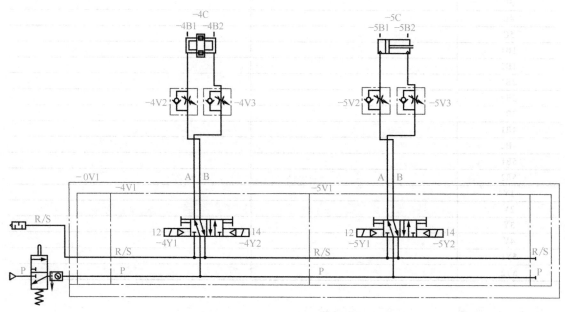

图 8-2-2　产品组装工作站气动回路图（2）

式接近开关，分别检测无杆气缸缩回和伸出是否到位；5C 为推料气缸，5B1 和 5B2 为磁感应式接近开关，分别检测气缸缩回和推出是否到位。

1Y 为控制按钮头供料气缸的电磁阀的电磁控制信号；2Y 为控制定位气缸的电磁阀的电磁控制信号；3Y 为控制螺栓供料气缸的电磁阀的电磁控制信号；4Y1、4Y2 为控制无杆气缸的电磁阀的两个电磁控制信号；5Y1、5Y2 为控制推料气缸的电磁阀的两个电磁控制信号。

1V2、1V3、2V2、2V3、3V2、3V3、4V2、4V3、5V2、5V3 为单向节流阀，起到调节气缸推出和缩回（气爪抓紧和松开）的速度。

212

**2. 动作分析**

当 1Y 失电时，1V1 阀体的气控端起作用，即左位起作用，压缩空气经单向节流阀 1V2 的单向阀到达气缸 1C 的左端，从气缸右端经单向阀 1V3 的节流阀，实现排气节流，控制气缸速度，最后经由 1V1 阀体气体从 3/5 端口排出。简单地说就是由 A 路进 B 路出，气缸属于推出状态。

当 1Y 得电时，1V1 阀体的右位起作用，压缩空气经由单向节流阀 1V3 的单向阀到达气缸 1C 的左端，从气缸右端经由单向阀 1V2 的节流阀，实现排气节流，控制气缸速度，最后经由 1V1 阀体气体从 3/5 端口排出。简单地说就是由 B 路进 A 路出，气缸属于缩回状态。

当 2Y 失电时，2V1 阀体的左位起作用，压缩空气经单向节流阀 2V3 的单向阀到达气缸 2C 的右端，从气缸左端经单向阀 2V2 的节流阀，实现排气节流，控制气缸速度，最后经由 2V1 阀体气体从 3/5 端口排出。简单地说就是由 A 路进 B 路出，气缸属于原位状态。

当 2Y 得电时，2V1 阀体的右位起作用，压缩空气经由单向节流阀 2V2 的单向阀到达气缸 2C 的左端，从气缸右端经由单向阀 2V3 的节流阀，实现排气节流，控制气缸速度，最后经由 2V1 阀体气体从 3/5 端口排出。简单地说就是由 B 路进 A 路出，气缸属于推出位状态。

当 3Y 失电时，3V1 阀体的气控端起作用，即左位起作用，压缩空气经由单向节流阀 3V3 的单向阀到达螺栓供料气缸 3C 的右端，从气缸左端经由单向阀 3V2 的节流阀，实现排气节流，控制气缸速度，最后经由 3V1 阀体气体从 3/5 端口排出。简单地说就是由 A 路进 B 路出，气缸属于缩回状态。

当 3Y 得电时，3V1 阀体的右位起作用，压缩空气经由单向节流阀 3V2 的单向阀到达气缸 3C 的左端，从气缸右端经由单向阀 3V3 的节流阀，实现排气节流，控制气缸速度，最后经由 3V1 阀体气体从 3/5 端口排出。简单地说就是由 B 路进 A 路出，螺栓供料气缸属于伸出状态。

当 4Y1 得电时，4Y2 失电时，4V1 阀体的左位起作用，压缩空气经由单向节流阀 4V3 的单向阀到达气缸 4C 的右端，从气缸左端经由单向阀 4V2 的节流阀，实现排气节流，控制气爪速度，最后经由 4V1 阀体气体从 3/5 端口排出。简单地说就是由 A 路进 B 路出，无杆气缸属于缩回原位状态。

当 4Y2 得电时，4Y1 失电时，4V1 阀体的右位起作用，压缩空气经由单向节流阀 4V2 的单向阀到达气缸 4C 的左端，从气缸右端经由单向阀 4V3 的节流阀，实现排气节流，控制气爪速度，最后经由 4V1 阀体气体从 3/5 端口排出。简单地说就是由 B 路进 A 路出，无杆气缸属于伸出状态。

当 5Y1 得电时，5Y2 失电时，5V1 阀体的左位起作用，压缩空气经由单向节流阀 5V3 的单向阀到达气缸 5C 的右端，从气缸左端经由单向阀 5V2 的节流阀，实现排气节流，控制气缸速度，最后经由 5V1 阀体气体从 3/5 端口排出。简单地说就是由 A 路进 B 路出，气缸属于缩回状态。

当 5Y2 得电时，5Y1 失电时，5V1 阀体的右位起作用，压缩空气经由单向节流阀 5V2 的单向阀到达气缸 5C 的左端，从气缸右端经由单向阀 5V3 的节流阀，实现排气节流，控制气爪速度，最后经由 5V1 阀体气体从 3/5 端口排出。简单地说就是由 B 路进 A 路出，气缸属于伸出状态。

## 8.2.2　产品组装工作站电气控制电路分析

### 1. 电源电路

外部 220V 交流电源通过一个 2P 断路器（型号规格：SIEMENS 2P/10A）给 24V 开关电

源（型号规格：明纬 NES-100-24 100W 24V 4.5A）供电，输出 24V 直流电源，给后续控制单元供电。由 24V 翘板带灯开关控制 24V 直流供电电源的输出通断，如图 8-2-3 所示。

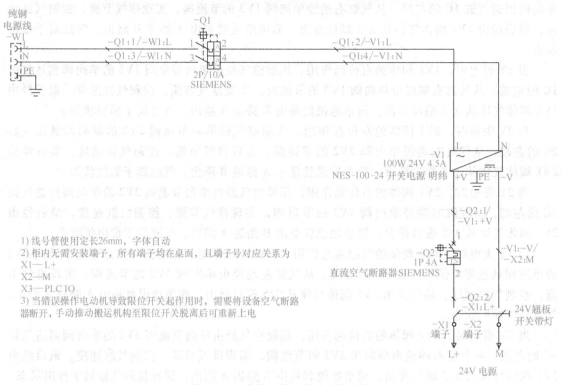

1) 线号管使用定长26mm，字体自动
2) 柜内无需安装端子，所有端子均在桌面，且端子号对应关系为
X1——L+
X2——M
X3——PLC IO
3) 当错误操作电动机导致限位开关起作用时，需要将设备空气断路器断开，手动推动搬运机构至限位开关脱离后可重新上电

图 8-2-3　产品组装工作站电源电路

## 2. PLC 接线端子电路

PLC 为西门子 S7-1200PLC 1214DC/DC/DC，供货号为 SIE 6ES7214-1AG40-0XB0；输入端子（DI a-DI b）接按钮开关、接近开关及传感检测端；输出端子（DQ a-DQ b）接输出驱动（接触器线圈、继电器线圈、电动机驱动）单元端子，如图 8-2-4 所示。

【技能训练2】　根据现场的端子接线，画出与之对应的端子图，填入表 8-2-2 中。

表 8-2-2　产品组装工作站现场接线端子对照表

| | | | | | | | | | | | | | | | | | | | | | | | | | | |
|---|---|---|---|---|---|---|---|---|---|---|---|---|---|---|---|---|---|---|---|---|---|---|---|---|---|---|
| | | | | | | | | | | | | | | | | | | | | | | | | | | |
| | | | | | | | | | | | | | | | | | | | | | | | | | | |
| 1 | 2 | 3 | 4 | 5 | 6 | 7 | 8 | 9 | 10 | 11 | 12 | 13 | 14 | 15 | 16 | 17 | 18 | 19 | 20 | 21 | 22 | 23 | 24 | 25 | 26 | 27 |
| 1 | 2 | 3 | 4 | 5 | 6 | 7 | 8 | 9 | 10 | 11 | 12 | 13 | 14 | 15 | 16 | 17 | 18 | 19 | 20 | 21 | 22 | 23 | 24 | 25 | 26 | 27 |
| | | | | | | | | | | | | | | | | | | | | | | | | | | |
| | | | | | | | | | | | | | | | | | | | | | | | | | | |
| | | | | | | | | | | | | | | | | | | | | | | | | | | |
| | | | | | | | | | | | | | | | | | | | | | | | | | | |
| | | | | | | | | | | | | | | | | | | | | | | | | | | |

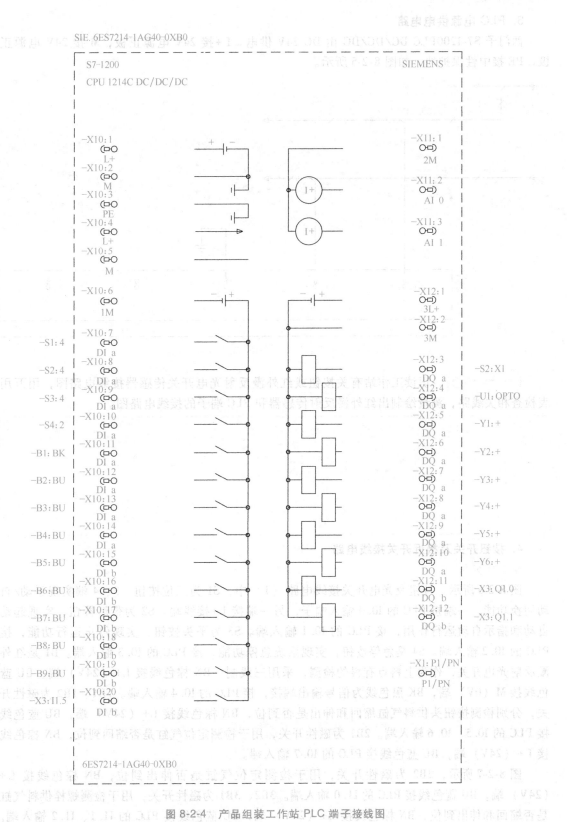

图 8-2-4 产品组装工作站 PLC 端子接线图

综合自动化系统安装与调试

### 3. PLC 电源供电电路

西门子 S7-1200PLC DC/DC/DC 由 DC 24V 供电。L+接 24V 电源正极，M 接 24V 电源正极，PE 接中性保护地，如图 8-2-5 所示。

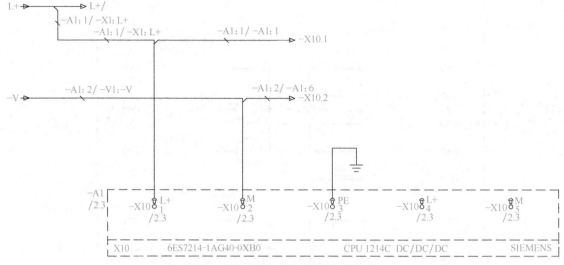

图 8-2-5　产品组装工作站 PLC 电源供电电路

【技能训练3】　识读工作站有关按钮或红外漫反射光电开关传感器接线电路图，用万用表检查相关线路，测量绘制出红外漫反射传感器和 PLC 端子的接线电路图。

### 4. 按钮开关及接近开关接线电路

电路图分析：

图 8-2-6 所示，按钮及光电开关接线电路（1）中，S1 为三位按钮，3、4 端实现手动/自动切换功能，一端接 PLC 的 I0.0 输入端子，另一端接 L+接线端。S2 为带灯按钮，实现起动自动和指示自动运行作用，接 PLC 的 I0.1 输入端。S3 为平头按钮，实现停止运行功能，接 PLC 的 I0.2 输入端。S4 是急停按钮，实现系统急停功能，接 PLC 的 I0.3 输入端。B1 是红外漫反射光电开关，作为上料点有料的检测，采用三线制，BN 棕色线接 L+（24V）端，BU 蓝色线接 M（0V）端，BK 黑色线为信号输出端接，接 PLC 的 I0.4 输入端。1B1、1B2 为磁性开关，分别检测按钮头供料气缸缩回和伸出是否到位，BN 棕色线接 L+（24V）端，BU 蓝色线接 PLC 的 I0.5、I0.6 输入端。2B1 为磁性开关，用于检测定位气缸是否缩回到位，BN 棕色线接 L+（24V）端，BU 蓝色线接 PLC 的 I0.7 输入端。

图 8-2-7 所示，2B2 为磁性开关，用于检测定位气缸是否伸出到位，BN 棕色线接 L+（24V）端，BU 蓝色线接 PLC 的 I1.0 输入端。3B2、3B1 为磁性开关，用于检测螺栓供料气缸是否缩回和伸出到位，BN 棕色线接 L+（24V）端，BU 蓝色线接 PLC 的 I1.1、I1.2 输入端。5B2、5B2 为磁性开关，用于检测螺栓推出气缸是否缩回和伸出到位，BN 棕色线接 L+（24V）

216

端，BU 蓝色线分别接 PLC 的 I1.3 端和 I1.4 端。S1 为三位旋钮，1、2 端作为复位按钮，接 PLC 的 I1.5 输入端，起到复位功能。

图 8-2-8 所示中，4B1、4B2 为磁性开关，用于检测无杆气缸是否伸出和缩回到位，BN 棕色线接 L+（24V）端，BU 蓝色线接分别接 PLC 的 I2.0 端和 I2.1 端。

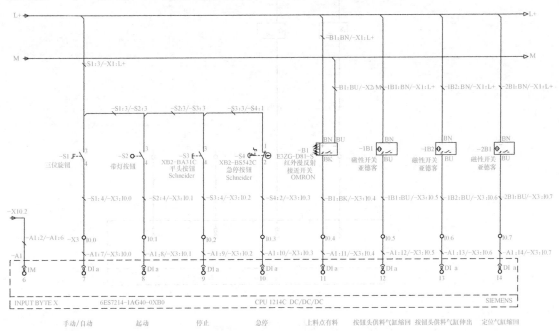

图 8-2-6 按钮开关、磁性开关、漫反射光电开关接线电路图

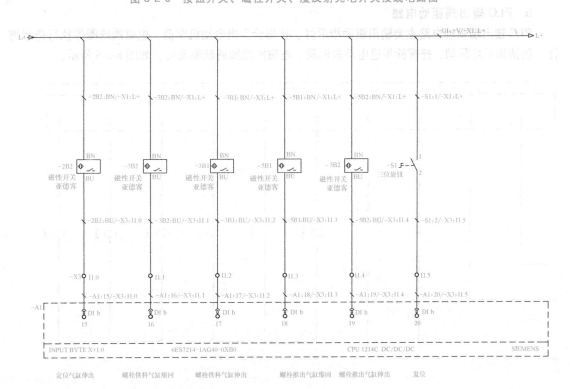

图 8-2-7 磁性开关接线电路图（1）

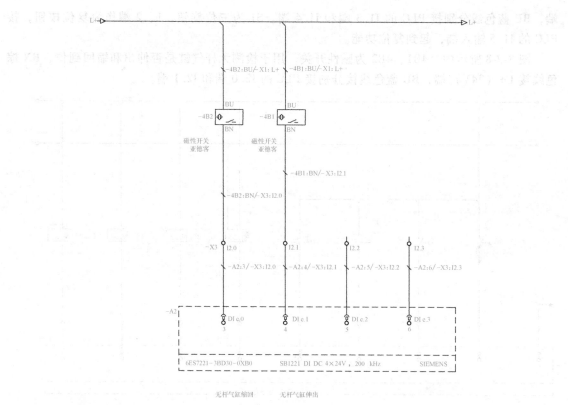

图 8-2-8  磁性开关接线电路图（2）

### 5. PLC 输出端驱动电路

PLC 输出端驱动电路主要输出驱动指示灯、拧螺栓步进电动机驱动、电磁阀线圈等执行指示部件。包括指示灯驱动、拧螺栓步进电动机驱动、电磁阀线圈通断驱动等，如图 8-2-9 所示。

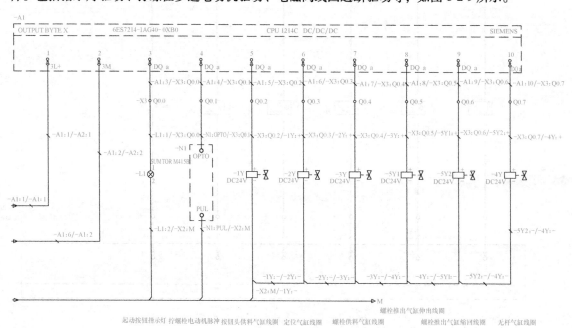

图 8-2-9  PLC 输出端驱动电路图

电路图分析：

图 8-2-9 中，PLC 的 I/O 输出端 Q0.0 接 L1 为带灯按钮，由 Q0.0 驱动按钮灯亮或灭。N1 为拧螺栓步进电动机脉冲驱动器，由 PLC 的 Q0.1 驱动，作为拧螺栓步进电动机脉冲输出控制。1Y 是按钮头供料气缸电磁阀驱动线圈，由 PLC 的 Q0.2 驱动，当 Q0.2 输出 1 时，1Y 线圈得电，控制电磁阀接通气路，气缸伸出推出按钮头，反之 Q0.2 为 0 时，气路通路改变气缸缩回。2Y 是定位气缸电磁阀驱动线圈，由 PLC 的 Q0.3 驱动，当 Q0.3 输出 1 时，2Y 线圈得电，控制电磁阀接通气路，定位气缸推出，反之 Q0.3 为 0 时，气路通路改变定位气缸回原位。3Y 是螺栓供料气缸电磁阀驱动线圈，由 PLC 的 Q0.4 驱动，当 Q0.4 输出 1 时，3Y 线圈得电，控制电磁阀接通气路，气缸伸出推出螺栓到安装位置，反之 Q0.4 为 0 时，气路通路改变气缸缩回。4Y 是无杆气缸电磁阀驱动线圈，由 PLC 的 Q0.7 驱动，当 Q0.7 输出 1 时，4Y 线圈得电，控制电磁阀接通气路，气缸伸出，反之 Q0.7 为 0 时，气路通路改变气缸缩回。5Y1、5Y2 是螺栓推出气缸电磁阀驱动控制线圈，螺栓推出气缸控制电磁阀是个双控电磁阀，由 PLC 的 Q0.5、Q0.6 驱动控制，当 Q0.5 输出 1 时，Q0.6 为 0 时，气缸缩回，反之，当 Q0.5 输出 0 时，Q0.1 为 1 时，气缸推出螺栓到合适位置，其他输出状态时气缸保持原先状态。

### 6. 步进电动机驱动控制电路

电路图分析：

图 8-2-10 中，M1 为步进电动机，型号为 28HS2806A4-XG27。由 U1 步进电动机驱动器驱动。步进电动机的 GN（绿）、BK（黑）、RD（红）、BU（蓝）四根线分别接步进电动机驱动器的 A+、A-、B+、B-。具体工作原理参考有关步进电动机驱动控制工作原理资料及接线相关知识。

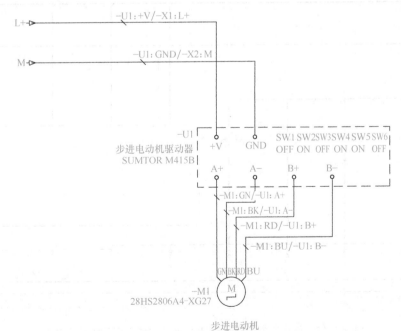

图 8-2-10 步进电动机驱动控制电路

【技能训练 4】 根据线号、通过使用万用表测量线路通断，将图 8-2-11 步进电动机驱动电路补完整。

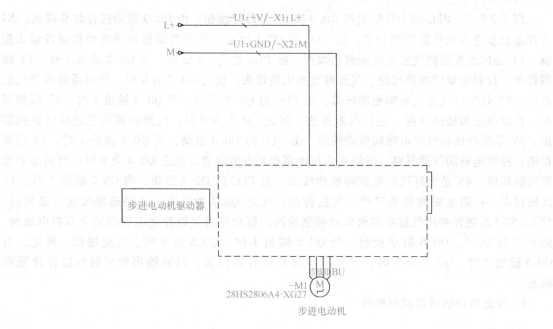

图 8-2-11　步进电动机驱动部分电路

【技能训练5】　根据电气原理图，将图 8-2-12 接近开关传感器与 PLC 连接的电气原理图虚线框内的电路补全。

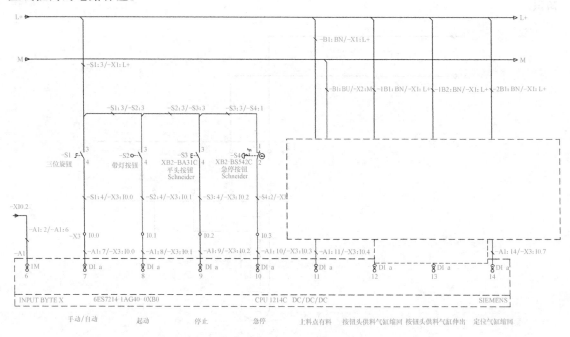

图 8-2-12　接近开关传感器与 PLC 连接的电气原理图部分电路

【技能训练6】　在了解各部位的功能后，在电气柜安装的过程中，需要对每个盘面上每个部件的位置进行确认，绘制出电气布局图。

## 任务评价与反馈

教师对学生工作过程与任务结果进行评价，并将评价结果填入表 8-2-3 中。

表 8-2-3 任务综合评价表

班级：　　　　　　姓名：　　　　　　学号：

| 任务名称 | | | | |
|---|---|---|---|---|
| 评价项目 | | 等　　　级 | 分值 | 得分 |
| 考勤（10%） | | 无无故旷课、迟到、早退现象 | 10 | |
| 工作过程<br>（60%） | 资料收集与学习 | 资料收集齐全完整，能完整学习相关资料并能正确理解知识内容 | 5 | |
| | 引导问题回答 | 能正确回答所有引导问题并能有自己的理解和看法 | 5 | |
| | 过程任务训练 | 技能训练1　气动回路图元件符号识别 | 5 | |
| | | 技能训练2　工作站端子接线图 | 5 | |
| | | 技能训练3　绘制传感器和 PLC 接线端子图 | 5 | |
| | | 技能训练4　补全电路1 | 5 | |
| | | 技能训练5　补全电路2 | 5 | |
| | | 技能训练6　绘制布局图 | 5 | |
| | 工作态度 | 态度端正，工作认真、主动 | 5 | |
| | 协调能力 | 与小组成员、同学之间能合作交流，协同工作 | 5 | |
| | 职业素养 | 能做到安全生产，文明操作，保护环境，爱护设备设施 | 10 | |
| 任务成果<br>（30%） | 工作完整 | 能按要求完成所有学习任务 | 10 | |
| | 操作规范 | 能按照设备及实训室要求规范操作 | 5 | |
| | 任务结果 | 引导问题回答完整，按要求完成技能训练内容，成果提交完整 | 15 | |
| 合计 | | | 100 | |

## 任务小结

总结本任务学习过程中的收获、体会及存在的问题，并记录到下面空白处。

_____

_____

_____

_____

## 任务 8.3　产品组装工作站的硬件安装与调试

### 任务工单

| 任务名称 | | | | 姓名 | |
|---|---|---|---|---|---|
| 班级 | | 组号 | | 成绩 | |

| 工作任务 | ◆ 扫描二维码，观看产品组装工作站运行视频<br>◆ 学习相关知识点，完成引导问题<br>◆ 通过任务 8.2 的工作站气动回路图和电气原理图，制定装调计划，完成工作站气路连接和电路连接<br>◆ 扫描二维码，下载产品组装工作站测试程序，完成硬件功能测试<br>◆ 完成工作站安装调试报告的编写 | 产品组装工作站<br>运行视频<br><br>产品组装工作站测试程序 |
|---|---|---|

| 任务目标 | 知识目标<br>• 掌握常用装调工具和仪器的使用方法<br>• 掌握机电设备安装调试技术标准<br>• 掌握设备安装调试安全规范<br>能力目标<br>• 能够正确识读电气图<br>• 能够制定设备装调工作计划<br>• 能够正确使用常用的机械装调工具<br>• 能够正确使用常用的电工工具、仪器<br>• 会正确使用机械、电气安装工艺规范和相应的国家标准<br>• 能够编写安装调试报告<br>素质目标<br>• 良好的协调沟通能力、团队合作及敬业精神<br>• 良好的职业素养，遵守实践操作中的安全要求和规范操作注意事项<br>• 勤于思考、善于探索的良好学习作风<br>• 勤于查阅资料、善于自学、善于归纳分析 |
|---|---|

| 任务准备 | 工具准备<br>• 扳手（17#）、螺丝刀（一字/内六角）、斜口钳、尖嘴钳、压线钳、剥线钳、网线钳、万用表<br>技术资料准备<br>• 智能自动化工厂综合实训平台各工作站的技术资料，包括工艺概览、组件列表、输入输出列表、电气原理图<br>材料准备<br>• 气管、气管接头、尼龙扎带、螺栓、螺母、导线、接线端子等<br>环境准备<br>• 实践安装操作场所和平台 |
|---|---|

（续）

| 任务分配 | 职务 | 姓名 | 工作内容 |
|---|---|---|---|
| | 组长 | | |
| | 组员 | | |
| | 组员 | | |

## 任务资讯与实施

### 8.3.1　制定工作方案

【技能训练1】　将产品组装工作站的安装调试流程步骤及工作内容填入表8-3-1中。

表 8-3-1　工作站安装调试工作方案

| 步骤 | 工作内容 | 负责人 |
|---|---|---|
| 1 | | |
| 2 | | |
| 3 | | |
| 4 | | |
| 5 | | |
| 6 | | |
| 7 | | |
| 8 | | |
| 9 | | |
| 10 | | |
| 11 | | |
| 12 | | |

【技能训练2】　将所需仪表、工具、耗材和器材等清单填入表8-3-2中。

表 8-3-2　工作站安装调试工具耗材清单

| 序号 | 名称 | 型号与规格 | 单位 | 数量 | 备注 |
|---|---|---|---|---|---|
| 1 | | | | | |
| 2 | | | | | |
| 3 | | | | | |
| 4 | | | | | |
| 5 | | | | | |
| 6 | | | | | |
| 7 | | | | | |
| 8 | | | | | |
| 9 | | | | | |
| 10 | | | | | |

### 8.3.2　工作站安装调试过程

图 8-3-1 所示为产品组装工作站安装调试工作流程图。

**1. 调试准备**

（1）识读气动和电气原理图，明确线路连接关系

（2）按图样要求选择合适的工具和部件

（3）确保安装平台及部件洁净

**2. 零部件安装**

（1）机械本体安装

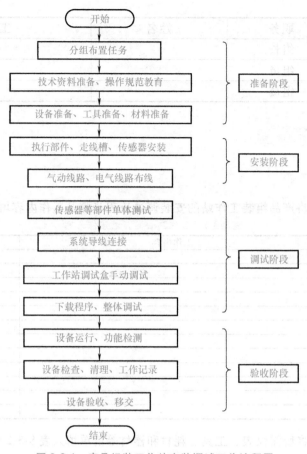

图 8-3-1  产品组装工作站安装调试工作流程图

（2）气缸的安装

（3）气路电磁阀安装

（4）工件检测传感器安装

（5）接线端口安装

### 3. 回路连接与接线

根据气动原理图与电气控制原理图进行回路连接与接线。

### 4. 系统连接

1）PLC 控制板与铝合金工作平台连接。

2）PLC 控制板与控制面板连接。

3）PLC 控制板与电源连接，4mm 的安全插头插入电源插座中。

4）PLC 控制板与 PC 连接。

5）电源连接。工作站所需电压为：DC 24V（最大工作电流 5A）。PLC 板的电压与工作站一致。

6）气动系统连接。将气泵与过滤调压组件连接。在过滤调压组件上设定压力为 0.6MPa。

### 5. 传感器等测试器件的调试

（1）接近式传感器

（2）磁性开关安装和调节

### 6．气路调试

单向节流阀用于控制双作用气缸的气体流量，进而控制气缸活塞伸出和缩回的速度。在相反方向上，气体通过单向阀流动。

### 7．系统整体调试

（1）外观检查

在进行调试前，必须进行外观检查！在开始起动系统前，必须检查：电气连接、气源、机械部件（损坏与否，连接牢固与否）。在起动系统前，要保证工作站没有任何损坏！

（2）设备准备情况检查

已经准备好的设备应该包括：装调好的供料单元工作平台，连接好的控制面板、PLC 控制板、电源、装有 PLC 编程软件的 PC，连接好的气源等。

（3）下载程序

设备所用控制器一般为 S7-1200，设备所用编程软件一般为 TIA 博途 V16 或更高版本。

【技能训练 3】  完成安装与调试表 8-3-3 的填写。

表 8-3-3   安装与调试完成情况表

| 序号 | 内容 | 计划时间 | 实际时间 | 完成情况 |
|---|---|---|---|---|
| 1 | 制定工作计划 | | | |
| 2 | 制定安装计划 | | | |
| 3 | 工作准备情况 | | | |
| 4 | 清单材料填写情况 | | | |
| 5 | 机械部分安装 | | | |
| 6 | 气路安装 | | | |
| 7 | 传感器安装 | | | |
| 8 | 连接各部分部件 | | | |
| 9 | 按要求检查点检 | | | |
| 10 | 各部分设备测试情况 | | | |
| 11 | 问题与解决情况 | | | |
| 12 | 故障排除情况 | | | |

## 任务评价与反馈

教师对学生工作过程与任务结果进行评价，并将评价结果填入表 8-3-4 中。

表 8-3-4   任务综合评价表

班级：          姓名：          学号：

| 任务名称 | | | 分值 | 得分 |
|---|---|---|---|---|
| 评价项目 | | 等　　级 | 分值 | 得分 |
| 考勤（10%） | | 无无故旷课、迟到、早退现象 | 10 | |
| 工作过程（60%） | 资料收集与学习 | 资料收集齐全完整，能完整学习相关资料并能正确理解知识内容 | 5 | |
| | 引导问题回答 | 能正确回答所有引导问题并能有自己的理解和看法 | 5 | |
| | 任务实施 | 技能训练 1　安装调试方案制定 | 10 | |
| | | 技能训练 2　工作站安装调试工具耗材清单 | 5 | |
| | | 技能训练 3　安装与调试完成情况记录 | 15 | |
| | 工作态度 | 态度端正，工作认真、主动 | 5 | |
| | 协调能力 | 与小组成员、同学之间能合作交流，协同工作 | 5 | |
| | 职业素养 | 能做到安全生产，文明操作，保护环境，爱护设备设施 | 10 | |
| 任务成果（30%） | 工作完整 | 能按要求完成所有学习任务 | 10 | |
| | 操作规范 | 能按照设备及实训室要求规范操作 | 5 | |
| | 任务结果 | 知识学习完整、正确理解，工作站气路电路安装规范正确，成果提交完整 | 15 | |
| 合计 | | | 100 | |

## 任务小结

总结本任务学习过程中的收获、体会及存在的问题，并记录到下面空白处。

_____

_____

任务 8.4　产品
组装工作站控制
程序设计与调试

# 任务8.4　产品组装工作站的控制程序设计与调试

## 任务工单

| 任务名称 | | | | 姓名 | |
|---|---|---|---|---|---|
| 班级 | | 组号 | | 成绩 | |
| 工作任务 | ◆ 完成单站 I/O 列表绘制<br>◆ 完成电动机项目模块化、气缸项目结构化编程和调试<br>◆ 完成单站系统运行编程调试 | | | | |
| 任务目标 | 知识目标<br>• 了解组织块 OB、函数块 FB/函数 FC、数据块 DB<br>• 掌握 I/O 列表绘制方法<br>• 掌握线性化编程、模块化编程、结构化编程方法<br>能力目标<br>• 能够使用组织块调用函数块 FB 及函数 FC 编写程序<br>• 能够使用线性化编程、模块化编程、结构化编程方法编写单站的程序<br>素质目标<br>• 安全意识：严格遵守操作规范和操作流程<br>• 自主学习：主动完成任务内容，提炼学习重点<br>• 团结合作：主动帮助同学、善于协调工作关系<br>• 工匠精神：培养一丝不苟、严谨细致、勇于探索的学习态度，精益求精、认真细致的工作态度，培育爱岗敬业的专业素质 | | | | |
| 任务准备 | 软硬件环境<br>• 计算机 1 台，作为工程组态站<br>• TIA 博途软件平台里的 SIMATIC STEP 7 软件—V14 SP1 及以上版本<br>• 智能产线综合实训平台—标准版及以上版本<br>资料准备<br>• 智能产线供料工作站操作指导手册 1 份 | | | | |
| 任务分配 | 职务 | | 姓名 | | 工作内容 |
| | 组长 | | | | |
| | 组员 | | | | |
| | 组员 | | | | |

## 任务资讯与实施

【技能训练1】 观察工作站运行过程，用流程图描述该站的工艺过程。

### 8.4.1 产品组装工作站工艺流程及工作流程图

#### 1. 工艺流程分析

物料由前一站推料气缸推送到上料点物料检测传感器处，当物料检测传感器检测到有物料时，定位气缸将物料固定，然后推杆供料气缸缩回。推杆从推杆供料槽落下，完成推杆的供料，推杆供料气缸伸出将推杆推入物料的开孔中，实现推杆的装配。

当推杆装配完后，螺栓供料气缸缩回，螺栓从螺栓供料槽落下，然后螺栓供料气缸伸出，完成螺栓装配的供料。

然后无杆气缸伸出带动无杆气缸输送组件向右移动，移动到"无杆气缸伸出到位检测"得到信号，拧螺栓电动机 M1 起动，电动机 M1 起动后，螺栓推出气缸伸出，从而实现螺栓的装配。

当螺栓装配完成后，拧螺栓电动机停止运转，螺栓推出气缸缩回，定位气缸将物料松开。然后给第六站发送完成信号，当第六站将物料夹取物料离开上料点物料检测传感器后，无杆气缸缩回带动无杆气缸输送组件回到初始位置。

#### 2. 产品组装工作站工作流程图 （见图 8-4-1）

### 8.4.2 工作站控制程序分析

使用结构化的设计方法，根据工作站的工艺过程要求和工作流程图，把工作站分为顺序功能 FC 块、按钮控制 FC 块、站通信 FC 块，步进电动机驱动使能 FC 块，通过 main 程序统一管理。

各函数块的特性见表 8-4-1。

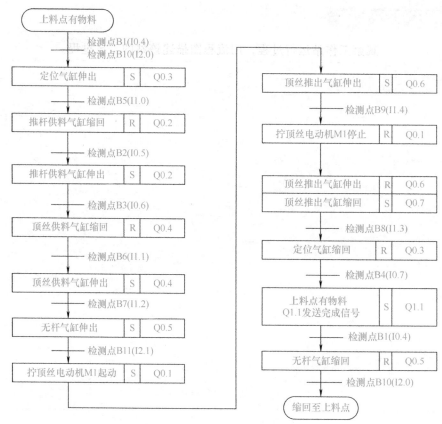

图 8-4-1　产品组装工作站工作流程图

表 8-4-1　函数块的特性

| 函数块名称 | 类型 | 功能 | 描　　述 |
|---|---|---|---|
| main | 组织块（OB） | 主程序 | 调用其他函数 |
| button | 函数块（FC） | 按钮控制程序 | 按钮的控制（起动、复位等） |
| putget | 函数块（FC） | 通信程序 | 与其他 PLC 通信 |
| SFC | 函数块（FC） | 顺序控制程序 | 物料方向检测及调整流程的顺序控制 |
| StepMotor | 函数块（FC） | 步进电动机使能程序 | 步进电动机使能控制 |

## 8.4.3　工作站 PLC I/O 地址分配

PLC I/O 地址分配表分为输入、输出两个部分，输入部分主要为各传感器、磁性开关、按钮等；输出部分主要是电磁阀、电动机使能控制（继电器线圈）等。

【技能训练 2】　阅读和查阅资料，观察工作站硬件接线情况及阅读硬件电路接线图，结合之前做过的任务，完成产品组装工作站的 I/O 地址分配表的填写，把相关信息填入表 8-4-2 中。

表 8-4-2　产品组装工作站 I/O 地址分配

| PLC 地址 | 端子符号 | 功能说明 | 状态 | |
|---|---|---|---|---|
| | | | 0 | 1 |
| I0.0 | S1 | 自动/手动 | 手动（断开） | 自动（接通） |
| I0.1 | S2 | 起动 | 断开 | 接通 |
| I0.2 | | | | |
| I0.3 | | | | |
| I0.4 | | | | |

（续）

| PLC 地址 | 端子符号 | 功能说明 | 状态 | |
|---|---|---|---|---|
| | | | 0 | 1 |
| I0.5 | | | | |
| I0.6 | | | | |
| I0.7 | | | | |
| I1.0 | | | | |
| I1.1 | | | | |
| I1.2 | | | | |
| I1.3 | | | | |
| I1.4 | | | | |
| I1.5 | | | | |
| I2.0 | | | | |
| I2.1 | | | | |
| Q0.0 | | | | |
| Q0.1 | | | | |
| Q0.2 | | | | |
| Q0.3 | | | | |
| Q0.4 | | | | |
| Q0.5 | | | | |
| Q0.6 | | | | |
| Q0.7 | 4Y | 无杆气缸线圈 | 缩回 | 伸出 |

说明:I/O 地址不是绝对的,需要根据实际硬件组态的地址空间而定

## 8.4.4　工作站控制程序设计

【技能训练3】　创建项目、设备组态。

参考前面几个工作站完成第五站控制程序项目创建和设备组态,具体操作过程此处不再赘述。

【技能训练4】　PLC 变量表建立。

单击"PLC 变量-添加新的表量表",根据前面分配的 PLC I/O 地址表,命名为"station5 IO"将产品组装工作站的 I/O 点变量添加进去。如图 8-4-2 所示。

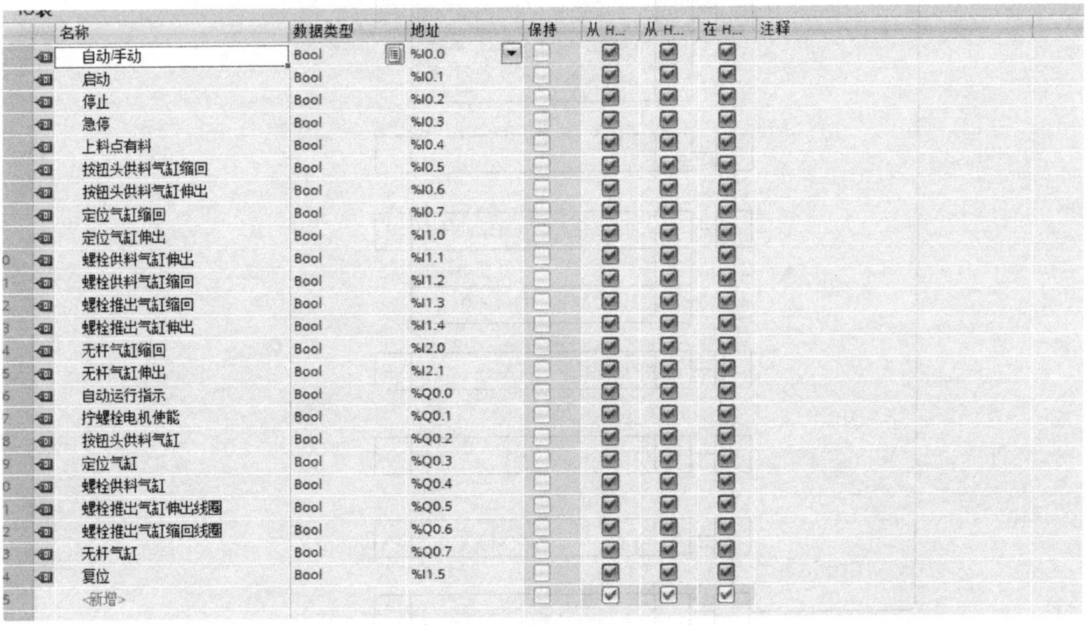

| | 名称 | 数据类型 | 地址 | 保持 | 从 H... | 从 H... | 在 H... | 注释 |
|---|---|---|---|---|---|---|---|---|
| | 自动/手动 | Bool | %I0.0 | | ☑ | ☑ | ☑ | |
| | 启动 | Bool | %I0.1 | | ☑ | ☑ | ☑ | |
| | 停止 | Bool | %I0.2 | | ☑ | ☑ | ☑ | |
| | 急停 | Bool | %I0.3 | | ☑ | ☑ | ☑ | |
| | 上料点有料 | Bool | %I0.4 | | ☑ | ☑ | ☑ | |
| | 按钮头供料气缸缩回 | Bool | %I0.5 | | ☑ | ☑ | ☑ | |
| | 按钮头供料气缸伸出 | Bool | %I0.6 | | ☑ | ☑ | ☑ | |
| | 定位气缸缩回 | Bool | %I0.7 | | ☑ | ☑ | ☑ | |
| | 定位气缸伸出 | Bool | %I1.0 | | ☑ | ☑ | ☑ | |
| | 螺栓供料气缸伸出 | Bool | %I1.1 | | ☑ | ☑ | ☑ | |
| | 螺栓供料气缸缩回 | Bool | %I1.2 | | ☑ | ☑ | ☑ | |
| | 螺栓推出气缸缩回 | Bool | %I1.3 | | ☑ | ☑ | ☑ | |
| | 螺栓推出气缸伸出 | Bool | %I1.4 | | ☑ | ☑ | ☑ | |
| | 无杆气缸缩回 | Bool | %I2.0 | | ☑ | ☑ | ☑ | |
| | 无杆气缸伸出 | Bool | %I2.1 | | ☑ | ☑ | ☑ | |
| | 自动运行指示 | Bool | %Q0.0 | | ☑ | ☑ | ☑ | |
| | 拧螺栓电机使能 | Bool | %Q0.1 | | ☑ | ☑ | ☑ | |
| | 按钮头供料气缸 | Bool | %Q0.2 | | ☑ | ☑ | ☑ | |
| | 定位气缸 | Bool | %Q0.3 | | ☑ | ☑ | ☑ | |
| | 螺栓供料气缸 | Bool | %Q0.4 | | ☑ | ☑ | ☑ | |
| | 螺栓推出气缸伸出线圈 | Bool | %Q0.5 | | ☑ | ☑ | ☑ | |
| | 螺栓推出气缸缩回线圈 | Bool | %Q0.6 | | ☑ | ☑ | ☑ | |
| | 无杆气缸 | Bool | %Q0.7 | | ☑ | ☑ | ☑ | |
| | 复位 | Bool | %I1.5 | | ☑ | ☑ | ☑ | |
| | <新增> | | | | ☑ | ☑ | ☑ | |

图 8-4-2　添加 I/O 变量表

其余后面程序要用到的中间变量按相同方法添加即可。

【技能训练5】 PLC控制程序块编写。

## 1. SFC程序块编写

（1）绘制顺序功能图

【技能训练6】 根据工作站工作流程图，绘制方向调整工作站顺序功能图。

按照前面的工艺流程分析和绘制出的工作站工作流程图，结合工作站硬件结构特点和任务要求，把工作流程图进一步转化为顺序功能图，如图8-4-3所示。

图8-4-3 产品组装工作站顺序功能图

（2）SFC 梯形图程序

结合顺序功能图，能很方便地转换成用梯形图语言表示的 PLC 控制程序。

## 2. button 程序块编写

参考程序如图 8-4-4 所示。

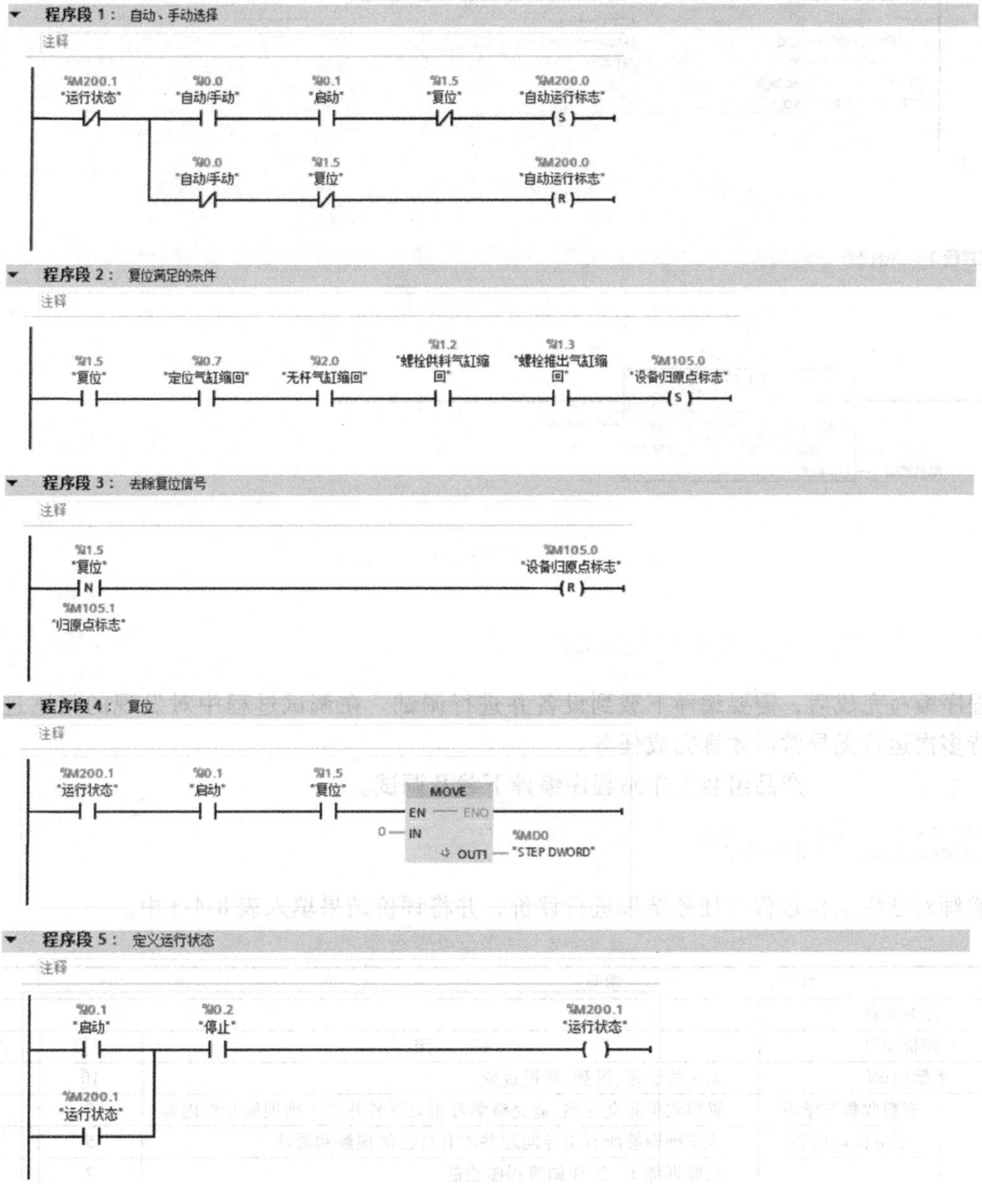

图 8-4-4　button 程序块参考程序

## 3. put/get 通信程序块

通信程序块参考程序如图 8-4-5 所示。

## 4. StepMotor FC 块

本站拧螺栓电动机采用步进电动机，其驱动使能采用 PLC 的 PWM 功能指令实现。参考程序如图 8-4-6 所示。

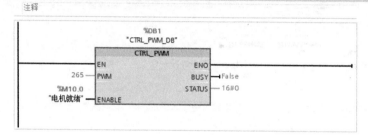

图 8-4-5　第五站 put/get 通信程序块参考程序

图 8-4-6　步进电动机使能 FC 块参考程序

## 8.4.5　工作站程序编译下载及调试

程序编写完成后，需要编译下载到设备并进行调试。在调试过程中对发现的问题进行处理，待多次运行无异常后才算完成任务。

【技能训练 7】　产品组装工作站程序编译下载及调试。

### 》任务评价与反馈

教师对学生工作过程与任务结果进行评价，并将评价结果填入表 8-4-3 中。

表 8-4-3　任务综合评价表

| 班级： | | 姓名： | | 学号： | | | |
|---|---|---|---|---|---|---|---|
| | 任务名称 | | | | | | |
| | 评价项目 | | 等　级 | | | 分值 | 得分 |
| 考勤（10%） | | | 无无故旷课、迟到、早退现象 | | | 10 | |
| 工作过程（70%） | 资料收集与学习 | | 资料收集齐全完整，能完整学习相关资料并能正确理解知识内容 | | | 5 | |
| | 引导问题回答 | | 能正确回答所有引导问题并能有自己的理解和看法 | | | 5 | |
| | 过程技能训练任务 | | 技能训练 1　工作站流程图绘制 | | | 2 | |
| | | | 技能训练 2　PLC I/O 地址表填写完整 | | | 2 | |
| | | | 技能训练 3　创建项目，设备组态 | | | 1 | |
| | | | 技能训练 4　PLC 变量表建立 | | | 2 | |
| | | | 技能训练 6　顺序功能图绘制 | | | 2 | |
| | | | 技能训练 7　编译下载及调试程序 | | | 1 | |
| | 工作站编程任务（技能训练 5） | | 子任务 1　初始化回零［具体评分标准见下页"工作站程序任务评分表（S5-产品组装工作站）"］ | | | 10 | |
| | | | 子任务 2　系统运行［具体评分标准见下页"工作站编程任务评分表（S5-产品组装工作站）"］ | | | 30 | |

（续）

| 评价项目 | | 等　级 | 分值 | 得分 |
|---|---|---|---|---|
| 工作过程<br>（70%） | 工作态度 | 态度端正,工作认真、主动 | 2 | |
| | 协调能力 | 与小组成员、同学之间能合作交流,协同工作 | 3 | |
| | 职业素养 | 能做到安全生产,文明操作,保护环境,爱护设备设施 | 5 | |
| 任务成果<br>（20%） | 工作完整 | 能按要求完成所有学习任务 | 5 | |
| | 操作规范 | 能按照设备及实训室要求规范操作 | 5 | |
| | 任务结果 | 知识学习完整、正确理解,按要求完成各项技能训练任务,成果提交完整 | 10 | |
| 合计 | | | 100 | |

## 任务小结

总结本任务学习过程中的收获、体会及存在的问题，并记录到下面空白处。

_____

_____

_____

## 工作站编程任务评分表（S5-产品组装工作站）

### 子任务一　初始化回零

整个系统在任意状态下，通过操作面板执行相应的动作，使其恢复到初始状态。

| 编号 | 任务要求 | 分值 | 得分 |
|---|---|---|---|
| 1 | 自动运行指示灯以 2Hz 的频率闪烁直到回零动作全部完成 | 1.6 | |
| 2 | 终态时:定位气缸缩回 | 1.4 | |
| 3 | 终态时:推杆供料气缸伸出 | 1.4 | |
| 4 | 终态时:顶丝供料气缸伸出 | 1.4 | |
| 5 | 终态时:顶丝推出气缸缩回 | 1.4 | |
| 6 | 终态时:无杆气缸缩回 | 1.4 | |
| 7 | 终态时:拧顶丝电动机停止 | 1.4 | |

### 子任务二　系统运行

根据单步运行与自动运行的设计要求，完成本工作站相应的控制功能。

| 编号 | 任务要求 | 分值 | 得分 |
|---|---|---|---|
| | **进入自动运行模式后,实现以下动作序列:** | | |
| 1 | 上料点 B1 检测到物料后,延时 1s,定位气缸伸出固定物料 | 1.3 | |
| 2 | 定位气缸伸出到位后,延时 1s,按钮头供料气缸缩回 | 1.3 | |
| 3 | 按钮头供料气缸缩回到位后,延时 1s,按钮头供料气缸伸出 | 1.3 | |
| 4 | 按钮头供料气缸伸出到位后,无杆气缸伸出 | 1.3 | |
| 5 | 无杆气缸伸出到位后,延时 1s,定位气缸缩回 | 1.3 | |
| 6 | 定位气缸缩回到位后,等待物料被取走 | 1.3 | |
| 7 | 物料被取走后,无杆气缸缩回 | 1.3 | |
| 8 | 系统能重复 1~7 之间的操作 | 2 | |
| | **进入单步运行模式后,完成以下动作序列:** | | |
| 9 | 上料点 B1 检测到物料后,按下起动按钮,定位气缸伸出固定物料 | 1.3 | |
| 10 | 定位气缸伸出到位后,按下起动按钮,按钮头供料气缸缩回 | 1.3 | |

（续）

| 编号 | 任务要求 | 分值 | 得分 |
|------|----------|------|------|
| | **进入单步运行模式后,完成以下动作序列:** | | |
| 11 | 按钮头供料气缸缩回到位后,按下起动按钮,按钮头供料气缸伸出 | 1.3 | |
| 12 | 按钮头供料气缸伸出到位后,按下起动按钮,螺栓供料气缸缩回 | 1.3 | |
| 13 | 螺栓供料气缸缩回到位后,按下起动按钮,螺栓供料气缸伸出 | 1.3 | |
| 14 | 螺栓供料气缸伸出到位后,按下起动按钮,无杆气缸伸出 | 1.3 | |
| 15 | 无杆气缸伸出到位后,按下起动按钮,拧螺栓电动机起动 | 1.3 | |
| 16 | 拧螺栓电动机起动后,按下起动按钮,螺栓推出气缸伸出 | 1.3 | |
| 17 | 螺栓推出气缸伸出到位后,按下起动按钮,拧螺栓电动机停止 | 1.3 | |
| 18 | 拧螺栓电动机停止后,按下起动按钮,螺栓推出气缸缩回 | 1.3 | |
| 19 | 螺栓推出气缸缩回到位后,按下起动按钮,定位气缸缩回 | 1.3 | |
| 20 | 定位气缸缩回到位后,按下起动按钮,等待物料被取走 | 1.3 | |
| 21 | 物料被取走后,按下起动按钮,无杆气缸缩回 | 1.3 | |
| 22 | 系统能重复 9~21 之间的操作 | 2 | |

# 项目9  产品分拣工作站的安装与调试

| 项目9  产品分拣工作站的安装与调试 | 学时：8学时 |
|---|---|
| **学习目标** | |

**知识目标**

（1）掌握产品分拣工作站的结构组成和工艺要求

（2）掌握产品分拣工作站的气动回路图和电气原理图的识读方法

（3）掌握产品分拣工作站的机械安装和电气安装流程

（4）掌握产品分拣工作站PLC程序的编写和调试方法

**能力目标**

（1）能够正确认识产品分拣工作站的主要组成部件及绘制工作流程

（2）能识读和分析产品分拣工作站的气动回路图和电气原理图及安装接线图

（3）能够根据安装图样正确连接工作站的气路和电路

（4）能够根据产品分拣工作站的工艺要求进行软硬件的调试和故障排除

**素质目标**

（1）学生应树立职业意识，并按照企业的"8S"（整理、整顿、清扫、清洁、素养、安全、节约、学习）质量管理体系要求自己

（2）操作过程中，必须时刻注意安全用电，严禁带电作业，严格遵守电工安全操作规程

（3）爱护工具和仪器仪表，自觉地做好维护和保养工作

（4）具有吃苦耐劳、严谨细致、爱岗敬业、团队合作、勇于创新的精神，具备良好的职业道德

**教学重点与难点**

**教学重点**

（1）产品分拣工作站的气路和电路连接

（2）产品分拣工作站的PLC控制程序设计

**教学难点**

（1）产品分拣工作站的气路和电路故障诊断和排除

（2）产品分拣工作站的软件PLC程序故障分析和排除

（续）

| 任务名称 | 任务目标 |
|---|---|
| 任务9.1　认识产品分拣工作站组成及工作流程 | （1）掌握产品分拣工作站的主要结构和部件功能<br>（2）了解产品分拣工作站的工艺流程，并绘制工艺流程图 |
| 任务9.2　识读与绘制产品分拣工作站系统电气图 | （1）能够看懂产品分拣工作站的气动控制回路的原理图<br>（2）能够看懂产品分拣工作站的电路原理图 |
| 任务9.3　产品分拣工作站的硬件安装与调试 | （1）掌握产品分拣工作站的气动控制回路的布线方法和绑扎工艺<br>（2）能根据气路原理图连接产品分拣工作站的气路连接与绑扎<br>（3）掌握产品分拣工作站的电路控制回路的布线方法和绑扎工艺<br>（4）能根据电路原理图连接产品分拣工作站的电路连接与绑扎 |
| 任务9.4　产品分拣工作站的控制程序设计与调试 | （1）掌握产品分拣工作站的主要动作过程和工艺要求<br>（2）能够编写产品分拣工作站的PLC控制程序<br>（3）能够正确分析并快速地排除产品分拣工作站的软硬件故障 |

## 任务9.1　认识产品分拣工作站组成及工作流程

### 》》任务工单

| 任务名称 | | | | 姓名 | |
|---|---|---|---|---|---|
| 班级 | | 组号 | | 成绩 | |
| 工作任务 | ◆ 扫描二维码，观看产品分拣工作站运行视频<br>◆ 认识工作站组成主要部件，了解颜色检测传感器（色标传感器）的功能、原理、符号表示、使用方法、应用场景，完成引导问题<br>◆ 观察产品分拣工作站，阅读和查阅相关资料，填写工作站组成部件清单表<br>◆ 观察工作站的运行过程，用流程图的形式描述工作站的工艺流程 | | | 产品分拣工作站<br>运行视频 | |

| | 知识目标<br>• 掌握产品分拣工作站的基本组成及主要部件的功能<br>• 了解产品分拣工作站的工作流程<br>能力目标<br>• 能正确识别产品分拣工作站的气动元件，包括类型、功能、符号表示<br>• 能正确识别产品分拣工作站的传感检测元件，包括类型、功能、符号表示<br>• 能正确识别产品分拣工作站的常用电气元件，包括类型、功能、符号表示<br>• 能正确填写产品分拣工作站的主要组成部件型号、功能、作用<br>素质目标<br>• 良好的协调沟通能力、团队合作及敬业精神<br>• 良好的职业素养，遵守实践操作中的安全要求和规范操作注意事项<br>• 勤于思考、善于探索的良好学习作风<br>• 勤于查阅资料、善于自学、善于归纳分析 |
|---|---|
| 任务目标 | |
| 任务准备 | 工具准备<br>• 扳手（17#）、螺丝刀（一字/内六角）、万用表<br>技术资料准备<br>• 智能自动化工厂综合实训平台各工作站的技术资料，包括工艺概览、组件列表、输入输出列表、电气原理图<br>环境准备<br>• 实践安装操作场所和平台 |

| | 职务 | 姓名 | 工作内容 |
|---|---|---|---|
| 任务分配 | 组长 | | |
| | 组员 | | |
| | 组员 | | |

## 任务资讯与实施

【引导问题1】　观察工作站的运行情况，产品分拣站是由丝杠输送组件，（　　　　　），（　　　　）构成，其中丝杠输送组件是由丝杠输送模组、提升电动机 M1（　　　　　）、提升机构、（　　　　），气爪、（　　　　　　　）、连接件及固定螺栓组成；其功能是将物料从（　　　　）夹起，输送至（　　　）。颜色检测组件是由（　　　　　）、连接件及固定螺栓组成；其功能是（　　　　　）并记录。滑槽组件是由（　　　）组成；其功能是（　　　　）。

## 9.1.1　产品分拣工作站组成及工作流程介绍

### 1. 产品分拣工作站硬件组成（见图 9-1-1，图 9-1-2 和表 9-1-1）

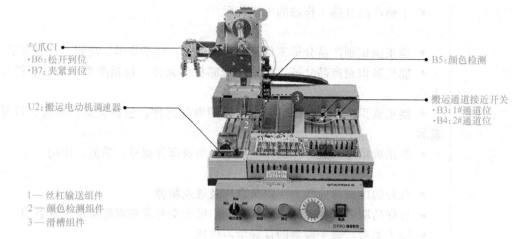

气爪C1
·B6: 松开到位
·B7: 夹紧到位

B5: 颜色检测

U2: 搬运电动机调速器

搬运通道接近开关
·B3: 1#通道位
·B4: 2#通道位

1—丝杠输送组件
2—颜色检测组件
3—滑槽组件

图 9-1-1　产品分拣工作站硬件组成正面

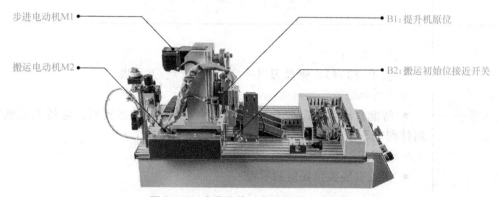

步进电动机M1

B1: 提升机原位

搬运电动机M2

B2: 搬运初始位接近开关

图 9-1-2　产品分拣工作站硬件组成侧面

表 9-1-1　产品分拣工作站组成结构及功能部件

| 序号 | 名　称 | 组　成 | 功　能 |
|---|---|---|---|
| 1 | 丝杠输送组件 | 丝杠输送模组、提升电动机 M1(步进电动机)、提升机构、提升机限位开关(原点 B1、上限 S5、下限 S6)、气爪、气爪到位检测传感器(松开 1B2、夹紧 1B1)、连接件及固定螺栓 | 将物料从产品组装站夹起，输送至不同的滑槽 |
| 2 | 颜色检测组件 | 颜色检测传感器 B5、连接件及固定螺栓 | 检测物料颜色并记录 |
| 3 | 滑槽组件 | 斜坡滑道、连接件及固定螺栓 | 存储组装好的物料 |

【技能训练 1】　观察产品分拣工作站的基本结构，阅读相关资料手册，按要求填写表 9-1-2。

表 9-1-2　次品分拣工作站组成结构及功能部件

| 序号 | 名　称 | 组　成 | 功　能 |
|---|---|---|---|
| 1 | 机械本体部件 | | |
| 2 | 检测传感部件 | | |
| 3 | 电子控制单元 | | |
| 4 | 执行部件 | | |
| 5 | 动力源部件 | | |

【技能训练2】 阅读及查阅资料，观察产品分拣工作站运行过程，用流程图的形式绘制工作站工作流程。

### 2. 产品分拣站工作流程

1）接收到第五站完成组装完成信号后，提升机构带动气爪下降到产品上方，然后气爪夹取产品，夹取成功后，提升机构带动气爪上升到预定位置。

2）提升机上升到预定位置后丝杠输送电动机 M2 正转，丝杠输送组件移动到颜色检测位置处（丝杠输送组件在搬运 1#通道位），电动机 M2 停止转动，检测产品颜色，并记录结果。检测完成后，如果是白色产品，提升机构带动气爪下降滑道上方，松开气爪，把白色产品放置入滑道。

3）如果是黑色产品，丝杠输送电动机 M2 起动并正转，丝杠输送组件移动到搬运 2#通道位，电动机 M2 停止转动，松开气爪，把黑色产品放置入滑道。分拣完成后，提升机构回到初始原点位置处，然后丝杠输送电动机 M2 起动并反转，丝杠输送组件回到搬运初始位。如图 9-1-3 所示。

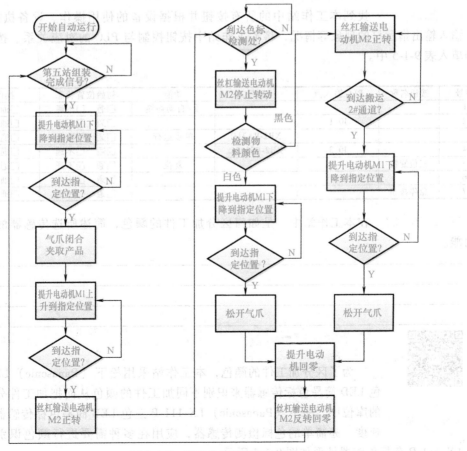

图 9-1-3 产品分拣站工作流程图

【技能训练3】 完成现场验收测试（SAT），在表9-1-3中填写磁性开关的位号，安装位置，功能，是否检测到位。

表 9-1-3　磁性开关信息清单

| 序号 | 设备名称 | 安装位置 | 功能 | 是否到位 |
|---|---|---|---|---|
| 1 |  |  |  | □是　□否 |
| 2 |  |  |  | □是　□否 |
| 3 |  |  |  | □是　□否 |
| 4 |  |  |  | □是　□否 |
| 5 |  |  |  | □是　□否 |
| 6 |  |  |  | □是　□否 |
| 7 |  |  |  | □是　□否 |
| 8 |  |  |  | □是　□否 |

【技能训练4】 完成现场验收测试（SAT），使用万用表，在表9-1-4中列出PLC与电磁阀的对应关系。

表 9-1-4　PLC与电磁阀的对应

| 序号 | PLC信号 | 执行机构动作 | 电磁阀进气口 | 电磁阀出气口 |
|---|---|---|---|---|
| 1 |  |  | □接通　□关闭 | □接通　□关闭 |
| 2 |  |  | □接通　□关闭 | □接通　□关闭 |
| 3 |  |  | □接通　□关闭 | □接通　□关闭 |
| 4 |  |  | □接通　□关闭 | □接通　□关闭 |
| 5 |  |  | □接通　□关闭 | □接通　□关闭 |
| 6 |  |  | □接通　□关闭 | □接通　□关闭 |

【技能训练5】 找到本工作站中的所有按钮并根据设备的使用操作、设备执行的动作、PLC输入输出指示灯的现象等情况，将本工作站中按钮控制与PLC的对应关系、按钮旋钮的型号填入表9-1-5中。

表 9-1-5　工作站中按钮控制与PLC的对应关系

| 序号 | 按钮名称 | PLC输入点 | 型号 | 功能 | 初始位置状态 | 操作后状态 |
|---|---|---|---|---|---|---|
| 1 |  |  |  | 手/自动切换 | □通　□不通 | □通　□不通 |
| 2 |  | I0.1 |  |  | □通　□不通 | □通　□不通 |
| 3 |  |  | XB2-BA31C | 单步运行 | □通　□不通 | □通　□不通 |
| 4 |  | I0.3 | XB2-BS542C |  | □通　□不通 | □通　□不通 |
| 5 | 三位旋钮 |  |  | 复位 | □通　□不通 | □通　□不通 |
| 6 |  |  |  |  | □通　□不通 | □通　□不通 |
| 7 | 急停按钮 |  |  |  | □通　□不通 | □通　□不通 |

【引导问题2】 在本工作站中，是如何区分加工件的颜色，简述所选传感器的型号及基本功能。

_____

_____

_____

任务 9.1
色标传感器

### 9.1.2　色标传感器

为了区分加工件的颜色，本工作站采用松下（Panasonic）LX-111-P 三色 LED 简易色标传感器来识别不同加工件的颜色从而把加工件分拣到不同的库位中。松下（Panasonic）LX-111-P 三色 LED 简易色标传感器是一款高速度、超简单的色标检测传感器，应用在多种需要进行颜色识别检测的场合。LX-111-P 色标传感器外形如图 9-1-4 所示。

图 9-1-4　LX-111-P 色标传感器外形

## 1. 色标传感器规格（见表 9-1-6）

表 9-1-6　色标传感器规格

| 种类 | | 电缆型 | 连接器型 |
|---|---|---|---|
| 型号 | NPN 输出 | LX-111 | LX-111-Z |
| 项目 | PNP 输出 | LX-111-P | LX-111-P-Z |
| 检测距离 | | 10±3mm | |
| 光点尺寸 | | 1×5mm（设定距离：10mm） | |
| 电源电压 | | DC 12~24V±10%/脉动 P-P10% 以下 | |
| 消耗电量 | | 功率 850mW 以下（电源电压 24V 时、消耗电流 30mA 以下） | |
| 切入模式 | | <NPN 输出型><br>色标模式<br>● Low…0~+2V<br>（源电流 0.5mA 以下）<br>● 输入阻抗约 10kΩ<br><br>彩色模式<br>High…+5V~+V 或断开 | <PNP 输出型><br>彩色模式<br>● High…+5V~+V<br>（流入电流 3mA 以下）<br>● 输入阻抗约 10kΩ<br><br>色标模式<br>Low…0~+0.6V 或断开 |
| 输出 | | <NPN 输出型><br>NPN 开路集电极晶体管<br>● 最大流入电流：50mA<br>● 外加电压：DC 30V 以下<br>（输出和 0V 之间）<br>● 剩余电压：1.5V 以下<br>（流入电流 50mA 时）[①] | <PNP 输出型><br>PNP 开路集电极晶体管<br>● 最大源电流：50mA<br>● 外加电压：DC 30V 以下<br>（输出和 +V 之间）<br>● 剩余电压：1.5V 以下<br>（流出电流 50mA 时）[①] |
| | 输出动作 | 色标模式：入光时 ON、彩色模式：一致时 ON | |
| | 短路保护 | 配备（自动复位式） | |
| 反应时间 | | 色标模式：45μs 以下、彩色模式：150μs 以下 | |
| 工作状态指示灯 | | 橙色 LED（输出 ON 时亮起） | |
| 保护构造 | | IP 67（IEC） | |
| 使用环境温度 | | −10~+55℃（注意不可结露、结冰）存储时：−20~+70℃ | |
| 使用环境湿度 | | 35%~85%RH、存储时：35%~85%RH | |
| 投光元件 | | 红色/绿色/蓝色 复合 LED（投光波峰波长：640nm/525nm/470nm） | |
| 材质 | | 外壳：PBT、操作按钮：硅胶、操作面板：PC、透镜：PC | |
| 电缆 | | 0.2mm$^2$4 芯橡皮电缆（标准长：2m） | [②] |
| 重量 | | 本体重量：约 110g<br>包装重量：约 120g | 本体重量：约 50g<br>包装重量：约 55g |

① 无指定时的测量条件是使用环境温度为±23℃。

② 连接器型不附带电缆。请务必另行订购连接器型用连接电缆。

　CN-24B-C2（直线型、4 芯、电缆长 2m）CN-24BL-C2（弯曲型、4 芯、电缆长 2m）；

　CN-24B-C5（直线型、4 芯、电缆长 5m）CN-24BL-C5（弯曲型、4 芯、电缆长 5m）。

## 2. 色标传感器各部件名称

色标传感器各部件名称如图 9-1-5 所示。

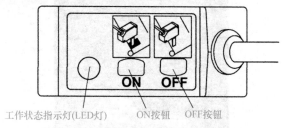

工作状态指示灯(LED灯)　　ON按钮　　OFF按钮

图 9-1-5　色标传感器各部件名称示意图

## 3. 色标传感器 I/O 电路图

LX-111 色标传感器分为 NPN 输出和 PNP 输出两种类型，其 I/O 接口电路如图 9-1-6 所示。

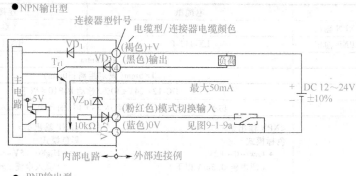

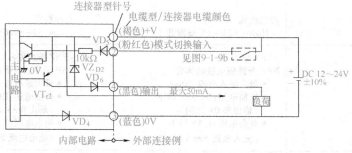

图 9-1-6　色标传感器 I/O 接口电路图

## 4. 色标传感器的设定

色标传感器的设定简单，设定过程如图 9-1-7 所示。

图 9-1-7　色标传感器设定过程示意图

**5. 色标传感器的使用**

1）确定模式，两种模式：彩色模式和色标模式。具体选择如图 9-1-8 所示。

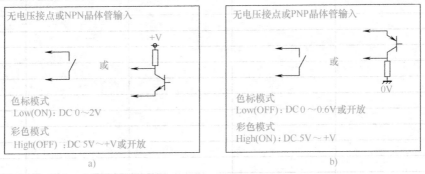

图 9-1-8　色标传感器模式选择电路

2）色标传感器教导方法：在使用时色标传感器要先进行教导，教导方法如图 9-1-9 所示。

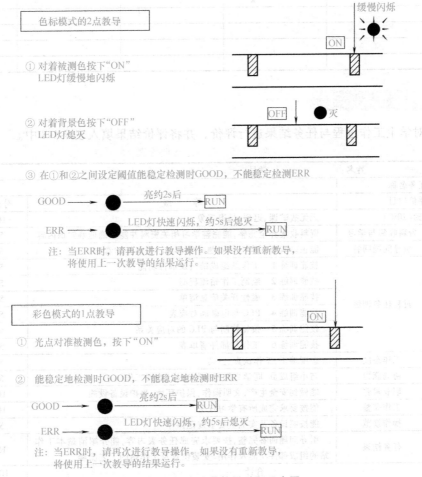

图 9-1-9　色标传感器教导过程示意图

【技能训练6】　列出工作站主要电气部件，包括气动组件、传感器，开关，控制器，驱动，电动机等，填入表 9-1-7 中。

表 9-1-7　产品分拣工作站部件清单

| 序号 | 名称 | 品牌 | 规格 | 型号 | 数量 |
|---|---|---|---|---|---|
| 1 | | | | | |
| 2 | | | | | |
| 3 | | | | | |
| 4 | | | | | |
| 5 | | | | | |
| 6 | | | | | |
| 7 | | | | | |
| 8 | | | | | |
| 9 | | | | | |
| 10 | | | | | |
| 11 | | | | | |
| 12 | | | | | |
| 13 | | | | | |
| 14 | | | | | |
| 15 | | | | | |
| 16 | | | | | |
| 17 | | | | | |
| 18 | | | | | |
| 19 | | | | | |
| 20 | | | | | |

## 任务评价与反馈

教师对学生工作过程与任务结果进行评价，并将评价结果填入表 9-1-8 中。

表 9-1-8　任务综合评价表

班级：　　　　姓名：　　　　学号：

| 任务名称 | | | | |
|---|---|---|---|---|
| 评价项目 | | 等　级 | 分值 | 得分 |
| 考勤（10%） | | 无无故旷课、迟到、早退现象 | 10 | |
| 工作过程（60%） | 资料收集与学习 | 资料收集齐全完整，能完整学习相关资料并能正确理解知识内容 | 5 | |
| | 引导问题回答 | 能正确回答所有引导问题并能有自己的理解和看法 | 5 | |
| | 过程任务训练 | 技能训练1　工作站组成结构及部件功能 | 5 | |
| | | 技能训练2　绘制工作站流程图 | 5 | |
| | | 技能训练3　磁性开关信息清单 | 5 | |
| | | 技能训练4　PLC 与电磁阀对应表 | 5 | |
| | | 技能训练5　按钮控制与 PLC 的对应关系 | 5 | |
| | | 技能训练6　工作站部件清单表 | 5 | |
| | 工作态度 | 态度端正，工作认真、主动 | 5 | |
| | 协调能力 | 与小组成员、同学之间能合作交流，协同工作 | 5 | |
| | 职业素养 | 能做到安全生产，文明操作，保护环境，爱护设备设施 | 10 | |
| 任务成果（30%） | 工作完整 | 能按要求完成所有学习任务 | 10 | |
| | 操作规范 | 能按照设备及实训室要求规范操作 | 5 | |
| | 任务结果 | 引导问题回答完整，按要求完成任务表内容，能介绍清楚本工作站的组成部件功能及作用、安装位置及工作站的工艺流程 | 15 | |
| 合计 | | | 100 | |

## 任务小结

总结本任务完成过程中的收获、体会及存在的问题，并记录到下面空白处。

## 任务9.2　识读与绘制产品分拣工作站系统电气图

### 📂 任务工单

| 任务名称 | | | 姓名 | |
| --- | --- | --- | --- | --- |
| 班级 | | 组号 | 成绩 | |
| 工作任务 | ◆ 学习相关知识点，完成引导问题<br>◆ 扫描二维码，下载产品分拣工作站的气动回路图和电气原理图，按要求完成气动回路图和电气原理图的分析和绘制 | | | |
| 任务目标 | 知识目标<br>• 掌握工作站气动回路图识读与绘制方法<br>• 掌握电气原理图识读与绘制方法<br>• 掌握产品分拣颜色传感器的符号表示、接线及使用方法<br>• 掌握步进电动机的驱动接线方法<br>能力目标<br>• 能够读懂气动回路图和电气原理图<br>• 能够绘制气动回路图和电气原理图<br>素质目标<br>• 良好的协调沟通能力、团队合作及敬业精神<br>• 专业的职业素养，遵守实践操作中的安全要求和规范操作注意事项<br>• 勤于思考、善于探索的良好学习作风<br>• 勤于查阅资料、善于自学、善于归纳分析 | | 产品分拣工作<br>站的气动回路<br>图和电气<br>原理图 | |
| 任务准备 | 工具准备<br>• 扳手（17#）、螺丝刀（一字/内六角）、万用表<br>技术资料准备<br>• 智能自动化工厂综合实训平台各工作站的技术资料，包括工艺概览、组件列表、输入输出列表、电气原理图<br>环境准备<br>• 实践安装操作场所和平台 | | | |
| 任务分配 | 职务 | 姓名 | 工作内容 | |
| | 组长 | | | |
| | 组员 | | | |
| | 组员 | | | |

【技能训练1】 阅读工作站的气动回路原理图。指出图中符号的含义，填入表9-2-1中。

表9-2-1 气动回路图元件符号识别记录表

| 符号 | 含义名称 | 功能说明 |
|------|---------|---------|
| 0V1 | | |
| 1V1 | | |
| 1V2 | | |
| 1V3 | | |
| 1C | | |
| 1B1 | | |
| 1B2 | | |
| 1Y1 | | |
| 2Y2 | | |

## 9.2.1 产品分拣工作站气动回路分析

### 1. 部件介绍

该工作站气动原理图如图9-2-1所示，图中，0V1点画线框为阀岛，1V1为双电控两位五通电磁换向阀；1C为气动手指（气爪），1B1和1B2为磁感应式接近开关，分别检测气爪夹紧和松开是否到位。

1Y1、1Y2为控制气爪的电磁阀的两个电磁控制信号。

1V2、1V3为单向节流阀，起到调节气爪抓紧和松开的速度。

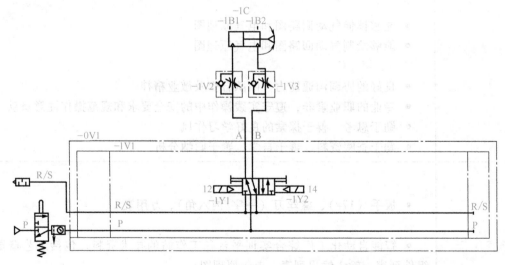

图9-2-1 产品分拣工作站气动回路图

### 2. 动作分析

当1Y1得电，1Y2失电时，1V1阀体的左位起作用，压缩空气经由单向节流阀1V2的单向阀到达气爪1C的左端，从气爪右端经单向阀1V3的节流阀，实现排气节流，控制气爪速度，最后经由1V1阀体气体从3/5端口排出。简单地说就是由A路进B路出，气爪属于松开状态。

当1Y2得电，1Y1失电时，1V1阀体的右位起作用，压缩空气经由单向节流阀1V3的单向阀到达气爪1C的右端，从气爪左端经由单向阀1V2的节流阀，实现排气节流，控制气爪速度，最后经由1V1阀体气体从3/5端口排出。简单地说就是由B路进A路出，气爪属于夹紧状态。

### 9.2.2 产品分拣工作站电气控制电路分析

#### 1. 电源电路

外部220V交流电源通过一个2P断路器（型号规格：SIEMENS 2P/10A）给24V开关电源（型号规格：明纬NES-100-24 100W 24V 4.5A）供电，输出24V直流电源，给后续控制单元供电。由24V翘板带灯开关控制24V直流供电电源的输出通断，如图9-2-2所示。

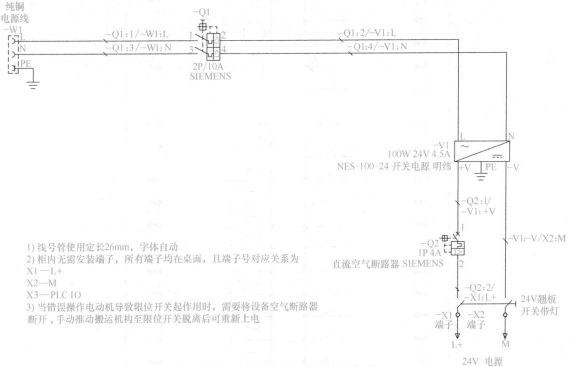

图9-2-2 产品分拣工作站电源电路

#### 2. PLC接线端子电路

PLC为西门子S7-1200PLC 1214DC/DC/DC，供货号为SIE 6ES7214-1AG40-0XB0；输入端子（DI a-DI b）接按钮开关、接近开关及传感检测端；输出端子（DQ a-DQ b）接输出驱动（接触器线圈、继电器线圈、电机驱动）单元端子，如图9-2-3所示。

【技能训练2】 根据现场的端子接线，画出与之对应的端子图，填入表9-2-2中。

表9-2-2 端子接线图对照表

| | | | | | | | | | | | | | | | | | | | | | | | | | | |
|---|---|---|---|---|---|---|---|---|---|---|---|---|---|---|---|---|---|---|---|---|---|---|---|---|---|---|
| | | | | | | | | | | | | | | | | | | | | | | | | | | |
| | | | | | | | | | | | | | | | | | | | | | | | | | | |
| 1 | 2 | 3 | 4 | 5 | 6 | 7 | 8 | 9 | 10 | 11 | 12 | 13 | 14 | 15 | 16 | 17 | 18 | 19 | 20 | 21 | 22 | 23 | 24 | 25 | 26 | 27 |
| 1 | 2 | 3 | 4 | 5 | 6 | 7 | 8 | 9 | 10 | 11 | 12 | 13 | 14 | 15 | 16 | 17 | 18 | 19 | 20 | 21 | 22 | 23 | 24 | 25 | 26 | 27 |
| | | | | | | | | | | | | | | | | | | | | | | | | | | |
| | | | | | | | | | | | | | | | | | | | | | | | | | | |
| | | | | | | | | | | | | | | | | | | | | | | | | | | |

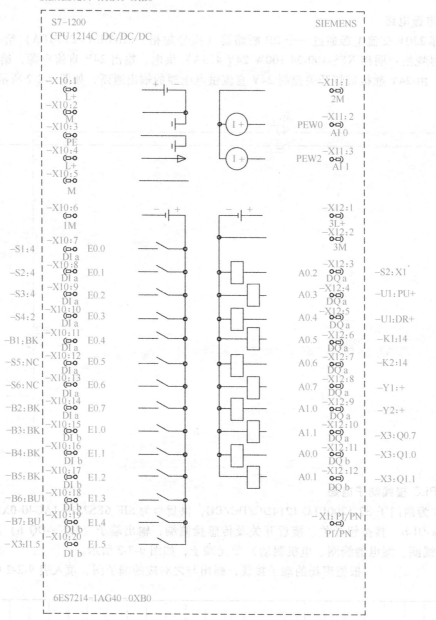

图 9-2-3　产品分拣工作站 PLC 接线端子图

### 3. PLC 电源供电电路

西门子 S7-1200 PLC DC/DC/DC 由 DC 24V 供电。L+接 24V 电源正极，M 接 24V 电源负极，PE 接中性保护地，如图 9-2-4 所示。

【引导问题 1】　识读工作站有关按钮或红外漫反射光电开关传感器接线电路图，找到色标传感器，简述该传感器的类型、功能。

如图 PLC 中 S （L， L↑ 等入入端，入入端 IO， IO， 为输入端子
分子 相关节点。 IO 安装电器装置 IO， 节点 IT， 的 I↑，工 出输入出
为工节点出，T， 2 端传入及功器接线，连 PLC 自动分拣机器，各间接

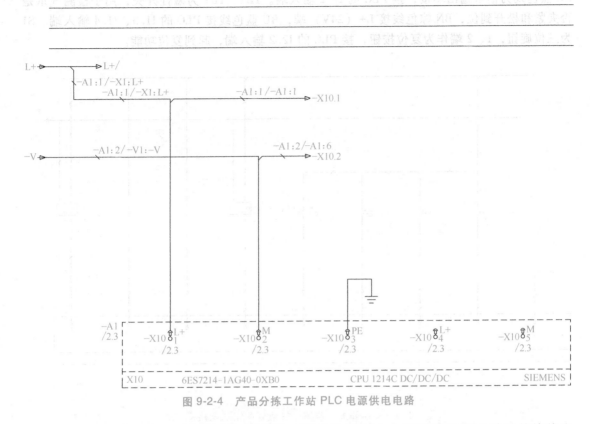

图 9-2-4　产品分拣工作站 PLC 电源供电电路

【技能训练 3】　用万用表检查相关线路，测量绘制出这个传感器和 PLC 端子的接线电路图。

### 4. 按钮开关及接近开关接线电路

电路图分析：

如图 9-2-5 中，S1 为三位按钮，3、4 端实现手动/自动切换功能，一端接 PLC 的 I0.0 输入端子，另一端接 L+接线端。S2 为带灯按钮，实现启动自动和指示自动运行作用，接 PLC 的 I0.1 输入端。S3 为平头按钮，实现停止运行功能，接 PLC 的 I0.2 输入端。S4 是急停按钮，实现系统急停功能，接 PLC 的 I0.3 输入端。B1、B2 为电感式接近开关，作为提升机原点和搬运初始位的检测，采用三线制，BN 棕色线接 L+（24V）端，BU 蓝色线接 M（0V）端，BK 黑色线为信号输出端接，分别接 PLC 的 I0.4 和 I0.7 输入端。

如图 9-2-6 中，B3、B4 为电感式接近开关，作为搬运 1#通道位和搬运 2#通道位的检测，采用三线制，BN 棕色线接 L+（24V）端，BU 蓝色线接 M（0V）端，BK 黑色线为信号输出端接，分别接 PLC 的 I1.0 和 I1.1 输入端。B5 为色标传感器，用于检测物料的颜色（是红色还是白色）。色标传感器采用三线制，BN 棕色线接 L+（24V）端，BU 蓝色线接 M（0V）端，

BK 黑色线为信号输出端接，接 PLC 的 I1.2 输入端。1B2、1B1 为磁性开关，用于检测气爪是否夹紧和松开到位，BN 棕色线接 L+（24V）端，BU 蓝色线接 PLC 的 I1.3、I1.4 输入端。S1 为三位旋钮，1、2 端作为复位按钮，接 PLC 的 I2.2 输入端，起到复位功能。

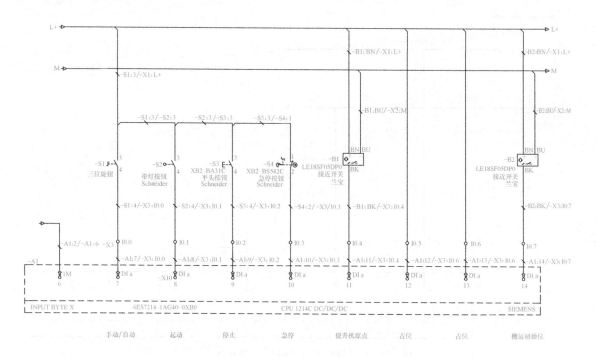

图 9-2-5　按钮开关、电感式接近开关接线电路图（1）

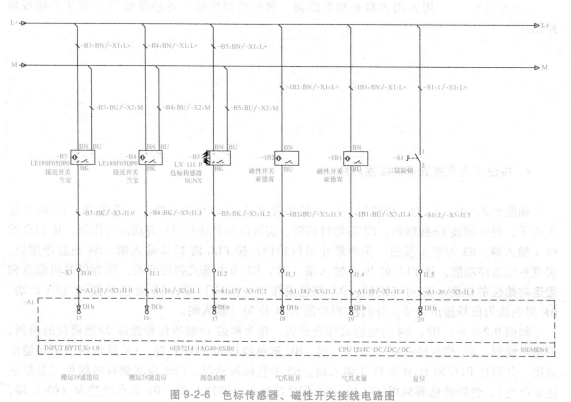

图 9-2-6　色标传感器、磁性开关接线电路图

### 5. PLC 输出端驱动电路

PLC 输出端驱动电路包括指示灯驱动、搬运电动机使能、电磁阀线圈通断驱动等。

电路图分析：

如图 9-2-7 中，L1 为带灯按钮，接 PLC 的 I/O 输出端 Q0.0，由 Q0.0 驱动按钮灯亮或灭。P1 为步进电动机驱动器脉冲输出端口，由 PLC 的 Q0.1 驱动，作为提升电动机的脉冲输出驱动端；D1 为步进电动机驱动器方向输出端口，由 PLC 的 Q0.2 驱动，作为提升电动机的方向控制输出驱动端；K1 为搬运电动机使能中间继电器输出端，作为搬运电动机的使能输出，由 PLC 的 Q0.3 驱动。K2 为搬运电动机方向中间继电器输出端，作为搬运电动机的方向控制输出，由 PLC 的 Q0.4 驱动。1Y1、1Y2 是气爪电磁阀驱动控制线圈，气爪控制电磁阀是个双控电磁阀，由 PLC 的 Q0.5、Q0.6 驱动控制，当 Q0.5 输出 1 时，Q0.6 为 0 时，气爪松开，反之，当 Q0.5 输出 0 时，Q0.6 为 1 时，气爪夹紧，其他输出状态时气爪保持原先状态。

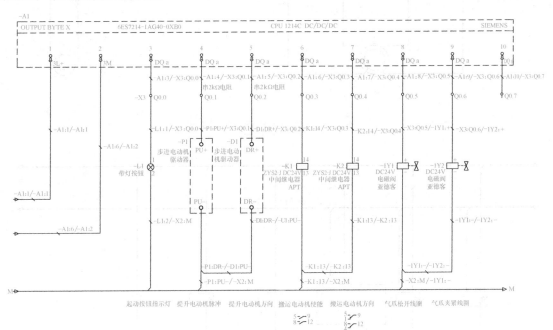

图 9-2-7 PLC 输出端驱动电路图

### 6. 提升电动机（步进电动机）驱动和搬运电动机调速控制电路

电路图分析：

如图 9-2-8 中，M1 为提升电动机，是一个步进电动机，型号为 2HB57-56B。U1 是步进电动机驱动器。步进电动机的 RD（红）、BU（蓝）、BK（黑）、GN（绿）四根线分别接步进电动机驱动器的 A+、A-、B+、B-。M2 是直流减速电动机。U2 为直流电动机调速器（旋钮电位器），旋转旋钮即改变电位器值调节加在直流电机两端的电压来起到调节直流电动机的速度。K1 为中间继电器，其一对常开触点用于控制直流电动机的起动和停止。K2 为中间继电器，接一对常开和常闭触点，用于切换搬运电动机的运转方向。

【技能训练4】 找到色标传感器的安装位置并根据线号，通过使用万用表测量线路通断，将色标传感器部分的电路补完整，如图 9-2-9 所示。

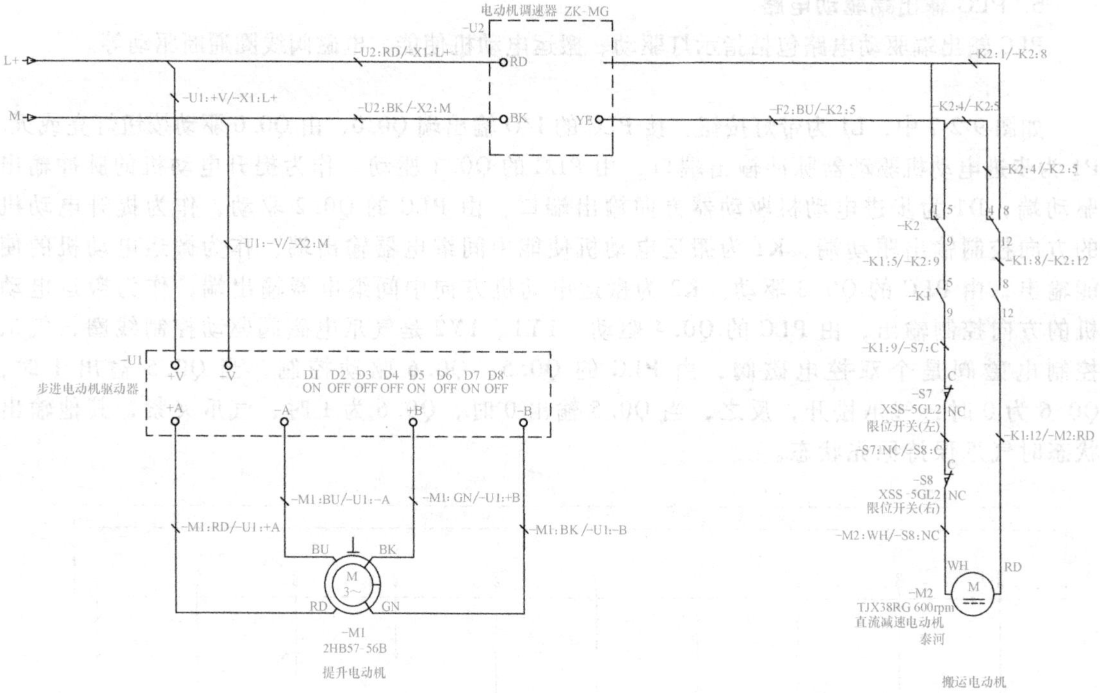

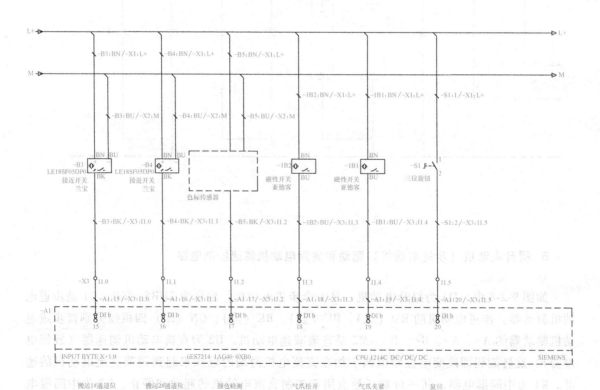

图 9-2-8　搬运电动机调速控制电路

图 9-2-9　色标传感器部分的电路

【技能训练 5】　根据电气原理图，把电动机驱动电路补充完整，如图 9-2-10 所示。

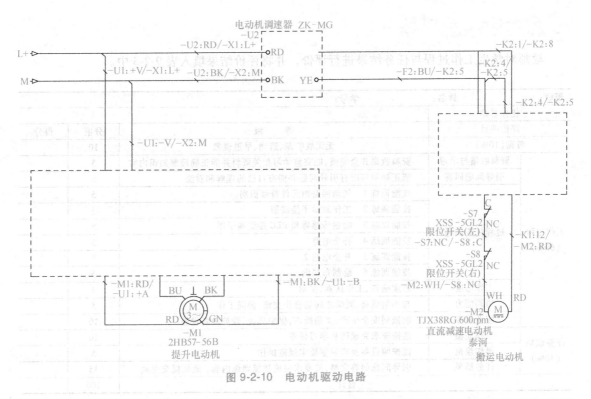

图 9-2-10　电动机驱动电路

【技能训练6】　在了解各部位的功能后，在电气柜安装的过程中，需要对每个盘面上每个部件的位置进行确认，绘制出电气布局图。

## 任务评价与反馈

教师对学生工作过程与任务结果进行评价，并将评价结果填入表 9-2-3 中。

表 9-2-3　任务综合评价表

| 班级： | | 姓名： | | 学号： | | |
|---|---|---|---|---|---|---|
| 任务名称 | | | | | | |
| 评价项目 | | 等　　级 | | | 分值 | 得分 |
| 考勤（10%） | | 无无故旷课、迟到、早退现象 | | | 10 | |
| 工作过程（60%） | 资料收集与学习 | 资料收集齐全完整，能完整学习相关资料并能正确理解知识内容 | | | 5 | |
| | 引导问题回答 | 能正确回答所有引导问题并能有自己的理解和看法 | | | 5 | |
| | 过程任务训练 | 技能训练1　气动回路图元件符号识别 | | | 5 | |
| | | 技能训练2　工作站端子接线图 | | | 5 | |
| | | 技能训练3　绘制传感器和 PLC 接线端子图 | | | 5 | |
| | | 技能训练4　补全电路1 | | | 5 | |
| | | 技能训练5　补全电路2 | | | 5 | |
| | | 技能训练6　绘制布局图 | | | 5 | |
| | 工作态度 | 态度端正、工作认真、主动 | | | 5 | |
| | 协调能力 | 与小组成员、同学之间能合作交流，协同工作 | | | 5 | |
| | 职业素养 | 能做到安全生产，文明操作，保护环境，爱护设备设施 | | | 10 | |
| 任务成果（30%） | 工作完整 | 能按要求完成所有学习任务 | | | 10 | |
| | 操作规范 | 能按照设备及实训室要求规范操作 | | | 5 | |
| | 任务结果 | 引导问题回答完整，按要求完成技能训练内容，成果提交完整 | | | 15 | |
| 合计 | | | | | 100 | |

## 任务小结

总结本任务学习过程中的收获、体会及存在的问题，并记录到下面空白处。

_____
_____
_____
_____

# 任务 9.3　产品分拣工作站的硬件安装与调试

## 任务工单

| 任务名称 | | | | 姓名 | |
|---|---|---|---|---|---|
| 班级 | | 组号 | | 成绩 | |
| 工作任务 | ◆ 扫描二维码，观看产品分拣工作站运行视频<br>◆ 学习相关知识点，完成引导问题<br>◆ 通过任务 9.2 的工作站气动回路图和电气原理图，制定工作方案，完成工作站气路连接和电路连接<br>◆ 扫描二维码，下载产品分拣工作站测试程序，完成硬件功能测试<br>◆ 完成工作站安装调试报告的编写 | | | 产品分拣工作站<br>运行视频 | 产品分拣工作站<br>测试程序 |

（续）

| 任务目标 | 知识目标<br>● 掌握常用装调工具和仪器的使用方法<br>● 掌握机电设备安装调试技术标准<br>● 掌握设备安装调试安全规范<br>能力目标<br>● 能够正确识读电气图<br>● 能够制定设备装调工作计划<br>● 能够正确使用常用的机械装调工具<br>● 能够正确使用常用的电工工具、仪器<br>● 会正确使用机械、电气安装工艺规范和相应的国家标准<br>● 能够编写安装调试报告<br>素质目标<br>● 良好的协调沟通能力、团队合作及敬业精神<br>● 良好的职业素养，遵守实践操作中的安全要求和规范操作注意事项<br>● 勤于思考、善于探索的良好学习作风<br>● 勤于查阅资料、善于自学、善于归纳分析 |  |  |
|---|---|---|---|
| 任务分配 | 职务 | 姓名 | 工作内容 |
|  | 组长 |  |  |
|  | 组员 |  |  |
|  | 组员 |  |  |

## 任务资讯与实施

### 9.3.1　制定工作方案

【技能训练1】　将产品分拣工作站的安装调试流程步骤及工作内容填入表 9-3-1 中。

表 9-3-1　工作站安装调试工作方案

| 序号 | 步骤 | 工作内容 | 负责人 |
|---|---|---|---|
| 1 |  |  |  |
| 2 |  |  |  |
| 3 |  |  |  |
| 4 |  |  |  |
| 5 |  |  |  |
| 6 |  |  |  |
| 7 |  |  |  |
| 8 |  |  |  |
| 9 |  |  |  |
| 10 |  |  |  |
| 11 |  |  |  |
| 12 |  |  |  |

【技能训练2】 将所需仪表、工具、耗材和器材等清单填入表9-3-2中。

表9-3-2　工作站安装调试工具耗材清单

| 序号 | 名称 | 型号与规格 | 单位 | 数量 | 备注 |
|---|---|---|---|---|---|
| | | | | | |
| | | | | | |
| | | | | | |
| | | | | | |
| | | | | | |
| | | | | | |
| | | | | | |

### 9.3.2　工作站安装调试过程

【引导问题1】　色标传感器安装时要注意哪些问题？

_____

_____

**1. 调试准备**

（1）识读气动和电气原理图，明确线路连接关系

（2）按图样要求选择合适的工具和部件

（3）确保安装平台及部件洁净

**2. 零部件安装**

（1）机械本体安装

（2）气缸的安装

（3）气路电磁阀安装

（4）色标检测传感器安装（见图9-3-1）

● 对检测物体的移动方向，请注意传感器的安装方向

如图方向的检测方法,动作会变得不稳定,所以要尽量避免

● 紧固扭矩应在0.8N·m以下

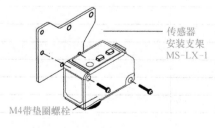

传感器
安装支架
MS-LX-1

M4带垫圈螺栓

图 9-3-1　色标检测传感器安装方法图

（5）接线端口安装

### 3. 回路连接与接线

根据气动原理图与电气控制原理图进行回路连接与接线。

### 4. 系统连接

（1）PLC 控制板与铝合金工作平台连接

（2）PLC 控制板与控制面板连接

（3）PLC 控制板与电源连接，4mm 的安全插头插入电源插座中

（4）PLC 控制板与 PC 连接

（5）电源连接：工作站所需电压为 DC 24V（最大 5A），PLC 板的电压与工作站一致。

（6）气动系统连接：将气泵与过滤调压组件连接，在过滤调压组件上设定压力为 600kPa。

### 5. 传感器等测试器件的调试

（1）接近式传感器调试

（2）磁性开关安装和调节

（3）色标传感器调试

### 6. 气路调试

（1）单向节流阀调试

（2）单向节流阀用于控制双作用气缸的气体流量，进而控制气缸活塞伸出和缩回的速度。在相反方向上，气体通过单向阀流动。

### 7. 系统整体调试

（1）外观检查

在进行调试前，必须进行外观检查！在开始启动系统前，必须检查电气连接、气源、机械元件（损坏与否，连接牢固与否）。在启动系统前，要保证工作站没有任何损坏！

（2）设备准备情况检查

已经准备好的设备应该包括：装调好的供料单元工作平台，连接好的控制面板、PLC 控制板、电源、装有 PLC 编程软件的 PC，连接好的气源等。

（3）下载程序

设备所用控制器一般为 S7-1200。

设备所用编程软件一般为 TIA 博途 V16 或更高版本。

【技能训练3】　完成产品分拣工作站安装与调试表 9-3-3 的填写。

表 9-3-3　产品分拣工作站安装与调试完成情况

| 序号 | 内　　　容 | 计划时间 | 实际时间 | 完成情况 |
|---|---|---|---|---|
| 1 | 制定工作计划 | | | |
| 2 | 制定安装计划 | | | |
| 3 | 工作准备情况 | | | |
| 4 | 清单材料填写情况 | | | |
| 5 | 机械部分安装 | | | |
| 6 | 气路安装 | | | |
| 7 | 传感器安装 | | | |
| 8 | 连接各部分器件 | | | |
| 9 | 按要求检查点检 | | | |
| 10 | 各部分设备测试情况 | | | |
| 11 | 问题与解决情况 | | | |
| 12 | 故障排除情况 | | | |

## 任务评价与反馈

教师对学生工作过程与任务结果进行评价，并将评价结果填入表 9-3-4 中。

表 9-3-4　任务综合评价表

| 班级： | | 姓名： | 学号： | | |
|---|---|---|---|---|---|
| 任务名称 | | | | | |
| 评价项目 | | 等　级 | | 分值 | 得分 |
| 考勤(10%) | | 无无故旷课、迟到、早退现象 | | 10 | |
| 工作过程(60%) | 资料收集与学习 | 资料收集齐全完整，能完整学习相关资料并能正确理解知识内容 | | 5 | |
| | 引导问题回答 | 能正确回答所有引导问题并能有自己的理解和看法 | | 5 | |
| | 任务实施 | 技能训练1　安装调试方案制定 | | 10 | |
| | | 技能训练2　工作站安装调试工具耗材清单 | | 5 | |
| | | 技能训练3　安装与调试完成情况记录 | | 15 | |
| | 工作态度 | 态度端正、工作认真、主动 | | 5 | |
| | 协调能力 | 与小组成员、同学之间能合作交流，协同工作 | | 5 | |
| | 职业素养 | 能做到安全生产，文明操作，保护环境，爱护设备设施 | | 10 | |
| 任务成果(30%) | 工作完整 | 能按要求完成所有学习任务 | | 10 | |
| | 操作规范 | 能按照设备及实训室要求规范操作 | | 5 | |
| | 任务结果 | 知识学习完整、正确理解，工作站气路电路安装规范正确，成果提交完整 | | 15 | |
| 合计 | | | | 100 | |

## 任务小结

总结本任务学习过程中的收获、体会及存在的问题，并记录到下面空白处。

_____

_____

_____

_____

任务 9.4-1　工作站控制程序设计

# 任务9.4　产品分拣工作站的控制程序设计与调试

## 任务工单

| 任务名称 | | | | 姓名 | |
|---|---|---|---|---|---|
| 班级 | | 组号 | | 成绩 | |
| 工作任务 | ◆ 完成单站 I/O 列表绘制<br>◆ 完成步进电动机项目模块化编程和调试<br>◆ 完成工作站单站系统运行编程和调试 | | | | |

（续）

| 任务目标 | 知识目标<br>• 了解组织块 OB、函数块 FB/函数 FC、数据块 DB<br>• 掌握 I/O 列表绘制方法<br>• 掌握线性化编程、模块化编程、结构化编程方法<br>• 掌握工艺对象组态方法和运动控制指令使用方法<br><br>能力目标<br>• 能够使用组织块调用函数块 FB 及函数 FC 编写程序<br>• 能够使用线性化编程、模块化编程、结构化编程方法编写单站的程序<br>• 能够在博途环境下组态步进电动机工艺对象，编程控制步进电动机规定的运动（回零、相对位移、绝对位移、以预定义速度运动）<br><br>素质目标<br>• 安全意识：严格遵守操作规范和操作流程<br>• 自主学习：主动完成任务内容，提炼学习重点<br>• 团结合作：主动帮助同学、善于协调工作关系<br>• 工匠精神：培养一丝不苟、严谨细致、勇于探索的学习态度，精益求精、认真细致的工作态度，培育爱岗敬业的专业素质 |
|---|---|
| 任务准备 | 软硬件环境<br>• 计算机 1 台，作为工程组态站<br>• 博途（TIA Portal）软件平台里的 SIMATIC STEP 7 软件—V14 SP1 及以上版本<br>• 智能产线综合实训平台—标准版及以上版本<br>资料准备<br>• 智能产线供料工作站操作指导手册 1 份 |

| 任务分配 | 职务 | 姓名 | 工作内容 |
|---|---|---|---|
| | 组长 | | |
| | 组员 | | |
| | 组员 | | |

## 任务资讯与实施

【技能训练1】 观察产品分拣工作站运行过程，用流程图描述该站的工艺过程分析。

### 9.4.1 产品分拣工作站动作流程

1）接收到第五站完成组装完成信号后，提升机构带动气爪下降到产品上方，然后气爪夹取产品，夹取成功后，提升机构带动气爪上升到预定位置。

2）提升机上升到预定位置后丝杠输送电动机 M2 正转，丝杠输送组件移动到颜色检测位置处（丝杠输送组件在搬运 1#通道位），电机 M2 停止转动，检测产品颜色，并记录结果。检测完成后，如果是白色产品，提升机构带动气爪下降滑道上方，松开气爪，把白色产品放置入滑道。

3）如果是红色产品，丝杠输送电动机 M2 起动并正转，丝杠输送组件移动到搬运 2#通道位，电动机 M2 停止转动，松开气爪，把红色产品放置入滑道。分拣完成后，提升机构回到初始原点位置处，然后丝杠输送电动机 M2 起动并反转，丝杠输送组件回到搬运初始位。

### 9.4.2 产品分拣工作站工作流程图（见图 9-4-1）

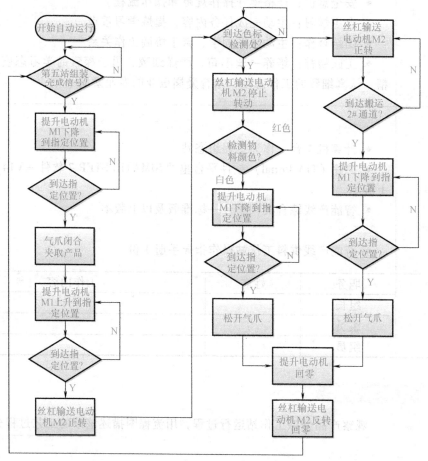

图 9-4-1　产品分拣站工作流程图

### 9.4.3 工作站控制程序分析

在编程时，我们使用的是结构化编程，根据工作站的运行逻辑，让每个功能的实现都有单独的块或者程序段去实现，这样的程序结构层次分明，互不干扰，并且便于设计与维护。

在本工作站中提升机采用步进电动机，步进电动机的驱动控制在本站的作用很重要，是整个工作站运行流畅的保证，因此我们必须掌握对步进电机驱动控制的 PLC 编程控制方法，以博途工艺对象的方式来控制，本站重点介绍 PLC 控制步进电动机编程方法。其次还有按工作流程编写的 SFC 块，和别的工作站类似的按钮控制、通信程序块等。

### 9.4.4 工作站 PLC I/O 地址分配

PLC I/O 地址分配表分为输入、输出两个部分，输入部分主要为各传感器、磁性开关、按钮等；输出部分主要是电磁阀、电动机使能控制（继电器线圈）、指示灯等。

【技能训练2】 阅读和查阅资料，观察工作站硬件接线情况及阅读硬件电路接线图，结合之前做过的任务，完成产品组装工作站的 I/O 地址分配表的填写，把相关信息填入表 9-4-1 中。

表 9-4-1 产品分拣工作站 I/O 地址分配表

| PLC 地址 | 端子符号 | 功能说明 | 状态 | |
|---|---|---|---|---|
| | | | 0 | 1 |
| I0.0 | S1 | 自动/手动 | 手动（断开） | 自动（接通） |
| I0.1 | S2 | 起动 | 断开 | 接通 |
| I0.2 | | | | |
| I0.3 | | | | |
| I0.4 | | | | |
| I0.5 | | 占位（暂不用） | | |
| I0.6 | | 占位（暂不用） | | |
| I0.7 | B2 | 搬运初始位 | 初始位未到达（灭） | 初始位到达（亮） |
| I1.0 | | | | |
| I1.1 | | | | |
| I1.2 | B5 | 颜色检测 | 白色（灭） | 红色（亮） |
| I1.3 | | | | |
| I1.4 | 1B1 | 气爪夹紧 | 夹紧未到位（灭） | 夹紧到位（亮） |
| I1.5 | | | | |
| Q0.0 | | | | |
| Q0.1 | | | | |
| Q0.2 | | | | |
| Q0.3 | | | | |
| Q0.4 | | | | |
| Q0.5 | | | | |
| Q0.6 | 1Y2 | 气爪夹紧线圈 | / | 夹紧 |

说明：I/O 地址不是绝对的，需要根据实际硬件组态的地址空间而定。

### 9.4.5 PLC 控制步进电动机编程方法

**1. 博途工艺对象介绍**

（1）工艺对象原理

通过 TIA 博途创建项目、组态工艺对象并将组态下载到 CPU 中。运动控制功能在 CPU 中处理。可在用户程序中使用运动控制指令控制工艺对象。另外，还可通过 TIA 博途进行调试、优化和诊断。用户界面以及到 S7-1500 CPU 的运动控制集成示意图如图 9-4-2 所示。

任务 9.4-2 工艺对象添加和参数组态配置

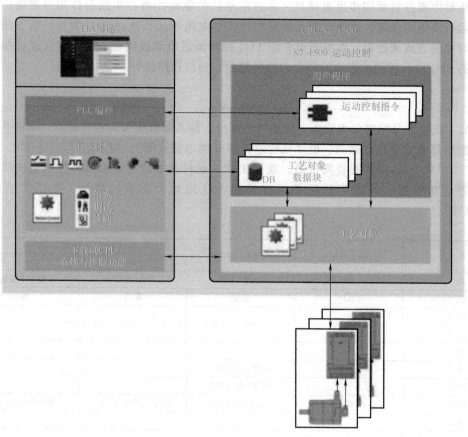

图 9-4-2　运动控制集成示意图

（2）工艺对象

运动控制

工艺对象代表控制器中的实体对象（如驱动装置）。在用户程序中通过运动控制指令可调用工艺对象的各个功能。工艺对象可对实体对象的运动进行开环和闭环控制，并报告状态信息（例如，当前位置）。工艺对象的组态表示实体对象的属性。组态数据存储在工艺数据块中

（3）工艺对象数据块

工艺对象数据块代表工艺对象，并包含该工艺对象的所有组态数据、设定值和实际值以及状态信息。创建工艺对象时，将自动创建工艺对象数据块。可在用户程序中访问工艺对象数据块的数据

（4）运动控制指令

通过运动控制指令，可以在工艺对象上执行所需功能。在 TIA 博途中，通过菜单"指令>工艺> 运动控制>motion control"即可显示这些运动控制指令

（5）用户程序

运动控制指令和工艺对象数据块可代表工艺对象的编程接口。使用运动控制指令，用户程序可起动并跟踪工艺对象中的运动控制作业。工艺对象数据块代表工艺对象。

**2. PLC 控制步进电动机编程方法**

【技能训练 3】　创建新项目、设备组态。

1）创建新项目，参考前面工作站创建项目过程，具体过程不再介绍，在博途环境下创建一个 PLC 控制项目。

2）设备组态，参考前面工作站组态方法，具体过程不再介绍，注意 PLC 的 IP 地址不要重复。

【技能训练 4】　PLC 变量表建立。

参考产品分拣工作站 I/O 表，编写变量表，如图 9-4-3 所示。

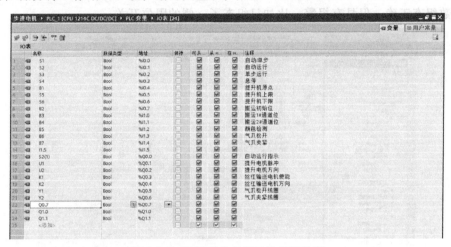

图 9-4-3　编写产品分拣工作站变量表

【技能训练 5】　添加工艺对象。

如图 9-4-4 所示，一般背景 DB 块选择"自动"默认分配即可。轴工艺对象有两个，TO_PositioningAxis 和 TO_CommandTable。每个轴都至少需要插入一个工艺对象（这里我们添加 TO_PositioningAxis，定位轴）。

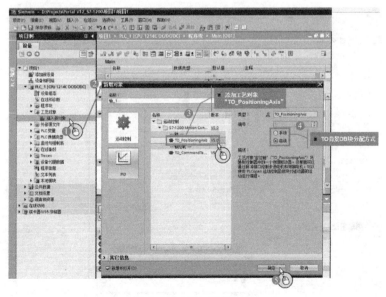

图 9-4-4　添加工艺对象

【技能训练6】 配置参数。

### 1. 工艺对象的组态信息

图9-4-5中①标识每个轴添加了工艺对象之后，都会有组态、调试和诊断三个选项。其中，"组态"用来设置轴的参数，包括"基本参数"和"扩展参数"。如图9-4-5中②标识所示。图9-4-5中③标识每个参数页面都有状态标记，提示用户轴参数设置状态。

✅参数配置正确，为系统默认配置，用户没有做修改；

✅参数配置正确，不是系统默认配置，用户做过修改；

❌参数配置没有完成或是有错误；

⚠️参数组态正确，但是有报警，比如只组态了一侧的限位开关。

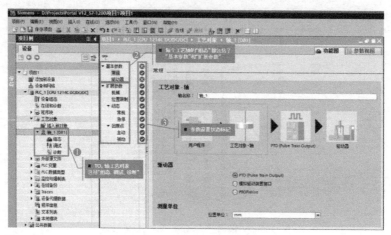

图 9-4-5  配置"常规"参数

### 2. 配置基本参数

基本参数中的"常规"配置，参数包括"轴名称"，"驱动器"和"测量单位"。如图9-4-6所示。

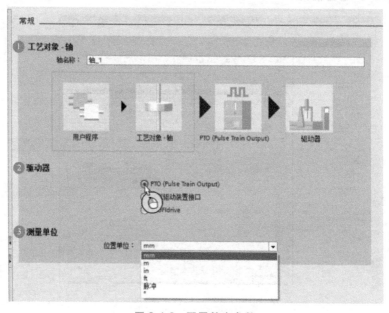

图 9-4-6  配置基本参数

（1）配置轴名称

本站控制程序设定为"轴-1"。定义该工艺轴的名称，用户可以采用系统默认值，也可以自行定义。

（2）配置驱动器类型

选择"PTO"模式（高速脉冲模式）。选择通过 PTO（CPU 输出高速脉冲）的方式控制驱动器。

（3）配置测量单位

测量单位选择"mm"。Portal 软件提供了几种轴的测量单位，包括：脉冲，距离和角度。距离有 mm（毫米）、m（米）、in（英寸 inch）、ft（英尺 foot）；角度是°（可旋转 360°）。如果是线性工作台，一般都选择线性距离 mm（毫米）、m（米）、in（英寸 inch）、ft（英尺 foot）为单位；旋转工作台可以选择°（可旋转 360°）。不管是什么情况，用户也可以直接选择脉冲为单位。

注意：测量单位是很重要的一个参数，后面轴的参数和指令中的参数都是基于该单位进行设定的。

**3. 驱动器配置**

选择 PTO 的方式控制驱动器，需要进行配置脉冲输出点等参数。如图 9-4-7 所示。

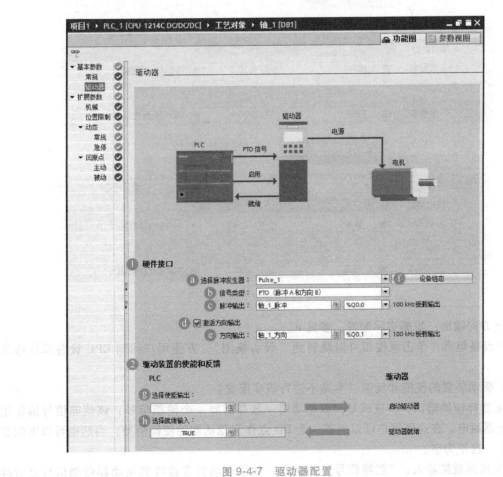

图 9-4-7  驱动器配置

（1）硬件接口

1）a 选择脉冲发生器，选择"pulse_1"。

2）b 信号类型：本站选择"PTO（脉冲 A 和方向 B）"PTO（脉冲 A 和方向 B）。

3）c 脉冲输出：根据实际接线，定义脉冲输出点；设备中接线选取的为 PLC 的第一个输出点即 Q0.0。

4）d 激活方向输出：勾选激活定义脉冲输出点；设备中接线选取的为 PLC 的第二个输出点即 Q0.1。如果在 b 步，选择了 PTO（正数 A 和倒数 B）或是 PTO（A/B 相移）或是 PTO（A/B 相移-四倍频），则该处是灰色的，用户不能进行修改。如图 9-4-8 所示。

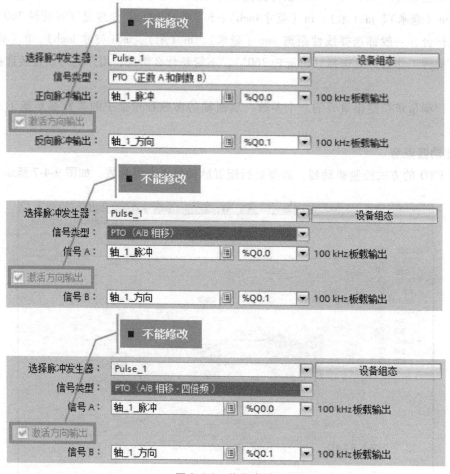

图 9-4-8　信号类型

5）e 方向输出：根据实际配置，参见 d。

6）f 设备组态：单击该按钮可以跳转到"设备视图"，方便用户回到 CPU 设备属性修改组态。

（2）驱动装置的使能和反馈（本站不进行该步配置）

1）g 选择使能输出：步进或是伺服驱动器一般都需要一个使能信号，该使能信号的作用是让驱动器通电。在这里用户可以组态一个 DO 点作为驱动器的使能信号。当然也可以不配置使能信号，这里为空。

2）h 选择就绪输入："就绪信号"指的是：如果驱动器在接收到驱动器使能信号之后准

备好开始执行运动时会向 CPU 发送"驱动器准备就绪"(Drive ready)信号。这时,在?处可以选择一个 DI 点作为输入 PLC 的信号;如果驱动器不包含此类型的任何接口,则无需组态这些参数。这种情况下,为准备就绪输入选择值 TRUE。

(3)配置机械参数

机械主要设置轴的脉冲数与轴移动距离的参数对应关系中的"驱动器"配置,如图 9-4-9 所示。

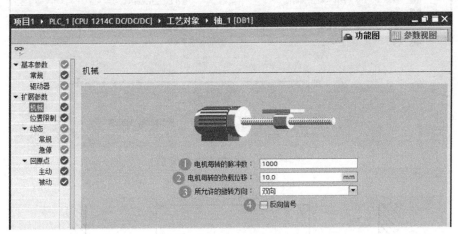

图 9-4-9 配置机械参数

1)电动机每转的脉冲数:此处的设置根据实际步进电动机驱动器设定值设定。这是非常重要的一个参数,表示电动机旋转一周需要接收多少个脉冲。该数值是根据用户的电动机参数进行设置的。

2)电动机每转的负载位移:此处的设置根据实际步进电动机驱动器设定值设定该工作站设备的负载位移为 2mm。这也是一个很重要的参数,表示电动机每旋转一周,机械装置移动的距离。比如,某个直线工作台,电动机每转一周,机械装置前进 1mm,则该设置设置成 1.0mm。

注意:如果用户在前面的"测量单位"中选择了"脉冲",则②处的参数单位就变成了"脉冲",表示的是电动机每转的脉冲个数,在这种情况下①和②的参数单位一样。

3)所允许的旋转方向:有双向、正方向和负方向三种设置,此处选择"双向",表示电动机允许的旋转方向。如果尚未在"PTO(脉冲 A 和方向 B)"模式下激活脉冲发生器的方向输出,则选择受限于正方向或负方向。

4)反向信号:此处不勾选。如果使能反向信号,效果是当 PLC 端进行正向控制电动机时,电动机实际是反向旋转。

(4)配置位置限制

扩展参数中"位置限制"配置,这部分的参数是用来设置软件/硬件限位开关的。如图 9-4-10 所示。

软件/硬件限位开关是用来保证轴能够在工作台的有效范围内运行,当轴由于故障超过的限位开关,不管轴碰到了是软限位还是硬限位,轴都是停止运行并报错。限位开关一般是按照图 9-4-11 所示的关系进行设置的。

软限位的范围小于硬件限位,硬件限位的位置要在工作台机械范围之内,如图 9-4-12 所示。

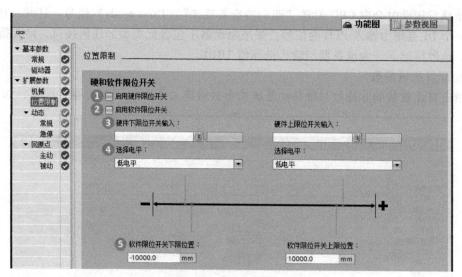

图 9-4-10 "位置限制"窗口

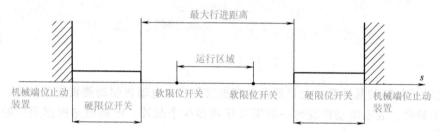

图 9-4-11 各限位位置关系

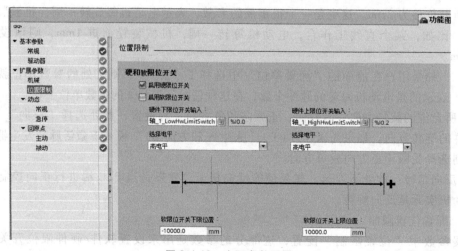

图 9-4-12 实际参数配置

1）起动硬件限位开关：本站步进驱动需要激活硬件限位功能，该工作站硬限位开关为实际的传感器，传感器连接 PLC 的输入点 I0.0 和 I0.2，设置如图 9-4-12 所示。

2）起动软件限位开关：不需要激活软件限位功能，设置如图 9-4-12 所示。

3）硬件上/下限位开关输入：设置如图 9-4-12 所示。设置硬件上/下限位开关输入点，可以是 S7-1200 CPU 本体上的 DI 点，如果有 SB 信号板，也可以是 SB 信号板上的 DI 点。

4）选择电平：设置硬件上/下限位开关输入点的有效电平，选择"高电平"设置如图 9-4-12 所示。

5）软件上/下限位开关输入：本站未进行该项设置，保持默认设置。设置软件位置点，用距离、脉冲或是角度表示。

注意：用户需要根据实际情况来设置该参数，不要盲目使能软件和硬件限位开关。这部分参数不是必须使能的。图 9-4-13 说明了轴在运行过程中会根据用户设置的软件限位的位置来提前以减速度制动，保证轴停止在软件限位的位置。

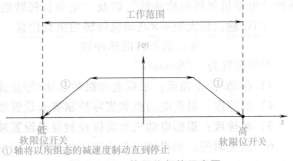

①轴将以所组态的减速度制动直到停止

图 9-4-13 软限位起停示意图

（5）动态参数配置

配置窗口如图 9-4-14 所示。

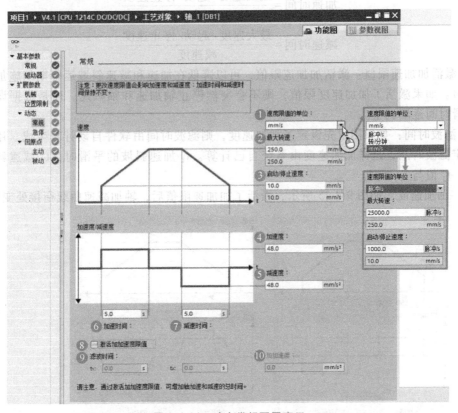

图 9-4-14 动态常规配置窗口

1）速度限制的单位：设置参数②"最大转速"和③"起动/停止速度"的显示单位，选择"mm/s"。无论"基本参数--常规"中的"测量单位"组态了怎样的单位，在这里有两种显示单位是默认可以选择的，包括"脉冲/s"和"转/分钟"。根据前面"测量单位"的不同，这里可以选择的选项也不用。比如：本例子中在"基本参数--常规"中的"测量单位"组态了 mm，这样除了包括"脉冲/s"和"转/分钟"之外又多了一个 mm/s。

2）最大转速：这也是一个重要参数，用来设定电动机最大转速。最大转速由 PTO 输出最大频率和电动机允许的最大速度共同限定。说明：在"扩展参数""机械"中，用户定义了参数"电动机每转的脉冲数"以及"电动机每转的负载位移"，则最大转速为

$$\frac{PTO\ 输出最大频率 \times 电动机每转的负载位移}{电动机每转的脉冲数} = \frac{100000(脉冲/s) \times 10.0mm}{1000(脉冲)} = 1000mm/s$$

本例设置为"250mm/s"

3）起动/停止速度：根据电动机的起动/停止速度来设定该值。本例设置为"10mm/s"

4）加速度：根据电动机和实际控制要求设置加速度。

5）减速度：根据电动机和实际控制要求设置减速度。

6）加速时间：如果用户先设定了加速度，则加速时间由软件自动计算生成。用户也可以先设定加速时间，这样加速度由系统自己计算。

7）减速时间：如果用户先设定了减速度，则减速时间由软件自动计算生成。用户也可以先设定减速时间，这样减速度由系统自己计算。下面说明了"加速度""减速度""加速时间"和"减速时间"之间的数学关系：

$$加速时间 = \frac{最大速度 - 起动/停止速度}{加速度}$$

$$减速时间 = \frac{最大速度 - 起动/停止速度}{减速度}$$

8）激活加加速限值：激活加加速限值，可以降低在加速和减速斜坡运行期间施加到机械上的应力。如果激活了加加速度限值，则不会突然停止轴加速和轴减速，而是根据设置的步进或平滑时间逐渐调整。

9）滤波时间：如果用户先设定了加加速度，则滤波时间由软件自动计算生成。用户也可以先设定滤波时间，这样加加速度由系统自己计算。$t_1$ 加速斜坡的平滑时，$t_2$ 减速斜坡的平滑时间，$t_2$ 值与 $t_1$ 相同。

10）加加速度：如图 9-4-15 所示，激活了加加速限值后，轴加减速曲线衔接处变平滑。

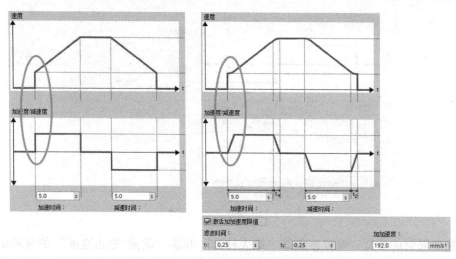

图 9-4-15　加加速度设置曲线

图 9-4-16 详细显示了在激活和不激活冲击限制的情况下轴的行为。

（6）动态参数中"急停"配置

该部分参数可保持默认设置，扩展知识中可查看该部分设置。

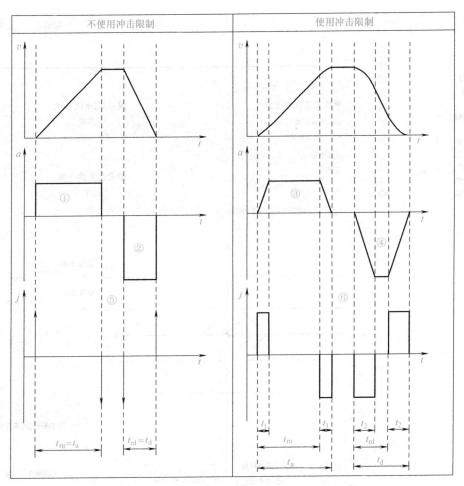

图 9-4-16　冲击限制电动机运行示意图

$t$—时间轴　$v$—速度　$a$—加速度　$j$—加加速度　$t_{ru}$—加速时间　$t_a$—轴加速所用时间　$t_{rd}$—减速时间

$t_d$—轴减速所用时间　$t_1$—加速斜坡的平滑时间　$t_2$—减速斜坡的平滑时间

（7）回原点参数配置

本例选择主动回原点，该界面配置如图 9-4-17 所示。"原点"也可以叫做"参考点"，"回原点"或是"寻找参考点"的作用是：把轴实际的机械位置和 S7-1200 程序中轴的位置坐标统一，以进行绝对位置定位。一般情况下，西门子 PLC 的运动控制在使能绝对位置定位之前必须执行"回原点"或是"寻找参考点"。"扩展参数-回原点"分成"主动"和"被动"两部分参数。

1）输入原点开关：设置原点开关的 DI 输入点，本例根据实际接线，原点开关连接 PLC 的 I0.1。

2）选择电平：选择原点开关的有效电平，也就是当轴碰到原点开关时，该原点开关对应的 DI 点是高电平还是低电平。本例应设置为"高电平"。

3）允许硬件限位开关处自动反转：如果轴在回原点的一个方向上没有碰到原点，则需要使能该选项，这样轴可以自动调头，向反方向寻找原点。本例勾选该功能。

4）逼近/回原点方向：寻找原点的起始方向。也就是说触发了寻找原点功能后，轴是向"正方向"或是"负方向"开始寻找原点。本例方向可以任意选择。

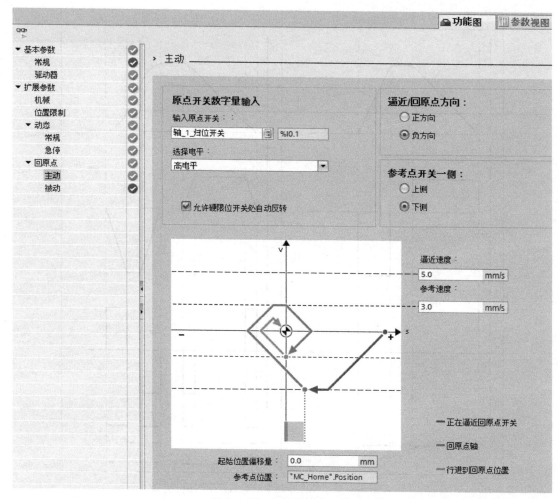

图 9-4-17 主动回原点配置

5）逼近速度：寻找原点开关的起始速度，当程序中触发了 MC_Home 指令后，轴立即以"逼近速度"运行来寻找原点开关。速度设定时要尽量小，本例设定的为"5mm/s"。

6）参考速度：最终接近原点开关的速度，当轴第一次碰到原点开关有效边沿儿后运行的速度，也就是触发了 MC_Home 指令后，轴立即以"逼近速度"运行来寻找原点开关，当轴碰到原点开关的有效边沿后轴从"逼近速度"切换到"参考速度"来最终完成原点定位。"参考速度"要小于"逼近速度"，"参考速度"和"逼近速度"都不宜设置的过快。在可接受的范围内，设置较慢的速度值。速度设定时要尽量小，本例设定的为"3mm/s"。

7）起始位置偏移量：该值不为零时，轴会在距离原点开关一段距离（该距离值就是偏移量）停下来，把该位置标记为原点位置值。该值为零时，轴会停在原点开关边沿儿处。本例设置为"0"。

8）参考点位置：该值就是⑧中的原点位置值。本例保持默认值。

【技能训练 7】 电动机调试。

调试电动机之前，先编译下载项目。

调试面板是 S7-1200 运动控制中一个很重要的工具，用户在组态了 S7-1200 运动控制并把实际的机械硬件设备搭建好之后，先不要着急调用运动

任务 9.4-3 博途
调试面板调试电动机

控制指令编写程序，而是先用"轴控制面板"来测试 Portal 软件中关于轴的参数和实际硬件设备接线等安装是否正确。如图 9-4-18 所示，每个 TO_PositioningAsix 工艺对象都有一个"调试"选项，单击后可以打开"轴控制面板"。

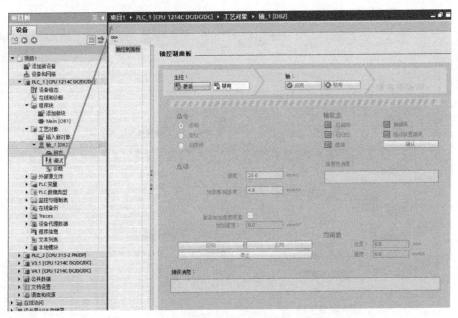

图 9-4-18　回原点调试

1) 单击激活控制面板，Portal 软件会提示用户：使能该功能会让实际设备运行，务必注意人员及设备安全。如图 9-4-19 所示。

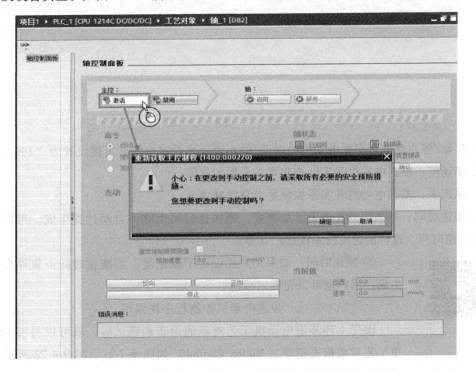

图 9-4-19　获取控制权

2）当激活了"轴控制面板"后，并且正确连接到 S7-1200 CPU 后用户轴的启用和禁用：单击启用控制电动机使能就可以用控制面板对轴进行测试，如图 9-4-20 所示，控制面板的主要区域。

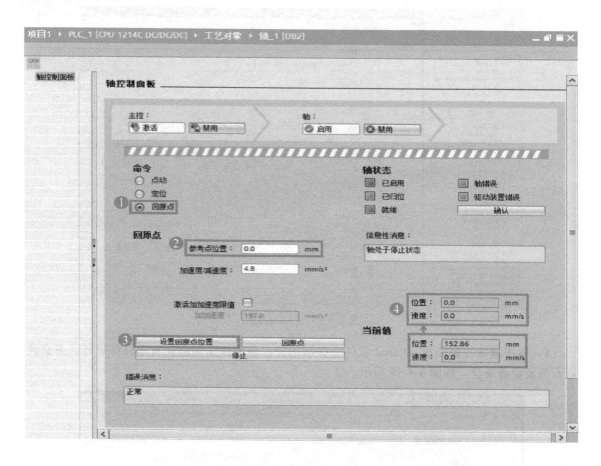

图 9-4-20　调试界面

调试界面介绍：

① 起动/停止速度：根据电动机的起动/停止速度来设定该值。本例设置为"10mm/s"。

② 加速度：根据电动机和实际控制要求设置加速度。

③ 减速度：根据电动机和实际控制要求设置减速度。

④ 加速时间：如果用户先设定了加速度，则加速时间由软件自动计算生成。用户也可以先设定加速时间，这样加速度由系统自己计算。

任务 9.4-4
步进电动机控制
程序块编写

⑤ 减速时间：如果用户先设定了减速度，则减速时间由软件自动计算生成。用户也可以先设定减速。

【技能训练8】　步进电动机控制程序块编写。

做完上述步进电动机工艺对象的组态和调试后，就可以利用 TIA 博途里工艺对象相关指令（Motion Control）如图 9-4-21、图 9-4-22 所示来操作控制步进电动机。

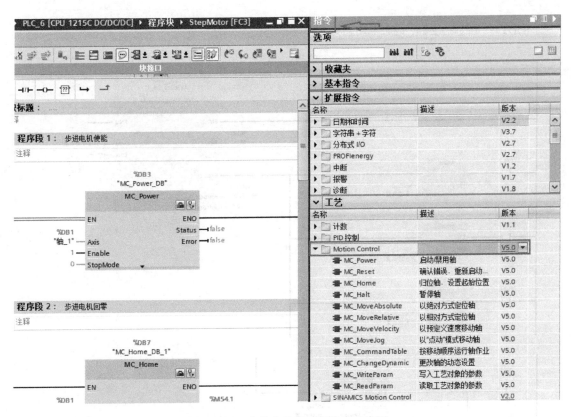

图 9-4-21 步进电动机控制指令示意图

步进电动机控制程序 FC 块参考程序如图 9-4-22 所示。

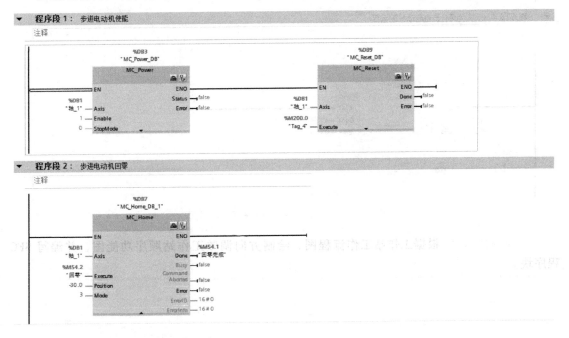

图 9-4-22 步进电动机参考程序段

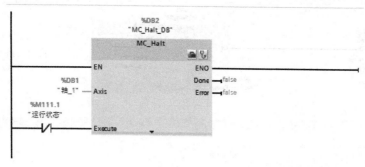

▼ **程序段 3:** 根据不同的前置条件, 步进电动机运行至不同的位置

注释

▼ **程序段 4:** 人为停止步进电动机的运行

注释

图 9-4-22 步进电动机参考程序段 (续)

【技能训练 9】 根据工作站工作流程图, 绘制方向调整工作站顺序功能图, 并编写 SFC 程序块。

## 9.4.6　工作站 SFC 块编程

1）根据工作站工作流程图，绘制顺序功能图，如图 9-4-23 所示。

任务 9.4-5　工作站 PLC 程序设计过程

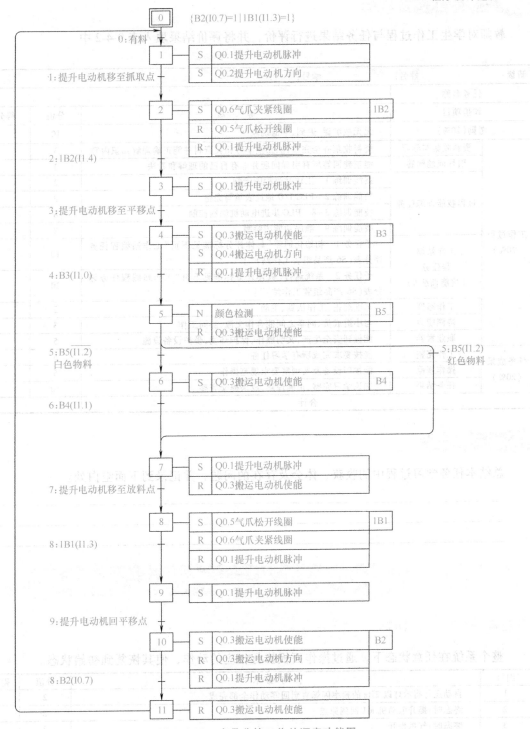

图 9-4-23　产品分拣工作站顺序功能图

2）由顺序功能图，转化成 PLC 梯形图程序，编写出 SFC 函数块（略）。

### 9.4.7 工作站编程任务设计、程序下载及调试

【技能训练 10】 按工作站编程任务，完成工作站程序设计、下载和调试。

## 任务评价与反馈

教师对学生工作过程与任务结果进行评价，并将评价结果填入表 9-4-2 中。

表 9-4-2 任务综合评价表

| 班级： | | 姓名： | 学号： | | |
|---|---|---|---|---|---|
| 任务名称 | | | | | |
| 评价项目 | | 等　　级 | | 分值 | 得分 |
| 考勤（10%） | | 无无故旷课、迟到、早退现象 | | 10 | |
| 工作过程（70%） | 资料收集与学习 | 资料收集齐全完整，能完整学习相关资料并能正确理解知识内容 | | 3 | |
| | 引导问题回答 | 能正确回答所有引导问题并能有自己的理解和看法 | | 3 | |
| | 过程技能训练任务 | 技能训练 1　工作站流程图绘制 | | 2 | |
| | | 技能训练 2　PLC I/O 地址表填写完整 | | 2 | |
| | | 技能训练 3~8　PLC 步进电动机编程控制 | | 8 | |
| | | 技能训练 9　顺序功能图绘制 | | 2 | |
| | 工作站编程任务（技能训练 9） | 子任务 1　初始化回零[具体评分标准见下页"工作站编程任务评分表(S6-产品组装工作站)"] | | 10 | |
| | | 子任务 2　系统运行[具体评分标准见下页"工作站编程任务评分表(S6-产品组装工作站)"] | | 30 | |
| | 工作态度 | 态度端正，工作认真、主动 | | 2 | |
| | 协调能力 | 与小组成员、同学之间能合作交流，协同工作 | | 3 | |
| | 职业素养 | 能做到安全生产，文明操作，保护环境，爱护设备设施 | | 5 | |
| 任务成果（20%） | 工作完整 | 能按要求完成所有学习任务 | | 5 | |
| | 操作规范 | 能按照设备及实训室要求规范操作 | | 5 | |
| | 任务结果 | 知识学习完整、正确理解，成果提交完整 | | 10 | |
| 合计 | | | | 100 | |

## 任务小结

总结本任务学习过程中的收获、体会及存在的问题，并记录到下面空白处。

_____

_____

_____

## 工作站编程任务评分表（S6-产品组装工作站）

### 子任务一　初始化回零

整个系统在任意状态下，通过操作面板执行相应的动作，使其恢复到初始状态。

| 编号 | 任务要求 | 分值 | 得分 |
|---|---|---|---|
| 1 | 自动运行指示灯以 2Hz 的频率闪烁直到回零动作全部完成 | 2 | |
| 2 | 终态时:提升电动机 M1 回到原点 | 2 | |
| 3 | 终态时:气爪松开 | 2 | |

（续）

| 编号 | 任 务 要 求 | 分值 | 得分 |
|------|-------------|------|------|
| 4 | 终态时:丝杠输送组件在搬运初始位 | 2 | |
| 5 | 终态时:丝杆输送电动机 M2 停止 | 2 | |

## 子任务二　系统运行

根据单步运行与自动运行的设计要求,完成本工作站相应的控制功能。

| 编号 | 任 务 要 求 | 分值 | 得分 |
|------|-------------|------|------|
| | **进入单步运行模式后,完成以下动作序列:** | | |
| 1 | 按下起动按钮,提升电动机 M1 带动圆盘转动使气爪结构下行到指定位置 1(可自己设置) | 1.3 | |
| 2 | 提升机 M1 到达固定位置后,按下起动按钮,气爪夹紧 | 1.3 | |
| 3 | 气爪夹紧到位后,按下起动按钮,提升电动机 M1 带动圆盘转动使气爪结构上行到指定位置 2[到达色标传感器检测区的高度(可自己设置)] | 1.3 | |
| 4 | 气爪结构上升到色标检测区高度后,按下起动按钮,丝杠输送电动机 M2 起动,带动丝杆将丝杠输送组件送到搬运通道 1#B3 处,丝杠输送电动机 M2 停止运行,并做颜色检测,记录检测结果 | 1.3 | |
| 5 | 按下起动按钮,通过物料颜色结果做相应操作,如果物料颜色不为白色,执行操作步骤6,如果为白色,直接跳转到步骤 8 | 1.3 | |
| 6 | 检测到物料不为白色,按下起动按钮,丝杠输送电动机 M2 起动,带动丝杆将提升机构送到搬运通道 2#B4 处,丝杠输送电动机 M2 停止运行 | 1.3 | |
| 7 | 按下起动按钮,提升电动机 M1 下行,到达指定位置 3(可自己设定)停止 | 1.3 | |
| 8 | 按下起动按钮,气爪松开 | 1.3 | |
| 9 | 气爪松开到位后,按下起动按钮,提升电动机 M1 带动圆盘转动使气爪结构上行到指定位置 2 | 1.3 | |
| 10 | 提升机 M1 到达指定位置 2 后,按下起动按钮,起动丝杠输送电动机,将丝杠输送组件送回搬运初始位 | 1.3 | |
| 11 | 系统能重复 1~10 之间的操作 | 2 | |
| | **进入自动运行模式后,实现以下动作序列:** | | |
| 12 | 提升电动机 M1 带动齿轮链条使气爪结构下行到指定位置 1(可自己设置) | 1.3 | |
| 13 | 提升机 M1 到达固定位置后,气爪夹紧 | 1.3 | |
| 14 | 气爪夹紧到位后,提升电动机 M1 带动圆盘转动使气爪结构上行到指定位置 2[到达色标传感器检测区的高度(可自己设置)] | 1.3 | |
| 15 | 气爪结构上升到色标检测区高度后,丝杠输送电动机 M2 起动,带动丝杆将丝杠输送组件送到搬运通道 1#B3 处,丝杠输送电动机 M2 停止运行,并做颜色检测,记录检测结果按钮头供料气缸伸出到位后 | 1.3 | |
| 16 | 通过物料颜色结果做相应操作,如果物料颜色不为白色,执行操作步骤17,如果为白色,直接跳转到步骤 19 | 1.3 | |
| 17 | 检测到物料不为白色,丝杠输送组件电动机 M2 起动,带动丝杆将丝杠输送组件送到搬运通道 2#B4 处,丝杠输送电动机 M2 停止运行 | 1.3 | |
| 18 | 提升电动机 M1 下行,到达指定位置 3(可自己设定)停止 | 1.3 | |
| 19 | 气爪松开 | 1.3 | |
| 20 | 气爪松开到位后,提升电动机 M1 带动圆盘转动使气爪结构上行到指定位置 2 | 1.3 | |
| 21 | 提升电动机 M1 到达指定位置 2 后,起动丝杠输送电动机 M1,将丝杠输送组件送回搬运初始位 | 1.3 | |
| 22 | 系统能重复 12~21 之间的操作 | 2 | |

# 学习情境四　智能产线系统综合调试（综合集成篇）

　　**情境描述：** 本学习情境通过 IFAE 智能制造实训系统综合调试，学习有关综合自动化系统的综合应用和调试技术。学习情境包含 3 个项目，每个项目由 2 或 3 个任务组成。

# 项目10　智能产线信息化升级

项目介绍：某工厂需要将生产完成的产品进行入库存储，入库顺序需要按照产品外包装上的标签信息进行，同时需要检测产品的外包装是否完好。现需要在已有的分拣线设计一条智能入库分拣线的信息采集系统，实现产品信息标签的读取及外观的验证。

| 项目 10　智能产线信息化升级 | 学时：4 学时 |
|---|---|
| 学习目标 | |

知识目标

　　(1) 了解 IFAE 智能产线工件视觉识别应用技术基础知识

　　(2) 了解 IFAE 智能产线工件射频识别应用技术基础知识

能力目标

　　(1) 会安装和调试西门子视觉识别设备

　　(2) 能够正确编写智能产线工件视觉识别测试程序

　　(3) 会安装和调试 RFID 射频识别设备

　　(4) 能正确编写智能产线工件射频识别测试程序

素质目标

　　(1) 学生应树立职业意识，并按照企业的"8S"（整理、整顿、清扫、清洁、素养、安全、节约、学习）质量管理体系要求自己

　　(2) 操作过程中，必须时刻注意安全用电，严禁带电作业，严格遵守电工安全操作规程

　　(3) 爱护工具和仪器仪表，自觉地做好维护和保养工作

　　(4) 具有吃苦耐劳、严谨细致爱岗敬业、团队合作、勇于创新的精神，具备良好的职业道德

| 教学重点与难点 |
|---|

教学重点

　　(1) 视觉识别设备应用技术

　　(2) RFID 射频识别设备应用技术

教学难点

　　(1) 视觉识别设备测试程序编写

　　(2) 射频识别设备测试程序编写

(续)

| 任务名称 | 任务目标 |
|---|---|
| 任务 10.1　工件视觉识别 | (1) 会正确安装和调试视觉识别设备<br>(2) 掌握视觉设备的程序控制方法 |
| 任务 10.2　工件射频识别 | (1) 会正确安装和调试射频识别设备<br>(2) 掌握射频识别设备的程序控制方法 |

# 任务 10.1　工件视觉识别

## ⟫ 任务工单

| 任务名称 | | | | 姓名 | |
|---|---|---|---|---|---|
| 班级 | | 组号 | | 成绩 | |
| 工作任务 | 任务描述：使用视觉识别设备 MV540 识别物料的正反面，根据物料不同的姿态，执行不同的动作（左图：翻转气缸不动作），右图（翻转气缸动作，物料旋转 180°）  <br><br><br><br>方向调整工作站<br>运行视频<br><br>◆ 扫描二维码，观看方向调整工作站运行视频<br>◆ 认识工作站工件视觉识别设备的基本功能，完成引导问题<br>◆ 阅读和查阅相关资料，了解视觉识别设备 MV540 的安装和调试方法<br>◆ 编写 MV540 的测试程序 | | | | | |
| 任务目标 | 知识目标<br>● 了解视觉识别设备 MV540 安装和调试方法<br>● 了解视觉识别设备 MV540 配置方法<br>能力目标<br>● 能够正确安装视觉识别设备 MV540<br>● 能够完成 MV540 设置<br>● 能够使用 MV540 识别物体，并将结果发送给控制单元完成相应功能<br>● 能编写视觉设备测试程序<br>素质目标<br>● 良好的协调沟通能力、团队合作及敬业精神<br>● 良好的职业素养，遵守实践操作中的安全要求和规范操作注意事项<br>● 勤于思考、善于探索的良好学习作风<br>● 勤于查阅资料、善于自学、善于归纳分析 | | | | | |

（续）

| | | | |
|---|---|---|---|
| 任务准备 | **工具准备**<br>• 西门子视觉设备 MV540 组件 3 套<br>• 用于模拟产品的工件 3 个<br>• 印有二维码信息和日期信息的贴纸 3 张<br>• 内六角螺丝刀，主要使用的是 2mm 与 6mm 两个规格<br>• 万用表（主要使用的是通断蜂鸣功能）<br>**技术资料准备**<br>• 智能自动化工厂综合实训平台各工作站的技术资料，包括工艺概览、组件列表、输入输出列表、电气原理图<br>**环境准备**<br>• 用于模拟分拣线的 IFAE 设备；实践安装操作场所和平台 | | |
| 任务分配 | 职务 | 姓名 | 工作内容 |
| | 组长 | | |
| | 组员 | | |
| | 组员 | | |

**⊡》 任务资讯与实施**

【引导问题 1】　常见的信息载体有哪些类型？对于不同的信息载体类型应怎样进行信息的读取？请填写在表 10-1-1 中。

表 10-1-1　信息载体类型列举

| 序号 | 信息载体类型 | 读取信息方式 |
|---|---|---|
| 1 | | |
| 2 | | |
| 3 | | |
| 4 | | |
| 5 | | |
| 6 | | |

## 10.1.1　认识信息

下面通过一个案例帮助我们更好地理解什么是信息。

信息是信息系统管理的主要目标，信息系统是一个由人、计算机及其他外围设备等组成的能进行信息的收集、传递、存储、加工、维护和使用的系统。

我们需要建立一个简单的学生信息管理系统，如图 10-1-1 所示。首先我们要明确这个系统有哪些角色，我们会想到教师这个角色，因为他需要管理学生的学籍和课程信息；另外，我们想到的一个角色就是学生，学生需要通过这个系统了解课程信息和成绩信息；另外一个角色是系统管理员，主要职责是维护系统。因此，从教师角度和学生角度来看，这个系统录入的成绩、课程以及学籍等内容都可以被称作信息。

信息一般具备 4 个基本特征，载体依附性、价值性、时效性、共享性。

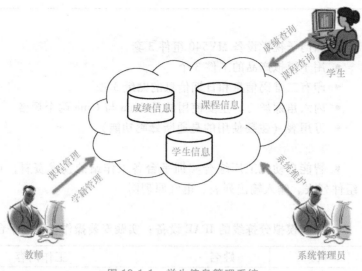

图 10-1-1　学生信息管理系统

## 10.1.2　认识信息载体

　　信息载体是在信息传播中携带信息的媒介，是信息赖以附载的物质基础，即用于记录、传输、积累和保存信息的实体。信息载体包括以能源和介质为特征，运用声波、光波、电波传递信息的无形载体和以实物形态记录为特征，运用纸张、胶卷、胶片、磁带、磁盘传递和存储信息的有形载体。

　　信息的第一个特征是信息的载体依附性，信息是不能独立存在的，它需要依付一定的载体。载体是信息传播中携带信息的媒介，是信息赖以附载的物质基础，如我们常见的纸张、胶卷、胶片、磁带、磁盘等，如图 10-1-2 所示。举个例子，我们从书店购买的图书一般以纸张为载体，电子图书以磁盘为载体，早期的录音带中的声音以磁带为载体。科技发展到现在，我们可以用手机录制声音、拍摄照片，录制的声音或拍摄的照片存储到手机存储卡或内存卡中。从上面的例子可以看出，信息不能独立存在，需要依附一定的载体。

**载体依附性**

**信息不能独立存在,需要依附一定的载体**

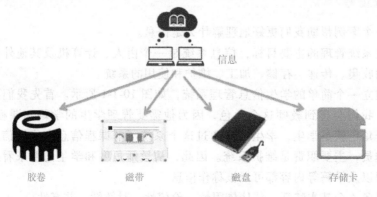

　　　　　　胶卷　　　　　　磁带　　　　　　磁盘　　　　　　存储卡

图 10-1-2　信息载体

【引导问题2】　需要获取二维码中的信息，我们应该采用哪种方式来读取信息？从下列选项中选出你认为最合理的选项。

　　A．使用无线射频设备进行读取

　　B．使用光电传感器进行读取

　　C．使用机器视觉设备进行读取

## 10.1.3　二维码

二维条码/二维码（2-dimensional bar code）是用某种特定的几何图形按一定规律在平面（二维方向上）分布的、黑白相间的、记录数据符号信息的图形；在代码编制上巧妙地利用构成计算机内部逻辑基础的"0""1"比特流的概念，使用若干个与二进制相对应的几何形体来表示文字数值信息，通过图像输入设备或光电扫描设备自动识读以实现信息自动处理。它具有条码技术的一些共性，每种码制有其特定的字符集；每个字符占有一定的宽度；具有一定的校验功能等。同时还具有对不同行的信息自动识别功能及处理图形旋转变化点。

### 1．二维码分类

二维码，从字面上看就是用两个维度（水平方向和垂直方向）来进行数据的编码，条形码只利用了一个维度（水平方向）表示信息，在另一个维度（垂直方向）没有意义，所以二维码比条形码有着更高的数据存储容量。从形成方式上，二维码可以分为两类。

（1）堆叠式二维码

在一维条形码的基础上，将多个条形码堆积在一起进行编码，常见的编码标准有PDF417（见图10-1-3）等。

01234567

图 10-1-3　PDF417 码示例

（2）矩阵式二维码

在一个矩阵空间中通过黑色和白色的方块进行信息的表示，黑色的方块表示1，白色的方块表示0，相应的组合表示了一系列的信息，常见的编码标准有QR码（见图10-1-4），汉信码（见图10-1-5）等。

01234567

图 10-1-4　QR 码示例

01234567

图 10-1-5　汉信码示例

PDF417由美国研发，在美国使用广泛。汉信码由中国自主研发，目前已在政府相关领域得到初步的使用。QR码由日本研发，目前很多的应用都是用QR码进行编码，译码。

目前使用最广的是QR码，所以接下来的内容会对QR码进行讲解，下文中提到的二维码，指的就是QR码。QR码分为40个版本，版本1由21×21个方块组成，每个版本比前一版每边增加4个方块，版本40由177×177个方块组成。每增加一个版本，QR码可存储的信息数量也随之增多。版本 1 的二维码最多可以存储 25 个字符或 41 个数字，而版本 40 的二维码最多可以存储 4296 个字符或 7089 个数字。

### 2. 二维码的结构

一个二维码可以分为两个部分，功能图形和编码区域，如图 10-1-6 所示。

功能图形起到定位的作用如下：

位置探测图形：由 3 个黑白相间的大正方形嵌套组成，分别位于二维码左上角、右上角、左下角，目的是为了确定二维码的大小和位置。

定位图形：由两条黑白相间的直线组成，便于确定二维码的角度，纠正扭曲。

校正图形：仅在版本 2 以上存在，由三个黑白相间的小正方形嵌套组成，便于确定中心，纠正扭曲。

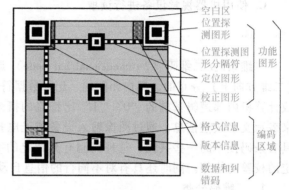

图 10-1-6　二维码结构

数据区记录了具体的数据信息，纠错信息与版本信息等，具体如下：

数据和纠错码：记录了数据信息和相应的纠错码，纠错码的存在使得当二维码的数据出现允许范围内的错误时，也可以正确解码。

版本信息：仅在版本 7 以上存在，记录具体的版本信息。

格式信息：记录使用的掩码和纠错等级。

此外，二维码的外围还留有一圈空白区，主要是为了便于识别而存在。

### 3. 数据编码与实例

针对不同的数据，QR 码设计了不同的数据编码模式，我们可以根据数据的种类选择合适的模式进行编码，见表 10-1-2。

数字（Numeric）编码：可编码 0~9 共 10 个数字，如果需要编码的数字的个数不是 3 的倍数，最后剩下的 1 或 2 位数会被转成 4 或 7bit，其他的每 3 位数字会根据不同版本被编成 10、12、14bit。

字符（Alphanumeric）编码：可编码 0~9，大写的 A~Z，以及 9 个其他字符（space $ % * + – . / :）。

8 位字节模式（8-bit Byte）编码：可编码 JIS X 0201 的 8 位 Latin/Kana 字符集。

除此之外，QR 还提供了其他的编码方式，每一个编码方式都有其独有的 ID 进行标识，这些标识会记录在数据区的前端，使得解码器可以根据二维码使用的编码方式对数据进行解码。

表 10-1-2　二维码常见编码模式及标识符

| 模式（Mode） | 标识符（Indicator） |
| --- | --- |
| 扩展通道解释模式（ECI） | 0111 |
| 数字模式（Numeric） | 0001 |
| 混合字符模式（Alphanumeric） | 0010 |
| 8 位字节模式（8-bit Byte） | 0100 |
| 汉字模式（Kanji） | 1000 |
| 结构化链接模式（Structured Append） | 0011 |
| FNC1（第一位置）模式 | 0101 |
| FNC1（第二位置）模式 | 1001 |
| 编码终止符（Terminator） | 0000 |

二维码存在 4 个级别的纠错等级，每个纠错级别可修正的错误与标识见表 10-1-3，纠错级别越高，可以修正的错误就越多，需要的纠错码的数量也变多，相应的可存储的数据就会减少，版本 1 的二维码在 L 级别下可存储 25 个字符，在 H 级别下只能存储 10 个字符。

表 10-1-3 纠错码等级

|  | 纠错比例 | 编号 |
|---|---|---|
| L 级别 | 7% 的字码可被修正 | 01 |
| M 级别 | 15% 的字码可被修正 | 00 |
| Q 级别 | 25% 的字码可被修正 | 11 |
| H 级别 | 30% 的字码可被修正 | 10 |

## 10.1.4 视觉设备

【引导问题 3】 初次使用视觉设备读取二维码信息，需要对设备进行设置吗？请简述设置过程。

_____

_____

_____

视觉系统就是用机器代替人眼来做测量和判断。视觉系统是指通过机器视觉产品（即图像摄取装置，分 CMOS 和 CCD 两种）将被摄取目标转换成图像信号，传送给专用的图像处理系统，根据像素分布和亮度、颜色等信息，转变成数字化信号；图像系统对这些信号进行各种运算来抽取目标的特征，进而根据判别的结果来控制现场的设备动作，是用于生产、装配或包装的有价值的机制。它在检测缺陷和防止缺陷产品被配送到消费者的功能方面具有不可估量的价值。

机器视觉系统的特点是提高生产的柔性和自动化程度。在一些不适合于人工作业的危险工作环境或人工视觉难以满足要求的场合，常用机器视觉来替代人工视觉；同时在大批量工业生产过程中，用人工视觉检查产品质量效率低且精度不高，用机器视觉检测方法可以大大提高生产效率和生产的自动化程度。而且机器视觉易于实现信息集成，是实现计算机集成制造的基础技术。可以在高速的生产线上对产品进行测量、引导、检测和识别，并能保质保量地完成生产任务。

一个典型的机器视觉系统包括光源、镜头、相机三部分。

【引导问题 4】 根据前面学习的视觉设备设置方法对 MV540 进行设置，设置完成后可利用 Web 界面和外部按钮触发 MV540 进行二维码读取。现在需要用 PLC 进行触发，且把读取的信息传送到 PLC 中，应采用怎样的通信方式？

_____

_____

_____

_____

## 10.1.5 MV540 介绍

SIMATIC MV 光学读码器是一款高性能智能读码器，适用于读取简单、对比度高的一维/二维码以及产品表面上难以读取的 DPM 码。该光学读码器还支持文本识别和对象识别，并能检测标记质量。SIMATIC MV 系列读码器还具备高性能图像拍摄功能，能够以不同分辨率拍摄图像，此外，还具备集成照明功能，可以灵活应用于生产和物流领域。这款读码器能够通过基于 Web 的管理进行配置，并支持通过 TIA 博途进行系统集成，因此可以简化操作。

读码器用户界面可以使用 PC 上的 Microsoft Internet Explorer 打开。该用户界面也存储在读码器中，在读码器启动过程中下载并在 Internet Explorer 中执行。无需在 PC 上安装任何软件。用户界面可以从任何 PC 或其他 Windows 设备启动，并支持德语、英语、法语、意大利语、西班牙语和简体中文等多种语言。可视化除了基于 Web 的用户界面外，还可以使用工厂中原有的 HMI 装置显示图像信息。在发生解码错误时，可视化功能非常有用，用户可直接在 HMI 装置上读取图像信息，排查错误。编程人员可以使用 SIMATIC WinCC 和 WinCC Flexible 等专业软件将用户界面集成到机器用户界面中，以此创建自定义用户界面。

支持多种自动化系统和 MindSphere 连接方式：

- 板载 PROFINET 和 PoE 接口。
- 可通过通信模块直接连接 PROFIBUS、Ethernet/IP 或 IO-Link。
- 借助 S7-1500 控制器和相应功能块连接 MindSphere。

【技能训练 1】 作为技术安装人员，需要对设备的供电及通信进行部署。根据 MV540 的技术资料，在已有的电气图样上画出供电电气原理图，以及其通信的网络拓扑图，如图 10-1-7 所示。

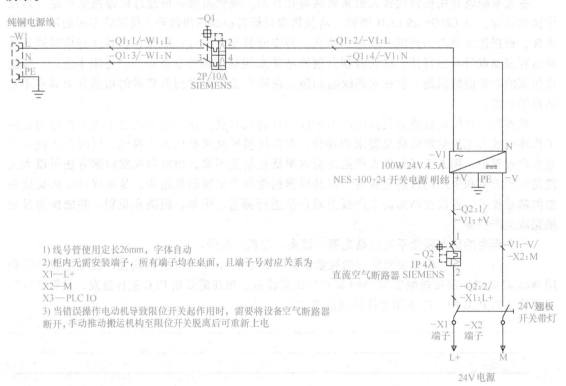

图 10-1-7　补充 MV540 设备供电电路

## 10.1.6　MV540 专用供电电缆介绍

高性能 IO RS-232 电缆用于连接电源，连接数字 I/O 连接器。例如，通过 RS-232 接口连接可编程序控制器的通信接口。高性能 IO RS-232 电缆的针脚分配见表 10-1-4。

表 10-1-4　高性能 IO RS-232 电缆的针脚分配

| 针脚 | 颜色 | 信号名称 | 可能值 | 默认设置 | 含义 |
|---|---|---|---|---|---|
| H | 红色 | DC 24V | | | 电源 |
| G | 蓝色 | 0V | | | 电源 |
| K | 紫色 | INPUT1 | TRG | TRG | 触发输入 |
| D | 黄色 | INPUT/OUTPUT2 | DISA、SEL0、SEL1、SEL2、SEL3、TRN、RES、IN_OP、TRD、RDY、READ、MATCH、N_OK、EXT_1、EXT_2、EXT_3、EXT_4 | IN_OP | 可自由选择的输入或输出 |
| L | 灰色/粉红色 | INPUT/OUTPUT3 | DISA、SEL0、SEL1、SEL2、SEL3、TRN、RES、IN_OP、TRD、RDY、READ、MATCH、N_OK、EXT_1、EXT_2、EXT_3、EXT_4 | RDY | 可自由选择的输入或输出 |
| C | 绿色 | INPUT/OUTPUT4 | DISA、SEL0、SEL1、SEL2、SEL3、TRN、RES、IN_OP、TRD、RDY、READ、MATCH、N_OK、EXT_1、EXT_2、EXT_3、EXT_4 | READ | 可自由选择的输入或输出 |
| B | 棕色 | INPUT/OUTPUT5 | DISA、SEL0、SEL1、SEL2、SEL3、TRN、RES、IN_OP、TRD、RDY、READ、MATCH、N_OK、EXT_1、EXT_2、EXT_3、EXT_4 | N_OK | 可自由选择的输入或输出 |
| A | 白色 | INPUT-COMMON | P 型输入/输出：INPUT-COMMON = 0V 且 OUTPUT-COMMON = +24V DC | | 参考点，输入是 0V 或 24V |
| E | 灰色 | OUTPUT-COMMON | N 型输入/输出：INPUT-COMMON = +24V DC 且 OUTPUT-COMMON = 0V | | 参考点，输出是 0V 或 24V |
| J | 黑色 | STROBE（OUTPUT） | | | 连接外部闪光灯的信号输出 |
| F | 粉红色 | RS-232 TXD | | | RS-232 发送线 |
| M | 红色/蓝色 | RS-232 RXD | | | RS-232 接收线 |

【引导问题 5】　之前用 MV540 读取二维码信息，现在需要读取文字信息，如何知道 MV540 是否有读取文字信息的功能？

_____

_____

_____

_____

## 10.1.7　文字识别

文字识别是指利用计算机自动识别字符的技术，是模式识别应用的一个重要领域。人们在生产和生活中，要处理大量的文字、报表和文本。为了减轻人们的劳动，提高处理效率，20 世纪 50 年代开始探讨一般文字识别方法，并研制出光学字符识别器。60 年代出现了采用磁性墨水和特殊字体的实用机器。60 年代后期，出现了多种字体和手写体文字识别机，其识别精度和机器性能都基本上能满足要求，如用于信函分拣的手写体数字识别机和印刷体英文数字识别机。70 年代主要研究文字识别的基本理论和研制高性能的文字识别机，并着重于汉字识别的研究。

文字识别一般包括文字信息的采集、信息的分析与处理、信息的分类判别等几个部分。

信息采集：将纸面上的文字灰度变换成电信号，输入到计算机中去。信息采集由文字识别机中的送纸机构和光电变换装置来实现，有飞点扫描、摄像机、光敏元件和激光扫描等光电变换装置。

信息分析和处理：对变换后的电信号消除各种由于印刷质量、纸质（均匀性、污点等）或书写工具等因素所造成的噪声和干扰，进行大小、偏转、浓淡、粗细等各种正规化处理。

信息的分类判别：对去掉噪声并正规化后的文字信息进行分类判别，以输出识别结果。

文字识别方法基本上分为统计、逻辑判断和句法三大类。常用的方法有模板匹配法和几何特征抽取法。

模板匹配法：将输入的文字与给定的各类别标准文字（模板）进行相关匹配，计算输入文字与各模板之间的相似性程度，取相似度最大的类别作为识别结果。这种方法的缺点是当被识别类别数增加时，标准文字模板的数量也随之增加。这一方面会增加机器的存储容量，另一方面也会降低识别的正确率，所以这种方式适用于识别固定字型的印刷体文字。这种方法的优点是用整个文字进行相似度计算，所以对文字的缺损、边缘噪声等具有较强的适应能力。

几何特征抽取法：抽取文字的一些几何特征，如文字的端点、分叉点、凹凸部分以及水平、垂直、倾斜等各方向的线段、闭合环路等，根据这些特征的位置和相互关系进行逻辑组合判断，获得识别结果。这种识别方式由于利用结构信息，也适用于手写体文字那样变形较大的文字。

【引导问题6】 产品在入库之前需要验证产品的外观是否完整，外观轮廓的主要特征是什么？

_____

_____

_____

## 10.1.8 轮廓检测

轮廓检测指在包含目标和背景的数字图像中，忽略背景和目标内部的纹理以及噪声干扰的影响，采用一定的技术和方法来实现目标轮廓提取的过程。如图10-1-8所示，它是目标检测、形状分析、目标识别和目标跟踪等技术的重要基础。

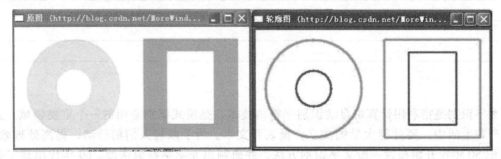

图 10-1-8 轮廓检测概念图

求取图像（灰度或彩色）中物体轮廓的过程主要有4个步骤。首先对输入图像做预处理，通用的方法是采用较小的二维高斯模板做平滑滤波处理，去除图像噪声，采用小尺度的模板是为了保证后续轮廓定位的准确性，因为大尺度平滑往往会导致平滑过渡，从而模糊边缘，大大影响后续的边缘检测。其次对平滑后的图像做边缘检测处理，得到初步的边缘响应图像，其中通常会涉及亮度、颜色等可以区分物体与背景的可用梯度特征信息。然后再对边缘响应做进一步处理，得到更好的边缘响应图像。这个过程通常会涉及判据，即对轮廓点和非轮廓点做出不同处理或用相同的程式因作用结果的不同而达到区分轮廓点和非轮廓点的效果，从而得到可以作为轮廓的边缘图像。若是此步骤之前得到的轮廓响应非常好时，该步骤往往是不用再考虑的。然而在实际应用过程中，上一步骤得到的结果往往是不尽人意的。因此，此过程往往起着至关重要的作用，最后对轮廓进行精确定位处理，这个过程通常又分成两个过程。

第一步先对边缘响应图像做细化处理，得到单像素边缘图像。这个过程普遍采用的是非最大值抑制方法（局部极大搜索）。非最大值抑制可以非常有效地细化梯度幅值图像中的屋脊带，从而只保留局部变化最大的点。本书的研究均采用此方法做细化处理。第二步为在此基础上做基于滞后门限的二值化处理，滞后门限利用递归跟踪算法可以保证最后的轮廓图像是连续的。这个过程往往在与标准轮廓（比如图像数据库中人为勾画的轮廓）做比较时才考虑，也就是说一个完整的轮廓检测算法往往是不包括该过程的。获取轮廓信息的另一种通用方法就是先对图像做分割，图像分割处理好后，直接将分割区域的边界作为轮廓。该方法最终的结果直接依赖于图像分割的效果，因此实际中多归于分割问题。

【技能训练2】 安装西门子 SIMATIC MV540 视觉设备。

参见图 10-1-9 所示的 MV540 安装图，安装 MV540 视觉设备，将具体安装步骤填入表 10-1-5 中。

表 10-1-5 SIMATIC MV540 视觉设备安装

| 步 骤 | 安 装 内 容 | 是 否 正 确 |
|---|---|---|
| 1 | | □是 □否 |
| 2 | | □是 □否 |
| 3 | | □是 □否 |
| 4 | | □是 □否 |
| 5 | | □是 □否 |

1）卸下"镜头螺纹连接器的保护盖"

2）安装以下组件：所选的镜头，①固定螺栓，④接线板，⑤环形光源，②O形圈，⑦镜头保护外壳φ65。

3）选择合适的位置安装设备。

4）在安装位置上钻4个孔。

5）安装阅读器。

【技能训练3】 系统环境配置。

对 MV540 进行配置前须安装 Java 运行环境 Java Runtime Environment（JRE）和西门子环网管理工具 Primary Setup Tool（PST），若要实现对象识别还需要向 MV540 导入 PAT-GENIUS 授权文件。

任务 10.1-1 MV540 视觉设备系统环境配置

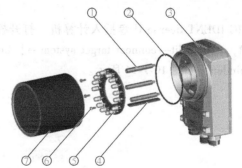

① 固定螺栓　　　　⑤ 环形光源
② O形圈　　　　　⑥ 十字头螺钉M2.5
③ 阅读器　　　　　⑦ 镜头保护外壳φ65
④ 接线板

图 10-1-9 MV540 安装图

1. 安装 JRE

以管理员身份运行安装软件，如图 10-1-10 所示。

选择安装，等待安装完成即可，如图 10-1-11 所示。

图 10-1-12 所示为安装完成界面，建议安装 1.7 版本，其他版本可能导致无法进入操作界面。

图 10-1-10 运行安装软件

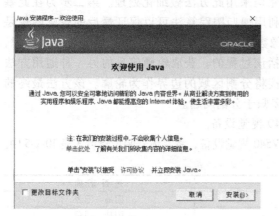

图 10-1-11 选择安装

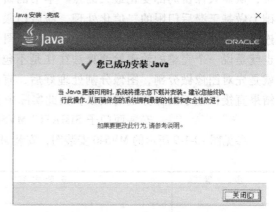

图 10-1-12 安装完成

## 2. 安装 PAT-GENIUS 授权文件

首先安装 PAT-GENIUS MV Plugln 插件，如图 10-1-13 所示。

将 SIMATIC IDENT license U 盘插入计算机，打开授权管理软件 ALM，单击 Edit→connect target system→! Code-lesesystem verbinden，如图 10-1-14 所示。

图 10-1-13 安装插件

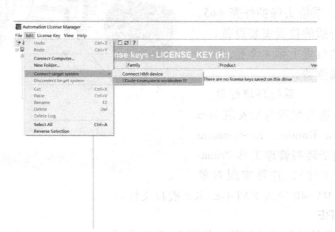

图 10-1-14 打开授权软件

输入 MV540 的 IP 地址（IP 地址设置方法可见下文），如图 10-1-15 所示。

至此 MV540 已添加到设备，如图 10-1-16 所示。

图 10-1-15　输入 MV540 的 IP 地址

图 10-1-16　添加 MV540

选中 Licence U 盘中的授权文件，右键单击 Transfer，如图 10-1-17 所示。

目标设备选择 MV540，单击确认，等待导入完成即可，如图 10-1-18 所示。

【技能训练 4】　以太网电缆连接阅读器与 PC。

1）打开阅读器，接通阅读器的电源。每次启动时，阅读器运行自检，通过电源 LED 闪烁加以指示。

几秒后将完成自检，高性能 LED 绿色常亮，阅读器已准备就绪。

图 10-1-17　导入授权

任务 10.1-2
MV540 视觉
设备调试

2）给阅读器 MV540 分配 IP 地址：192.168.0.9，如图 10-1-19 所示。

3）启动用户界面

现在打开 360 浏览器选择 IE 模式，在地址栏中输入"http：//192.168.0.42"，然后按 Enter 键进行确认（须预先将 PC 本地连接 IP 地址设置为同一子网 192.168.0.＊），如图 10-1-20 所示。

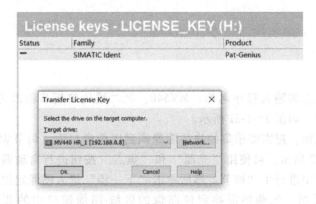

图 10-1-18　完成授权导入

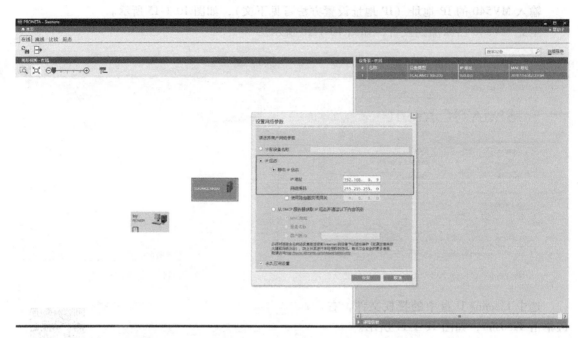

图 10-1-19　分配 IP 地址

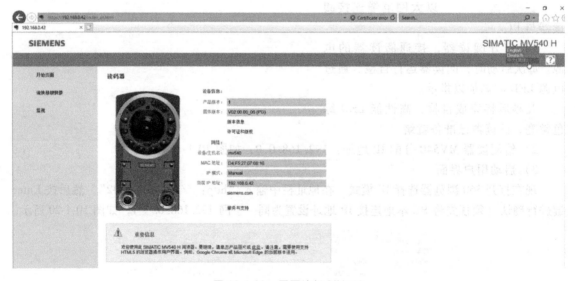

图 10-1-20　网页访问 MV540

　　选中程序，并在右侧输入程序名称：MV540；把二维码解析步骤改为图像定位功能，然后单击分布采集按钮，如图 10-1-21 所示。

　　进入图像采集页面，把需要采集的物品图像调到图像窗口中，调节识别范围-图像窗口中红色框，如图 10-1-22 所示。可使用"光源"和"焦点"按钮进行自动调节光照亮度和对焦。也可在下方的输入栏中进行手动调节。然后单击"下一步"进入图像定位功能页面。

　　进入图像定位页面，先调整需要定位图像的区域-图像窗口中的蓝色框，如图 10-1-23 所示。

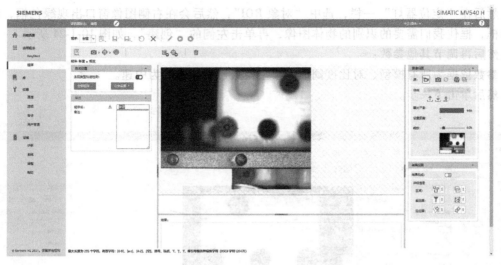

图 10-1-21 进入程序界面

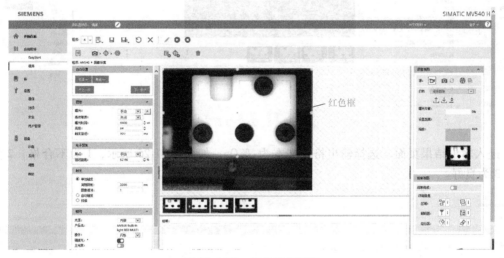

图 10-1-22 图像采集页面

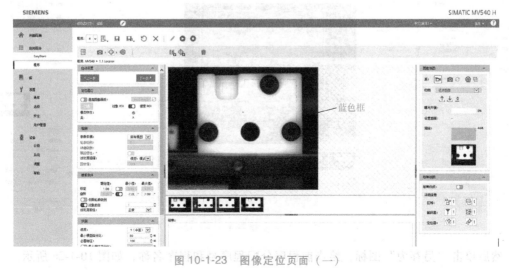

图 10-1-23 图像定位页面（一）

然后在"定位器灯"一栏，选中"对象ROI"，然后会在右侧图像窗口出现绿色框，调节绿色框，框住我们需要的识别的物体图像，再单击左侧的"创建"，如图10-1-24所示。

然后再调节其他参数：

参数依据为所有模型、对比度阈值为模型模式、识别速度为中速。

然后单击下一步。

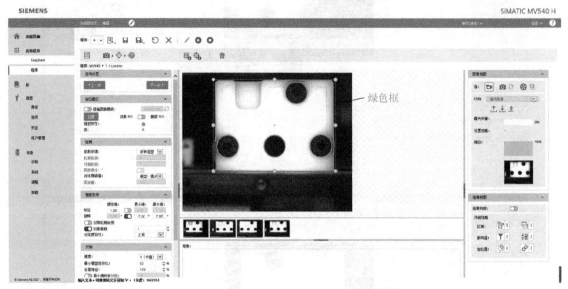

图 10-1-24　图像定位页面（二）

进入输出结果页面，选择输出格式文本为:%Qs，如图10-1-25所示，1为不合格，2为合格，3为良好。

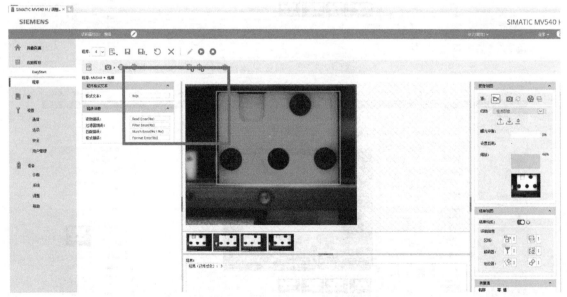

图 10-1-25　输出结果页面

然后单击"另存为"图标，给当前程序分配程序号和程序名称，如图10-1-26所示。

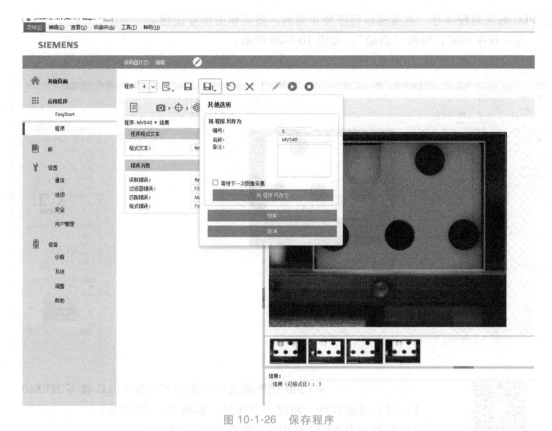

图 10-1-26 保存程序

【技能训练 5】 建立 PLC 与 MV540 通信。

在设置-通信中更改以太网通信方式为 PROFINET（IDENT 配置文件），在使用选项中将触发源、文本、结果、控制等选项改成 PROFINET IO，如图 10-1-27 所示，保存源程序设置为需

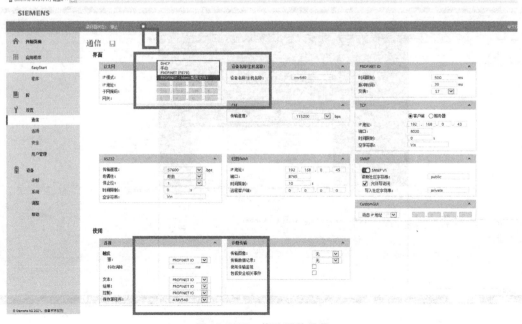

图 10-1-27 修改通信设置

要 PLC 触发的程序号，本案例以程序号 4 为例。然后单击保存按钮。

进入程序界面，单击"启动"，如图 10-1-28 所示。

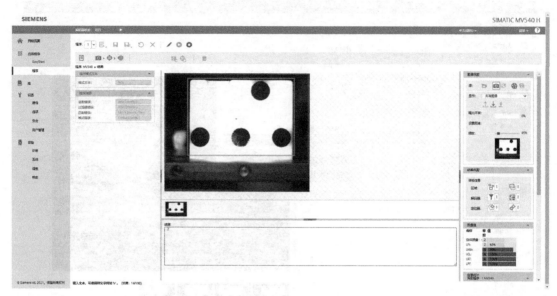

图 10-1-28  单击"启动"

任务 10.1-3  使用
S7-1200 PLC
读写 MV540

【技能训练 6】  MV540 程序测试——使用 S7-1200 PLC 读写 MV540。

1）打开博途软件，新建一个项目，如图 10-1-29 所示。

2）添加一个 S7-1200 PLC，如图 10-1-30 所示。

3）进入网络视图，在监测与监视栏中 IDENT 系统下选择 MV500 并添加，如图 10-1-31 所示。

4）为 I/O 设备分配主站。

图 10-1-29  新建博途项目

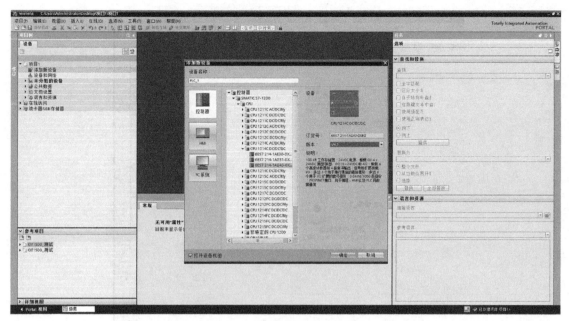

图 10-1-30　添加 S7-1200 PLC

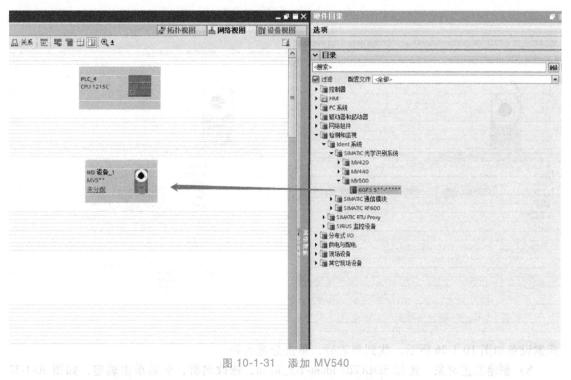

图 10-1-31　添加 MV540

单击 I/O 设备的"未分配"选择 I/O 控制器为 PLC_4. profinet，如图 10-1-32 所示。

5）进入 MV540 的设备视图（在网络视图里双击 MV540 图标），将 MV540 的工作模式设为识别配置文件，如图 10-1-33 所示。

6）配置 MV540 的网口（使 MV540 和 PLC 在同一个网段内），如图 10-1-34 所示。

7）单击 MV540 图标，鼠标右键选择分配设备名称，如图 10-1-35 所示；单击更新列表，

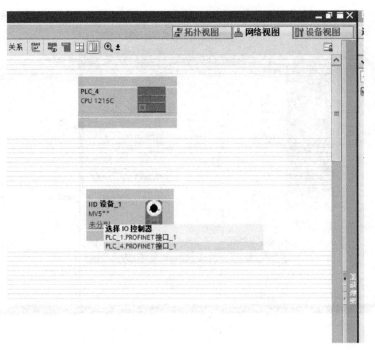

图 10-1-32　建立网络连接

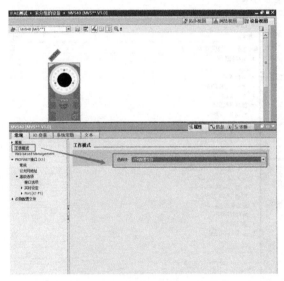

图 10-1-33　更改 MV540 工作模式

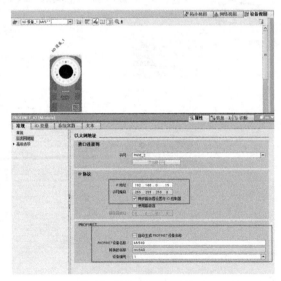

图 10-1-34　配置 IP 地址

搜索设备如图 10-1-36 所示。找到列表后，单击分配名称。

8）创建工艺对象，选择 SIMATIC Ident-TO_Ident，修改名称，然后单击确定，如图 10-1-37 所示。

9）更改工艺对象的基本参数，选择 Ident 设备为硬件组态中的 MV540 识别配置文件，如图 10-1-38 所示。

10）更改工艺对象的阅读器参数，选择之前 Web 界面配置的程序号。本案例以程序 4 为例，如图 10-1-39 所示。

图 10-1-35 分配设备名称（一）　　　　　　　图 10-1-36 分配设备名称（二）

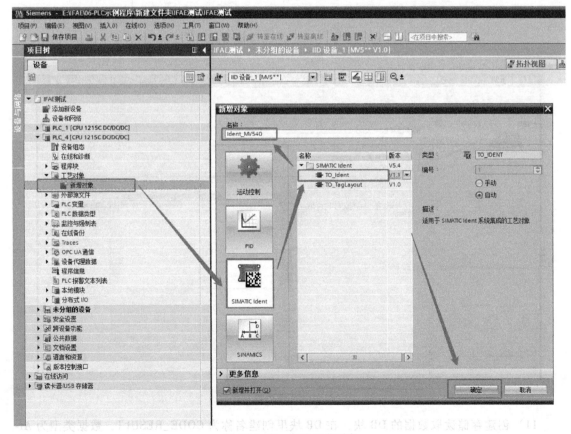

图 10-1-37 创建工艺对象

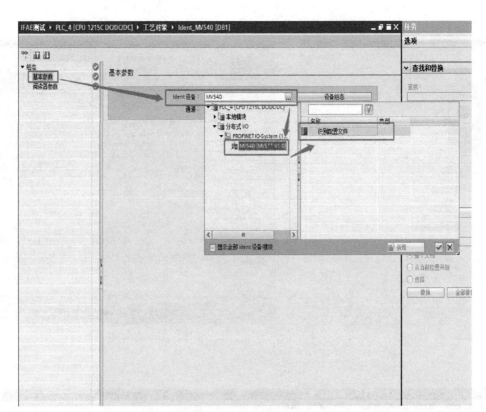

图 10-1-38　组态基本参数

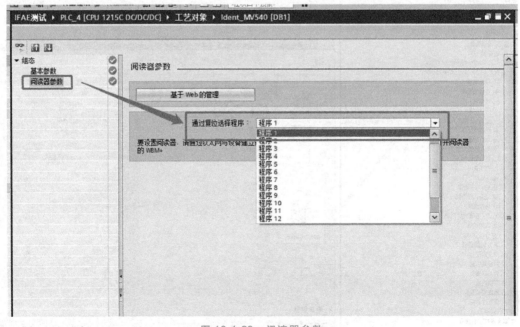

图 10-1-39　阅读器参数

11）创建存储读取数据的 DB 块，在 DB 块里创建名称为 CODE_RESULT，数据类型为 Array［1..199］of Byte 的数据结构，如图 10-1-40 所示。

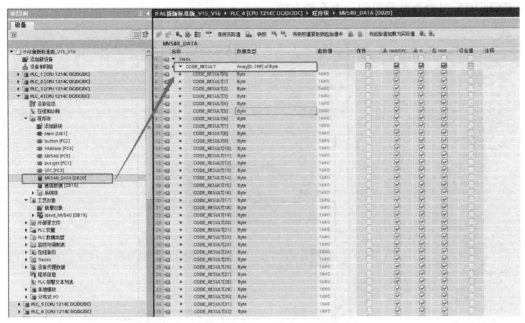

图 10-1-40　创建 DB 块

12）在程序编辑窗口，调用指令→选件包→SIMATIC Ident→Read_MV 和 Reset_Reader 块，如图 10-1-41 所示。

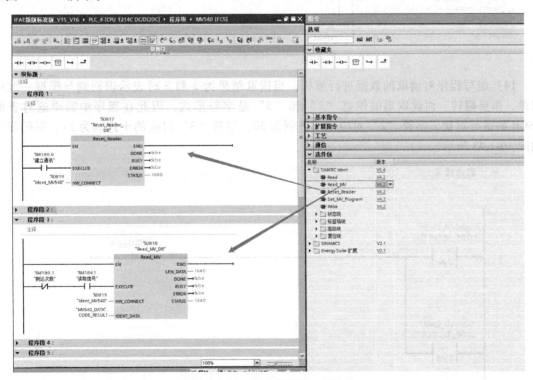

图 10-1-41　调用复位块和阅读块

13）把新建的工艺对象 DB 块拖到 HW_CONNECT 引脚，新建的存储数据 DB 块链接到 IDENT_DATA 引脚，如图 10-1-42 所示。

EXECUTE 引脚为触发引脚，上升沿有效。

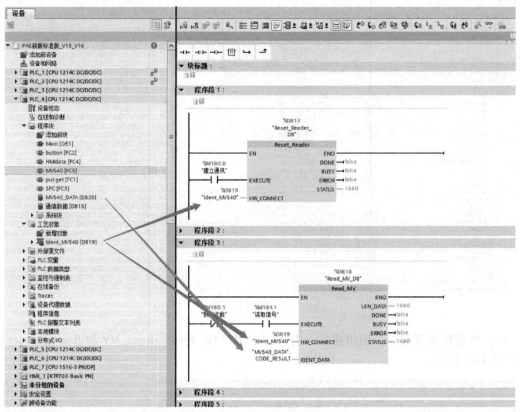

图 10-1-42　引脚数据连接

14）编写程序对读取的数据进行解析，当读取结果为 2 和 3 时表示识别到与模型一致的图像，需要翻转。而读取到的信息"2"和"3"是字符形式，因此在程序中需要通过查阅 ASCII 码进行对比，字符"2"对应的十进制为 50，字符"3"对应的十进制为 51，解码程序如图 10-1-43 所示。

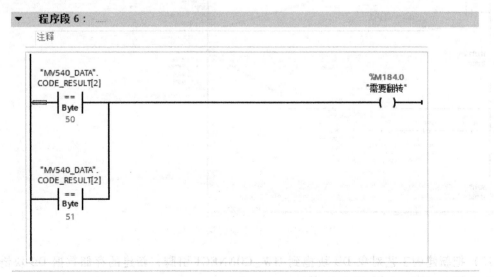

图 10-1-43　解码程序

ASCII 码表，依次为：二进制，十进制，十六进制字符，见表 10-1-6。

表 10-1-6 ASCII 码表

| 二 进 制 | 十 进 制 | 十 六 进 制 | 字 符 |
|---|---|---|---|
| 00110000 | 48 | 30 | 0 |
| 00110001 | 49 | 31 | 1 |
| 00110010 | 50 | 32 | 2 |
| 00110011 | 51 | 33 | 3 |
| 00110100 | 52 | 34 | 4 |
| 00110101 | 53 | 35 | 5 |
| 00110110 | 54 | 36 | 6 |
| 00110111 | 55 | 37 | 7 |
| 00111000 | 56 | 38 | 8 |
| 00111001 | 57 | 39 | 9 |

复位块的使用说明如图 10-1-44 所示，HW_CONNECT 引脚的参数配置为 IID_HW_CON-NECT 类型参数。

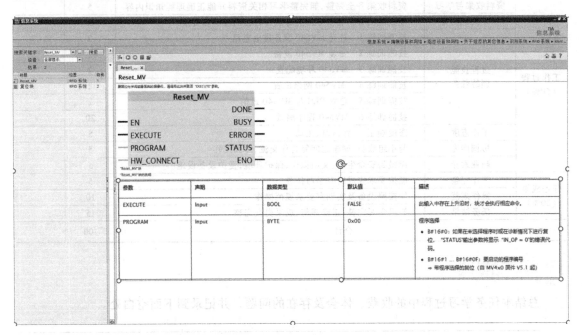

图 10-1-44 复位块使用说明

读取块的使用说明如图 10-1-45 所示，HW_CONNECT 引脚的参数配置为 IID_HW_CON-NECT 类型参数。

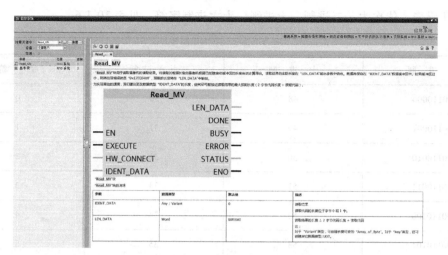

图 10-1-45　读取块使用说明

## 任务评价与反馈

教师对学生工作过程与任务结果进行评价，并将评价结果填入表 10-1-7 中。

表 10-1-7　任务综合评价表

| 班级： | | 姓名： | 学号： | | |
|---|---|---|---|---|---|
| | 任务名称 | | | | |
| | 评价项目 | 等　级 | 分值 | 得分 | |
| 考勤(10%) | | 无无故旷课、迟到、早退现象 | 10 | | |
| 工作过程<br>(60%) | 资料收集与学习 | 资料收集齐全完整，能完整学习相关资料并能正确理解知识内容 | 5 | | |
| | 引导问题回答 | 能正确回答所有引导问题并能有自己的理解和看法 | 10 | | |
| | 过程技能<br>训练任务 | 技能训练 1　补充 MV540 设备供电路 | 2 | | |
| | | 技能训练 2　安装 MV540 设备 | 2 | | |
| | | 技能训练 3　MV540 环境配置 | 2 | | |
| | | 技能训练 4　MV540 网络配置 | 2 | | |
| | | 技能训练 5　建立 PLC 与 MV540 通信 | 2 | | |
| | | 技能训练 6　MV540 程序测试 | 20 | | |
| | 工作态度 | 态度端正、工作认真、主动 | 5 | | |
| | 协调能力 | 与小组成员、同学之间能合作交流，协同工作 | 5 | | |
| | 职业素养 | 能做到安全生产，文明操作，保护环境，爱护设备设施 | 5 | | |
| 任务成果<br>(30%) | 工作完整 | 能按要求完成所有学习任务 | 5 | | |
| | 操作规范 | 能按照设备及实训室要求规范操作 | 10 | | |
| | 任务结果 | 知识学习完整、正确理解，成果提交完整 | 15 | | |
| 合计 | | | 100 | | |

## 任务小结

总结本任务学习过程中的收获、体会及存在的问题，并记录到下面空白处。

_____

_____

_____

_____

## 任务 10.2 工件射频识别

任务 10.2-1
认识 RFID

### 任务工单

| 任务名称 | | | | 姓名 | |
|---|---|---|---|---|---|
| 班级 | | 组号 | | 成绩 | |

| 工作任务 | ◆ 扫描二维码，观看主件供料工作站运行视频<br>◆ 学习相关知识点，完成引导问题<br>◆ 根据产线工艺要求，完成 RFID 设备安装及模块配置<br>◆ 编写相关测试程序，完成 RFID 设备读写工件信息<br><br>主件供料工作站运行视频 |
|---|---|
| 任务目标 | 知识目标<br>● 了解射频识别的应用场景<br>● 了解射频识别工作原理及系统构成<br>● 掌握射频识别写入信息技术<br>● 掌握射频识别读取信息技术<br>能力目标<br>● 能够完成 RFID 模块配置<br>● 能够使用博途软件开发控制程序，使用 RFID 模块完成读写任务<br>素质目标<br>● 良好的协调沟通能力、团队合作及敬业精神<br>● 良好的职业素养，遵守实践操作中的安全要求和规范操作注意事项<br>● 勤于思考、善于探索的良好学习作风<br>● 勤于查阅资料、善于自学、善于归纳分析 |
| 任务准备 | 软硬件环境准备<br>● 用于模拟生产线的 IFAE 设备<br>● 西门子射频设备 RFID 组件 1 套，包括通信模块、读写头、芯片<br>● 用于模拟产品的工件 1 个<br>● 订单系统信息<br>● 内六角螺丝刀，主要使用的是 2mm 与 6mm 两个规格<br>● 万用表（主要使用的是通断蜂鸣功能）<br>● 纸笔等办公文具<br>技术资料准备<br>● 智能自动化工厂综合实训平台各工作站的技术资料，包括工艺概览、组件列表、输入输出列表、电气原理图 |

| 任务分配 | 职务 | 姓名 | 工作内容 |
|---|---|---|---|
| | 组长 | | |
| | 组员 | | |
| | 组员 | | |

## 任务资讯与实施

【引导问题1】 此项目需要多次对产品标签信息进行修改和读取。常规的二维码和文字信息载体还能满足要求吗？简述理由。

_____

_____

_____

_____

【引导问题2】 RFID 系统是由信号发射机、（          ）、编程器，（          ）组成。

## 10.2.1 RFID 介绍

### 1. 什么是 RFID

RFID 是射频识别技术的英文（Radio Frequency Identification）缩写，又称电子标签。射频识别技术是 20 世纪 90 年代开始兴起的一种自动识别技术，射频识别技术是一项利用射频信号通过空间耦合（交变磁场或电磁场）实现无接触信息传递并通过所传递的信息达到识别目的的技术。

### 2. RFID 系统的组成

RFID 系统在具体的应用过程中，根据不同的应用目的和应用环境，系统的组成会有所不同，但从 RFID 系统的工作原理来看，系统一般都由信号发射机、信号接收机、发射接收天线几部分组成。

（1）信号发射机

在 RFID 系统中，信号发射机为了不同的应用目的，会以不同的形式存在，典型的形式是标签（TAG）。标签相当于条码技术中的条码符号，用来存储需要识别传输的信息，另外，与条码不同的是，标签必须能够自动或在外力的作用下，把存储的信息主动发射出去。

（2）信号接收机

在 RFID 系统中，信号接收机一般叫做阅读器。根据支持的标签类型不同与完成的功能不同，阅读器的复杂程度是显著不同的。阅读器基本的功能就是提供与标签进行数据传输的途径。另外，阅读器还提供相当复杂的信号状态控制、奇偶错误校验与更正功能等。标签中除了存储需要传输的信息外，还必须含有一定的附加信息，如错误校验信息等。识别数据信息和附加信息按照一定的结构编制在一起，并按照特定的顺序向外发送。阅读器通过接收到的附加信息来控制数据流的发送。一旦到达阅读器的信息被正确地接收和译解后，阅读器通过特定的算法决定是否需要发射机对发送的信号重发一次，或者知道发射器停止发信号，这就是"命令响应协议"。使用这种协议，即便在很短的时间、很小的空间阅读多个标签，也可以有效地防止"欺骗问题"的产生。

（3）编程器

只有可读可写标签系统才需要编程器。编程器是向标签写入数据的装置。编程器写入数据一般来说是离线（OFF-LINE）完成的，也就是预先在标签中写入数据，等到开始应用时直接把标签黏附在被标识项目上。也有一些 RFID 应用系统，写数据是在线（ON-LINE）完成的，尤其是在生产环境中作为交互式便携数据文件来处理时。

（4）天线

天线是标签与阅读器之间传输数据的发射、接收装置。在实际应用中，除了系统功率，天线的形状和相对位置也会影响数据的发射和接收，需要专业人员对系统的天线进行设计、安装。

【引导问题3】　根据 RFID 系统完成的功能不同，可以把 RFID 系统分成 EAS 系统、（　　　　）、网络系统、（　　　　）4 种类型。

## 10.2.2　RFID 系统的分类

根据 RFID 系统完成的功能不同，可以粗略地把 RFID 系统分成 4 种类型：EAS 系统、便携式数据采集系统、网络系统、定位系统。

### 1. EAS 技术

Electronic Article Surveillance（EAS）是一种设置在需要控制物品出入的门口的 RFID 技术。这种技术的典型应用场合是商店、图书馆、数据中心等地方，当未被授权的人从这些地方非法取走物品时，EAS 系统会发出警告。在应用 EAS 技术时，首先在物品上粘附 EAS 标签，当物品被正常购买或者合法移出时，在结算处通过一定的装置使 EAS 标签失活，物品就可以取走。物品经过装有 EAS 系统的门口时，EAS 装置能自动检测标签的活动性，发现活动性标签 EAS 系统会发出警告。EAS 技术的应用可以有效防止物品的被盗，不管是大件的商品，还是很小的物品。应用 EAS 技术，物品不用再锁在玻璃橱柜里，可以让顾客自由地观看、检查商品，这在自选日益流行的今天有着非常重要的现实意义。典型的 EAS 系统一般由 3 部分组成：①附着在商品上的电子标签，电子传感器；②电子标签灭活装置，以便授权商品能正常出入；③监视器，在出口形成一定区域的监视空间。

### 2. 便携式数据采集系统

便携式数据采集系统是使用带有 RFID 阅读器的手持式数据采集器采集 RFID 标签上的数据。这种系统具有比较大的灵活性，适用于不宜安装固定式 RFID 系统的应用环境。手持式阅读器（数据输入终端）可以在读取数据的同时，通过无线电波数据传输方式（RFDC）实时地向主计算机系统传输数据，也可以暂时先将数据存储在阅读器中，再一批一批地向主计算机系统传输数据。

### 3. 物流控制系统

在物流控制系统中，固定布置的 RFID 阅读器分散布置在给定的区域，并且阅读器直接与数据管理信息系统相连，信号发射机是移动的，一般安装在移动的物体、人上面。当物体、人经过阅读器时，阅读器会自动扫描标签上的信息并把数据信息输入数据管理信息系统存储、分析、处理，达到控制物流的目的。

### 4. 定位系统

定位系统用于自动化加工系统中的定位以及对车辆、轮船等进行运行定位支持。阅读器放置在移动的车辆、轮船上或者自动化流水线中移动的物料、半成品、成品上，信号发射机嵌入到操作环境的地表下面。信号发射机上存储有位置识别信息，阅读器一般通过无线的方式或者有线的方式连接到主信息管理系统。

【引导问题4】　当产品运行到第一个工位时，需要把存储在 PLC DB 块中的订单信息写入 RFID 芯片中，我们通过哪种方式能够实现？

A. 对 RFID 进行设置　　　　　　　B. 编写 PLC 程序触发

C. 不做任何设置　　　　　　　　　D. 通过外部按钮触发

## 10.2.3　西门子 RFID 硬件介绍

一个集成了 RFID 功能的 PLC 控制系统，如图 10-2-1 所示。

任务 10.2-2

RFID 硬件介绍

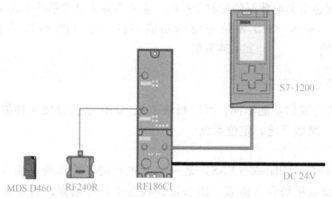

图 10-2-1 应用了 RFID 的 PLC 控制系统

### 1. RFID 收发器 MDS D460

MDS D460 收发器，RF200/RF300 ISO/MOBY D PILLE ISO 15693，芯片类型 FUJITSU MB89R118，2000 Byte FRAM 用户存储器 16mm×3mm（D×H）订货号为 6GT2600-4AB00，主要是用于被读取信息和写入信息的装置，如图 10-2-2 所示。

### 2. 阅读器 RF240R

SIMATIC RF200 阅读器 RF240R，RS-422 接口（3964R）；IP67，−25～+70℃；50mm×50mm×30mm；带集成天线，订货号：6GT2821-4AC10，用于阅读 RFID 芯片中的信息，如图 10-2-3 所示。

图 10-2-2 RFID 芯片

图 10-2-3 RFID 读写器

### 3. 通信模块 RF186CI

RFID 通信模块 RF186CI，用于 PROFINET；可连接 2 个阅读器；无接线板用于 PROFI-NET，订货号：6GT2002-0JE50，用于与 PLC 通信的装置，如图 10-2-4 所示。

### 4. 连接电缆

SIMATIC RF，MV 连接电缆，预制，在 ASM 456、RF160C、RF170C、RF18XC 和阅读器之间，或加长电缆用于 ASM 456，RF160C，RF170C，RF18XC 带 RF，MV，MOBY PUR，跟踪，长度 2m，如图 10-2-5 所示。

【引导问题 5】 通过以上学习我们能通过编写 PLC 程序实现把订单信息写入 RFID 芯片中，当产品运行到第二个工位时，需要把存储在 RFID 芯片中的订单信息读取到 PLC 中，方便后续生产。读取信息的方式和写入信息的方式会是一样的吗？

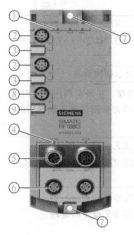

① 状态LED
② 阅读器接口
X21-X24
(M12,8针,A编码)
③ 阅读器LED
④ PROFINET/以太网LED
⑤ 电源接口
X80,X81
(M12,4针,L编码)
⑥ PROFINET IO接口
X1 P1R,X1 P2R
(M12,4针,D编码)
⑦ 安装孔和功能性接地(PE)
⑧ I/O接口
X10
(M12,5针,A编码)
⑨ IO LED

图 10-2-4　RFID 通信模块

图 10-2-5　RFID 连接电缆

## 10.2.4　西门子写入和读取指令

### 1. 写入指令 Write

使用 "Write" 块,可将 "IDENT_DATA" 缓冲区中的用户数据写入发送应答器。该数据的物理地址和长度则通过 "ADDR_TAG" 和 "LEN_DATA" 参数进行传送。使用 RF61×R/RF68×R 阅读器时,该块将数据写入存储器组 3(USER 区域)中。使用可选参数 "EPCID_UID" 和 "LEN_ID" 参数,可对特定的发送应答器进行特殊访问,见表 10-2-1。

任务 10.2-3
RFID 设备
读取和写入

表 10-2-1　Write 指令参数

| 参数 | 声明 | 数据类型 | 默认值 | 说　明 |
|---|---|---|---|---|
| EXECUTE | Input | BOOL | FALSE | 此输入中存在上升沿时,块才会执行相应命令 |
| ADDR_TAG | Input | DWORD | DW#16#0 | 启动写入的发送应答器所在的物理地址。有关寻址的更多信息,请参见"Ident 配置文件和 Ident 块,Ident 系统手册的标准功能的发送应答器寻址"部分<br>对于 MV:地址始终为 0 |
| LEN_DATA | Input | WORD | W#16#0 | 待写入数据的长度 |
| LEN_ID | Input | BYTE | B#16#0 | EPC-ID/UID 的长度<br>默认值:0×00 △ 未指定的单变量访问(RF200、RF300、RF61×R、RF68×R) |
| EPCID_UID | Input | ARRAY[1...62] OF BYTE | 0×00 | 缓冲区中最多 62 个字节的 EPC-ID、8 个字节的 UID 或 4 个字节的句柄 ID<br>● 在缓冲区起始位置处,输入 2 到 62 个字节的 EPC-ID(长度由"LEN_ID"设置)<br>● 在缓冲区起始位置处,输入 8 个字节的 UID("LEN_ID=8")<br>● 在数组元素[5]-[8]中,需输入 4 个字节的句柄 ID("LEN_ID=8")<br>默认值:0×0 0 △ 未指定的单变量访问(RF620R、RF630R) |
| DONE | Output | BOOL | FALSE | 作业已执行,如果所得结果是确定的,则此参数置位 |
| BUSY | Output | BOOL | FALSE | 正在执行作业 |

（续）

| 参数 | 声明 | 数据类型 | 默认值 | 说　　明 |
|------|------|----------|--------|----------|
| ERROR | Output | BOOL | FALSE | 作业因错结束,错误代码在"状态"（STATUS）中指示 |
| STATUS | Output | DWORD | FALSE | 在"ERROR"位置位时,显示错误消息 |
| PRESENCE | Output | BOOL | FALSE | 此位指示,存在发送应答器。在每次调用此块时,显示的值都将更新。在具体光学阅读器系统专用的块中不存在此参数 |
| HW_CONNECT | In/Out | TO_IDENT | — | Ident 设备的"TO_Ident"工艺对象 |
| | | IID_HW_CONNECT | — | "IID_HW_CONNECT"类型的全局参数,用于通道/阅读器寻址和块同步 |
| IDENT_DATA | In/Out | ANY/VARIANT | 0×00 | 包含待写入数据的数据缓冲区<br>对于 MV:首个字母是相应 MV 命令的编码<br>注:<br>对于"Variant"类型,当前只能创建一个长度可变的"Array_of_Byte"。对于"Any"类型,还可创建其他数据类型/UDT |

### 2. 读取指令 Read

"Read"块将读取发送应答器中的用户数据,并输入到"IDENT_DATA"缓冲区中。该数据的物理地址和长度则通过"ADDR_TAG"和"LEN_DATA"参数进行传送。使用 RF61×R/RF68×R 阅读器时,该块将读取存储器组 3（USER 区域）中的数据。使用可选参数"EPCID_UID"和"LEN_ID"参数,可对特定的发送应答器进行特殊访问,见表 10-2-2。

表 10-2-2　Read 指令参数

| 参数 | 声明 | 数据类型 | 默认值 | 说　　明 |
|------|------|----------|--------|----------|
| EXECUTE | Input | BOOL | FALSE | 此输入中存在上升沿时,块才会执行相应命令 |
| ADDR_TAG | Input | DWORD | DW#16#0 | 启动读取的发送应答器所在的物理地址。有关寻址的更多信息,请参见"Ident 配置文件和 Ident 块,Ident 系统手册的标准功能的发送应答器寻址"部分<br>对于 MV:读取代码的长度位于从地址"0"开始的 2 个字节中。读取代码本身则从地址"2"开始 |
| LEN_DATA | Input | WORD | W#16#0 | 待读取数据的长度 |
| LEN_ID | Input | BYTE | B#16#0 | EPC-ID/UID 的长度<br>默认值:0×00 △ 未指定的单变量访问（RF200、RF300、RF61×R、RF68×R） |
| EPCID_UID | Input | ARRAY[1...62] OF BYTE | 0×00 | 缓冲区中最多 62 个字节的 EPC-ID、8 个字节的 UID 或 4 个字节的句柄 ID<br>● 在缓冲区起始位置处,输入 2 到 62 个字节的 EPC-ID（长度由"LEN_ID"设置）<br>● 在缓冲区起始位置处,输入 8 个字节的 UID（"LEN_ID=8"）<br>● 在数组元素[5]-[8]中,需输入 4 个字节的句柄 ID（"LEN_ID=8"）<br>默认值:0×00 △ 未指定的单变量访问（RF620R、RF630R） |
| DONE | Output | BOOL | FALSE | 作业已执行,如果所得结果是确定的,则此参数置位 |

（续）

| 参数 | 声明 | 数据类型 | 默认值 | 说　明 |
|---|---|---|---|---|
| BUSY | Output | BOOL | FALSE | 正在执行作业 |
| ERROR | Output | BOOL | FALSE | 作业因错结束,错误代码在"状态"(STATUS)中指示 |
| STATUS | Output | DWORD | FALSE | 在"ERROR"位置位时,显示错误消息 |
| PRESENCE | Output | BOOL | FALSE | 此位指示,存在发送应答器。在每次调用此块时,显示的值都将更新。在具体光学阅读器系统专用的块中不存在此参数 |
| HW_CONNECT | In/Out | TO_IDENT | — | Ident 设备的"TO_Ident"工艺对象 |
| | | IID_HW_CONNECT | | "IID_HW_CONNECT"类型的全局参数,用于通道/阅读器寻址和块同步 |
| IDENT_DATA | In/Out | ANY/VARIANT | 0×00 | 存储读取数据的数据缓冲区<br>注:<br>对于"Variant"类型,当前只能创建一个长度可变的"Array_of_Byte"。对于"Any"类型,还可创建其他数据类型/UDT |

【技能训练1】　安装 RFID 射频识别设备。

【技能训练2】　RFID 设备配置组态。

1）利用 PRONETA 软件给 RFID 设置 IP 地址为：192.168.0.9，如图 10-2-6 所示。

任务 10.2-4
设备配置组态

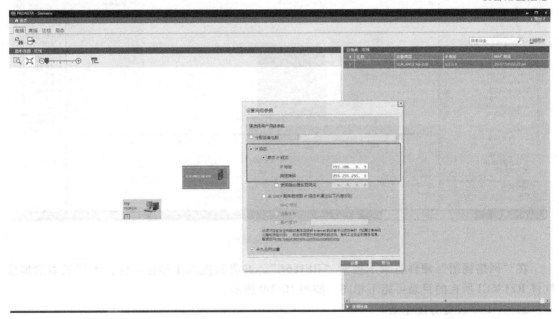

图 10-2-6　RFID 分配 IP 地址

2）打开浏览器，输入第一步给 RFID 分配的 IP 地址，选择"编辑发送应答器"，勾选初始化数据，然后单击初始化数据，如图 10-2-7 所示。然后，将芯片放在通道一对应的读写头上，通过 Web 界面对 RFID 芯片中写入数据 1，代表白色，写入数据 2，代表红色。

3）组态 CPU，根据现场实际 PLC 型号选择 CPU，如图 10-2-8 所示。

4）组态 RFID。

图 10-2-7    RFID 初始化

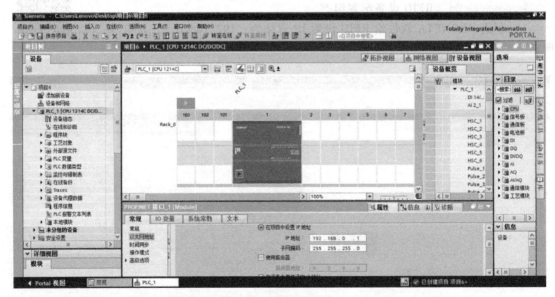

图 10-2-8    设备组态

　　在"网络视图"硬件目录下搜索"RF186C",并将其拖入工作区。注:不同版本的博途软件 RF186CI 所在的目录可能不相同,如图 10-2-9 所示。

　　5)为 I/O 设备分配主站。

　　单击 I/O 设备的"未分配"选择 I/O 控制器为"PROFINET 接口_1",如图 10-2-10 所示。

　　6)分配 I/O 设备 IP 地址,确保 PLC 与 I/O 设备处于同一网段,如图 10-2-11 所示。

　　7)更改并分配设备名称。

　　① 将"自动生成 PROFINET 设备名称"前面的√去掉,在设备名称写入"RF186CI",如图 10-2-12 所示。

　　② 选择 I/O 设备,鼠标右键选择"分配设备名称",如图 10-2-13 所示。

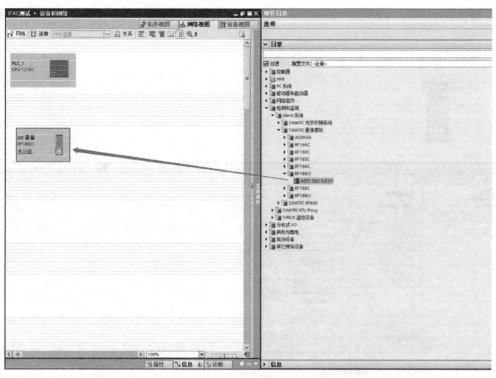

图 10-2-9　组态 RFID

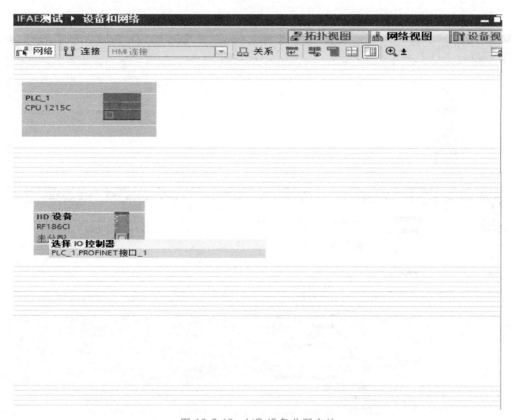

图 10-2-10　I/O 设备分配主站

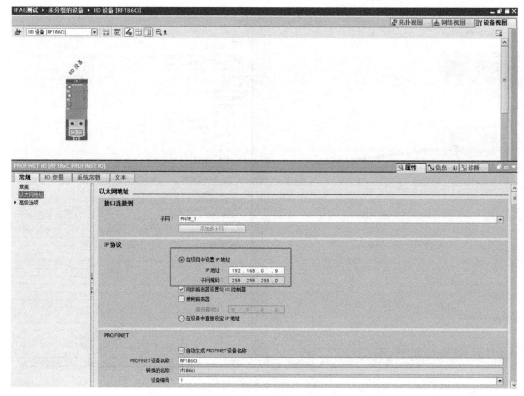

图 10-2-11　分配 IP 地址

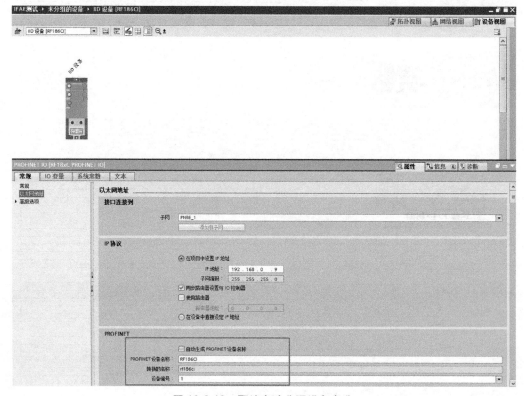

图 10-2-12　取消自动分配设备名称

图 10-2-13 选择"分配设备名称"

③ 单击"更新列表"搜索到"RF186CI",选中"RF186CI"单击"分配名称",如图 10-2-14 所示。

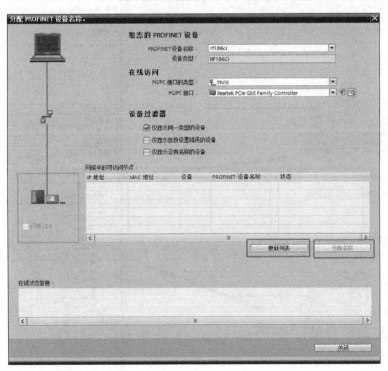

图 10-2-14 分配设备名称

【技能训练3】 RFID 控制程序编写。

1）打开主程序，在右侧指令树"选件包"中将 SIMATIC Ident 版本改为 2.0，如图 10-2-15 所示。

2）拖入 Reset_MOBY_D、Read 块，如图 10-2-16 所示。

任务 10.2-5
RFID 控制
程序编写

**317**

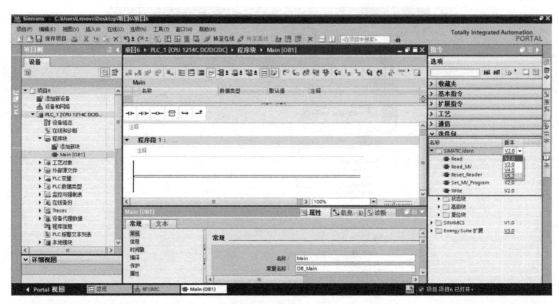

图 10-2-15  选择 2.0 版本

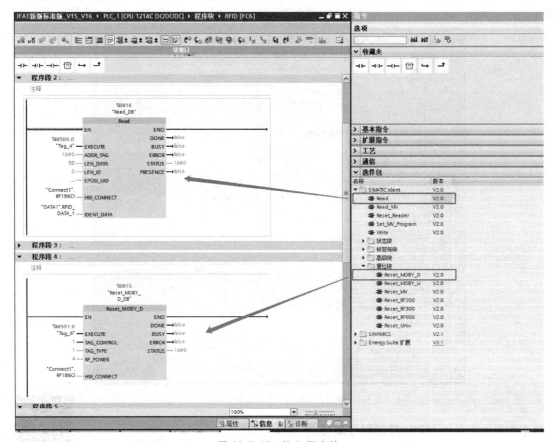

图 10-2-16  拖入程序块

3）创建数据块 Connect1，存储 RFID 通道 1 配置参数，如图 10-2-17 所示。

在数据块中创建变量 RF186CI，数据类型为 IID_HW_CONNECT。

配置变量"RF186C",此变量为结构体。

变量:HW_ID:硬件标识符 280(查看硬件组态可知实际数值,根据实际数值填写)。

变量:CM_CHANNEL 通道号 1。

变量:LADDR 起始地址 72(查看硬件组态可知实际数值,根据实际数值填写)。

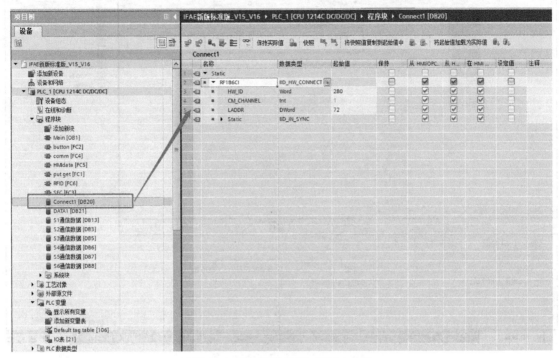

图 10-2-17　配置 RFID 通道 1 参数

4)查看硬件标识符和起始地址:

若设备概览中没有阅读器,则需要先添加阅读器,如图 10-2-18 所示。

图 10-2-18　添加阅读器

然后再单击"阅读器_1",查看属性,单击属性中的"系统常数"项,可以找到硬件标识符起始地址为 280,如图 10-2-19 所示。

5)创建数据块 DATA1,存储通道 1 数据,如图 10-2-20 所示。

数据块内创建变量 RFID_DATA_1,数据类型为 Array[0..49]of Byte(数组元素个数根据数据量而定,但数据类型必须使用数组)。

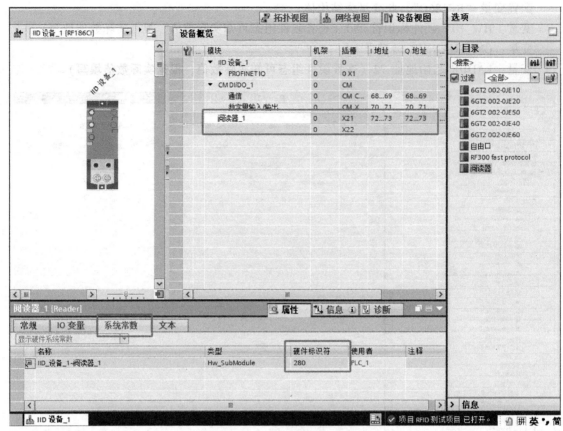

图 10-2-19　查看硬件标识符

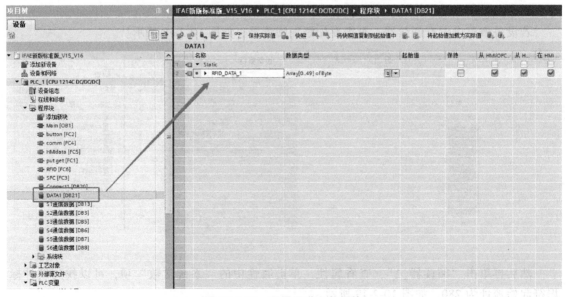

图 10-2-20　配置通道 1 数据块

6）Read 指令功能为从芯片读取数据，EXECUTE 触发时读取。将读取芯片中的内容存储在 DATA1 中，如图 10-2-21 所示。

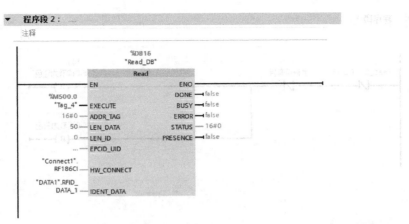

图 10-2-21 数据读取程序块

7）Reset_MOBY_D 指令功能为复位 RFID 通道，EXECUTE 触发时相应的通道得到复位，如图 10-2-22 所示。

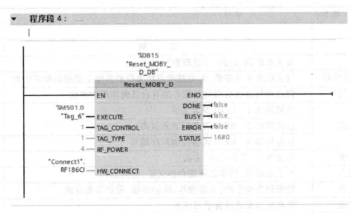

图 10-2-22 复位数据程序块

8）将程序下载到设备，先将 M501.0 置 1，复位并建立连接。然后将 M500.0 置 1，此时芯片数据被读到 DATA1 中。数据的变化可以在 DB 块中在线监视查看。

9）编写解析程序，如图 10-2-23 所示。如果读取为 1，代表白色主件，如果读取为 2，代表红色主件。

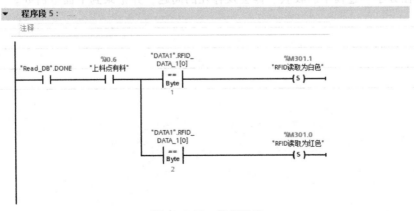

图 10-2-23 解析程序

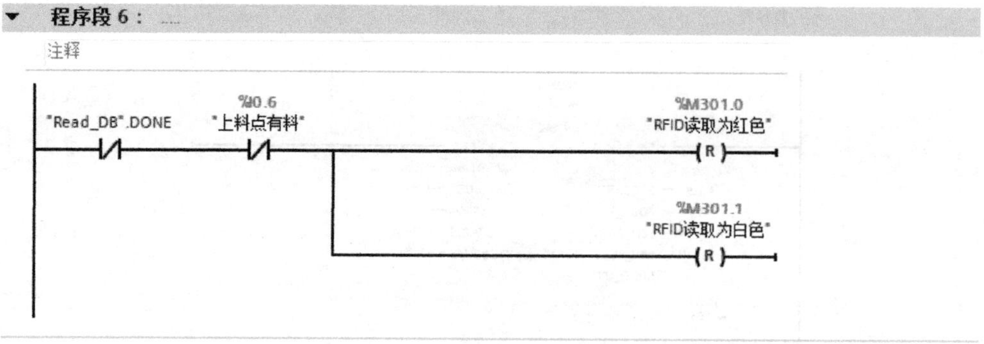

▼ **程序段 6 :** ...

注释

```
"Read_DB".DONE        %I0.6                                      %M301.0
    ─┤/├─          "上料点有料"                                "RFID读取为红色"
                     ─┤/├──────┬────────────────────────────────( R )
                              │
                              │                                  %M301.1
                              │                              "RFID读取为白色"
                              └────────────────────────────────( R )
```

图 10-2-23 解析程序（续）

## 任务评价与反馈

教师对学生工作过程与任务结果进行评价，并将评价结果填入表 10-2-3 中。

表 10-2-3 任务综合评价表

| 班级： | 姓名： | 学号： | | |
|---|---|---|---|---|
| | 任务名称 | | | |
| | 评价项目 | 等　　级 | 分值 | 得分 |
| 考勤(10%) | | 无无故旷课、迟到、早退现象 | 10 | |
| 工作过程<br>(60%) | 资料收集与学习 | 资料收集齐全完整，能完整学习相关资料并能正确理解知识内容 | 5 | |
| | 引导问题回答 | 能正确回答所有引导问题并能有自己的理解和看法 | 10 | |
| | 任务实施 | 技能训练1　RFID 设备安装 | 5 | |
| | | 技能训练2　RFID 设备配置及组态 | 5 | |
| | | 技能训练3　RFID 设备控制程序编写 | 15 | |
| | 工作态度 | 态度端正、工作认真、主动 | 5 | |
| | 协调能力 | 与小组成员、同学之间能合作交流，协同工作 | 5 | |
| | 职业素养 | 能做到安全生产，文明操作，保护环境，爱护设备设施 | 10 | |
| 任务成果<br>(30%) | 工作完整 | 能按要求完成所有学习任务 | 10 | |
| | 操作规范 | 能按照设备及实训室要求规范操作 | 5 | |
| | 任务结果 | 知识学习完整、正确理解，按要求完成各子任务，成果提交完整 | 15 | |
| 合计 | | | 100 | |

## 任务小结

总结本任务学习过程中的收获、体会及存在的问题，并记录到下面空白处。

_____

_____

_____

_____

# 项目11  智能产线系统综合运行与调试

| 项目 11  智能产线系统综合运行与调试 | 学时：10 学时 |
|---|---|

**学习目标**

知识目标
（1）了解 IFAE 智能产线系统整机运行的相关控制要求和工艺要求
（2）掌握 IFAE 智能产线系统整机运行的工作流程
（3）掌握 IFAE 智能产线多个工作站的通信组态方法
（4）掌握 IFAE 智能产线整机运行的 PLC 程序和触摸屏程序编写方法

能力目标
（1）会在博途环境下进行多个工作站的通信组态
（2）能够正确编写 IFAE 智能产线整机运行的 PLC 程序和触摸屏程序
（3）能够对智能产线系统进行综合运行和调试

素质目标
（1）学生应树立职业意识，并按照企业的"8S"（整理、整顿、清扫、清洁、素养、安全、节约、学习）质量管理体系要求自己
（2）操作过程中，必须时刻注意安全用电，严禁带电作业，严格遵守电工安全操作规程
（3）爱护工具和仪器仪表，自觉地做好维护和保养工作
（4）具有吃苦耐劳、严谨细致、爱岗敬业、团队合作、勇于创新的精神，具备良好的职业道德

**教学重点与难点**

教学重点
（1）PLC 的 PN 通信网络程序设计
（2）触摸屏的联机操作界面设计
教学难点
智能产线通信程序的编写和调试

| 任务名称 | 任务目标 |
|---|---|
| 任务 11.1  多工作站通信组态与调试 | （1）会正确使用和组建 PLC 的网络控制系统<br>（2）掌握 PLC 联网的以太网通信协议的使用方法<br>（3）掌握 PLC 以太网通信协议的主从站硬件连接方法 |

(续)

| 任务名称 | 任务目标 |
|---|---|
| 任务 11.1 多工作站通信组态与调试 | （4）掌握 PLC 以太网通信协议的主从站软件程序设计方法<br>（5）能够正确分析、判断并快速排除 PLC 以太网网络的软硬件故障 |
| 任务 11.2 人机界面监控系统设计与调试 | （1）了解西门子 HMI 触摸屏作为人机界面的相关知识<br>（2）会对智能产线的联机界面进行触摸屏画面设计<br>（3）对使用触摸屏软件建立数据库变量，并与 PLC 变量进行关联<br>（4）掌握触摸屏画面中图形元素与数据变量的关联方法和注意事项<br>（5）会编写触摸屏联机监控界面的触摸屏程序设计<br>（6）能够正确分析、判断并快速排除触摸屏监控界面的软硬件故障 |
| 任务 11.3 整机运行与调试 | （1）了解 IFAE 智能产线整机运行的相关控制要求和工艺要求<br>（2）会正确使用和选择仪表对自动化生产线进行检查和判断<br>（3）掌握智能产线的联机 PLC 程序设计方法和调试方法<br>（4）掌握智能产线的联机触摸屏程序设计方法和调试方法 |

任务 11.1
多工作站通信
组态与调试

# 任务 11.1 多工作站通信组态与调试

## 任务工单

| 任务名称 | | | 姓名 | |
|---|---|---|---|---|
| 班级 | | 组号 | 成绩 | |

| 工作任务 | ◆ 扫描二维码，观看智能产线整机运行视频<br>◆ 阅读知识点，完成引导问题<br>◆ 完成智能产线多工作站通信组态任务<br>◆ 完成多工作站通信测试任务 |
|---|---|

智能产线整机运行视频

| 任务目标 | 知识目标<br>• 掌握在 TIA 博途环境下多工作站通信组态的方法<br>• 掌握多工作站之间通信的 S7 连接、TCP 连接的以太网通信方式<br>能力目标<br>• 能正确在 TIA 博途环境下对多工作站进行通信组态<br>• 能对多工作站通信是否成功进行测试 |
|---|---|

（续）

| | | | | |
|---|---|---|---|---|
| 任务目标 | **素质目标**<br>● 良好的协调沟通能力、团队合作及敬业精神<br>● 良好的职业素养，遵守实践操作中的安全要求和规范操作注意事项<br>● 勤于思考、善于探索的良好学习作风<br>● 勤于查阅资料、善于自学、善于归纳分析 | | | |
| 任务准备 | **软硬件环境**<br>● 计算机 1 台，作为工程组态站<br>● TIA 博途软件平台里的 SIMATIC STEP 7 软件—V14 SP1 及以上版本<br>**技术资料准备**<br>● 智能自动化工厂综合实训平台—标准版及以上版本<br>● 智能产线生产制造执行系统软件 | | | |
| 任务分配 | 职务 | 姓名 | 工作内容 | |
| | 组长 | | | |
| | 组员 | | | |
| | 组员 | | | |

## 任务资讯与实施

【引导问题 1】　简述两台 PLC 之间进行 S7 通信连接的实现过程。

_____

_____

_____

_____

### 11.1.1　PLC 之间的 S7 通信连接

**1．S7 通信特点**

1）S7 通信作为 SIMATIC 产品家族的通信，属于 SIMATIC CPU 之间供应商特定的非开放式标准通信。

2）数据交换通过所组态的 S7 连接进行，S7 连接可以在一端或者同时在两端进行组态。

3）对于在一端组态的 S7 连接，仅在一个通信伙伴中组态此连接并且仅下载到此伙伴；在两端同时组态 S7 连接时，将同时在两个通信伙伴中组态和下载所组态的连接参数。

4）支持单边、双边通信。

**2．S7 通信的实现**

1）调用发送数据程序块，PUT 发送数据程序块如图 11-1-1 所示。

2）调用接收数据程序块，GET 接收数据程序块如图 11-1-2 所示。

3）添加指定连接，双边自动指定创建 S7 连接，双边都需下载，如图 11-1-3 所示。

4）未指定连接。添加未指定 S7 连接时，伙伴方无需添加连接，如图 11-1-4 所示。

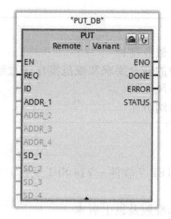

图 11-1-1　PUT 发送数据程序块

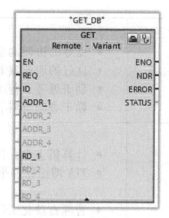

图 11-1-2　GET 接收数据程序块

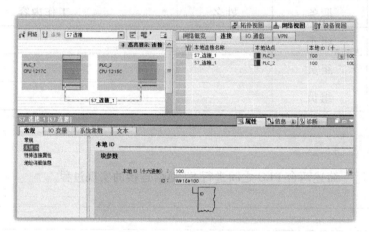

图 11-1-3　添加指定连接

图 11-1-4　未指定连接

## 11.1.2　两台 PLC 之间的 S7 通信实例讲解

示例：实现"PLC1 控制器"与"PLC2 控制器"之间通过 S7 传输数据，要求实现把 PLC2 的名为"待发送数据"数据块中的数据传送给 PLC1，存放在"PLC2 通信数据"数据块中。

### 1. 硬件参数配置

PLC1 控制器为 S7-1200 1215C DC/DC/DC 固件版本号为 V4.4；IP：192.168.0.1；PLC2 控制器：S7-1200 1215C DC/DC/DC 固件版本号：V4.4，IP：192.168.0.2。

## 2. 创建项目

如图 11-1-5 所示，创建通信测试项目。

## 3. 设备组态

添加 PLC1，如图 11-1-6 所示。

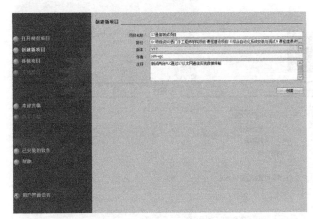

图 11-1-5 创建通信测试项目　　　　　图 11-1-6 添加 PLC1

## 4. IP 地址设置

设置 PLC1 的 IP 地址：192.168.0.1，如图 11-1-7 所示。

图 11-1-7 设置 PLC1 IP 地址

同理添加另一台 PLC2，IP 地址设置为：192.168.0.2，如图 11-1-8 所示。

两台 PLC 进行网络连接，如图 11-1-9 所示。

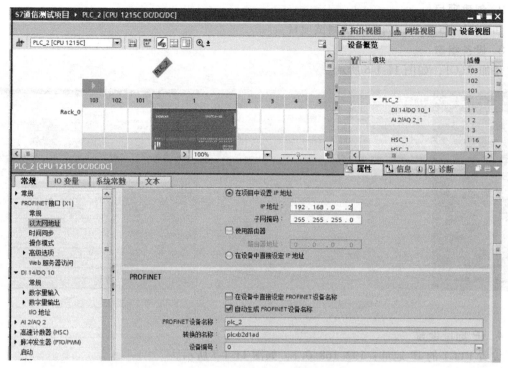

图 11-1-8　添加和设置 PLC2 IP 地址

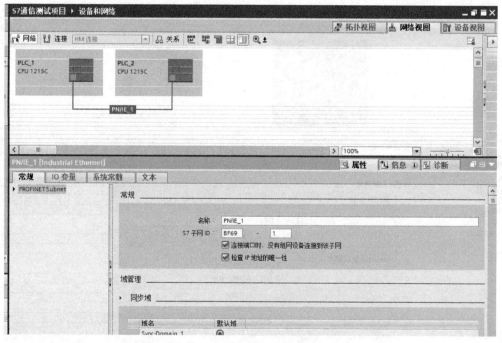

图 11-1-9　两台 PLC 网络连接

### 5. 新建接收和发送通信数据块

在 PLC1 中新建"PLC2 通信数据" DB 数据块,准备用于存放从 PLC2 接收来的数据,如图 11-1-10 所示。

图 11-1-10　添加通信接收数据块

　　同理，在 PLC2 中添加一"待发送数据"DB 数据块，如图 11-1-11 所示，用于存放准备发送的数据。

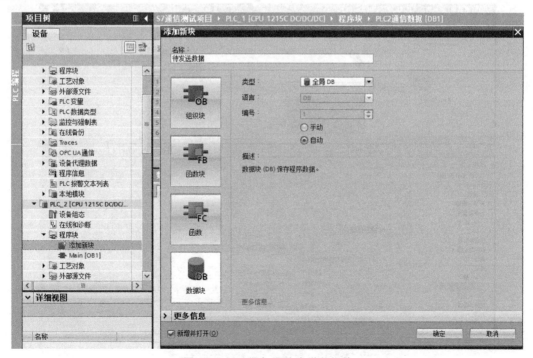

图 11-1-11　添加通信发送数据块

### 6. 系统时钟存储器设置

如图 11-1-12 和图 11-1-13 所示，启用两个 PLC 的系统时钟存储器。

图 11-1-12　启用 PLC1 系统时钟存储器

图 11-1-13　启用 PLC2 系统时钟存储器

## 7. 设置两台 PLC 的安全访问级别

完全访问权限，如图 11-1-14 所示。

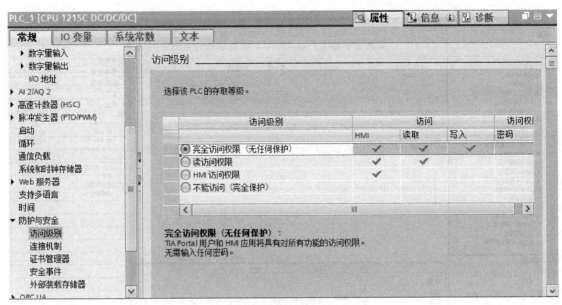

图 11-1-14 设置安全访问级别

## 8. 设置连接机制

允许来自远程对象的 PUT/GET 通信访问，如图 11-1-15 所示。

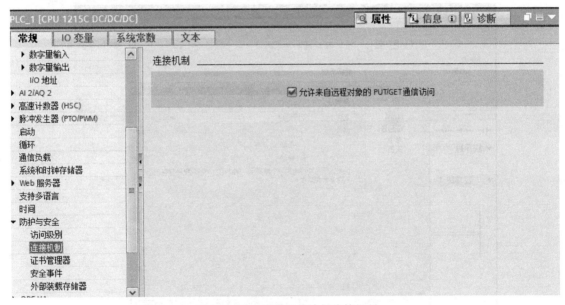

图 11-1-15 设置通信访问连接机制

## 9. 编写控制程序

（1）打开 PLC1 的程序编辑区

找到 S7 通信指令，如图 11-1-16 所示。

拖着 GET 这个指令直接放置到左边程序编辑区，生成一个 DB 块。然后配置相关的参数，如图 11-1-17、图 11-1-18 所示。

（2）S7 通信组态配置

如图 11-1-19 所示。

图 11-1-16　S7 通信指令（一）

图 11-1-17　S7 通信指令（二）

　　在图中可以看到，在设置连接参数的时候，只需一方主动建立连接。连接参数设置完成后，会自动生成连接 ID，此 ID 号要用在通信指令 GET 的引脚处。

　　（3）S7 通信指令参数配置

　　如图 11-1-20 所示，GET 指令的 ID 号为前面所述通信组态配置的 ID 号，为十六进制的 100。ADDR_1 为指向伙伴 CPU（PLC2）上的待读取区域的指针，图中所示为读取 PLC2 上

DB1 通信数据块（待发送数据块）起始地址为 DBX0.0 开始的一个字节的数据；RD_1 为指向本地 CPU（PLC1）上用于输入已读数据的区域的指针。

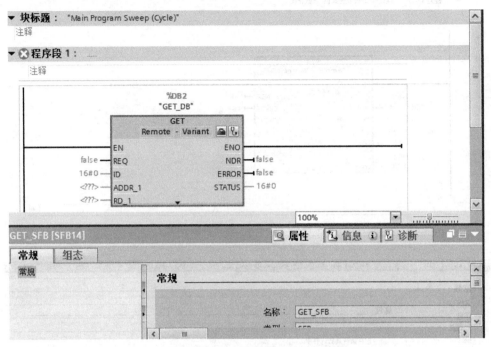

图 11-1-18　S7 通信指令（三）

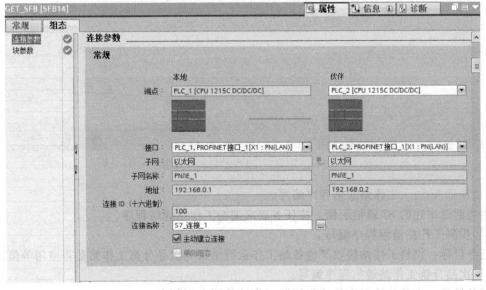

图 11-1-19　S7 通信组态配置

注意：DB 数据块添加时属性"优化的块访问"去掉，如图 11-1-21 所示，否则会报错。

至此，西门子 PLC 间的 S7 通信的连接参数和通信数据就设置完成了。

PUT 指令和 GET 指令用法类似，用于发送数据。也可在 PLC2 中用 PUT 指令实现向 PLC1 发送数据实现数据传送。

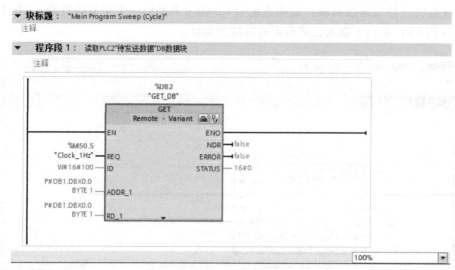

图 11-1-20　GET 指令参数设置

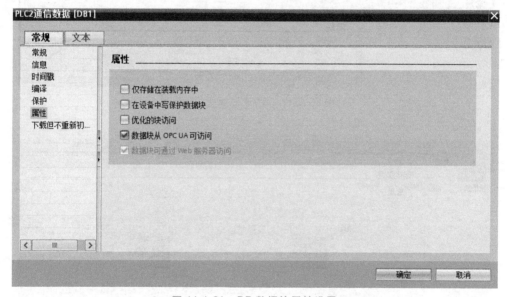

图 11-1-21　DB 数据块属性设置

【技能训练 1】　工作站通信程序编写。

参考前面讲述的 S7 通信示例，按任务要求编写工作站通信程序。

1）供料工作站通信程序编写。

任务目标：供料工作站接收其他各站工作运行结果和次品分拣工作站是否空闲等信息。

2）次品分拣工作站通信程序编写。

任务目标：次品分拣工作站接收旋转工作站是否空闲信息。

3）旋转工作站通信程序编写。

任务目标：旋转工作站接收方向调整工作站是否空闲信息。

4）方向调整工作站通信程序编写。

任务目标：方向调整工作站接收产品组装工作站是否空闲信息。

5）产品组装工作站通信程序编写。

任务目标：产品组装工作站接收产品分拣工作站是否空闲信息。

6）产品分拣工作站通信程序编写。

任务目标：产品组装工作站把工作站运行情况信息发送给供料工作站。

【引导问题2】　简述两台 PLC 之间进行 TCP 通信连接的实现过程。

_____

_____

_____

_____

## 11.1.3　TCP 通信

### 1. TCP/IP 协议特点

1）面向连接的传输层协议：发送方与接收方通信时，首先必须建立连接。

2）TCP 连接只能有两个端点，每条 TCP 连接只能是点对点。

3）TCP 提供可靠交付的服务，无差错、不丢失、不重复、按序到达。

4）TCP 利用滑动窗口提供流量控制，告知对方它能够接收数据的字节数。

5）TCP 传输的形式是数据流，没有传输长度及信息帧的起始、结束信息。

6）TCP 提供全双工通信。

### 2. TCP 通信的实现

1）调用通信连接程序块，如图 11-1-22 所示。

2）设置连接参数，如图 11-1-23 所示。

图 11-1-22　TCON 通信连接程序块

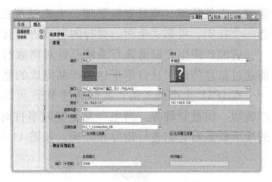

图 11-1-23　设置连接参数

3）调用数据发送程序块，如图 11-1-24 所示。

4）用数据接收程序块，如图 11-1-25 所示。

5）调用断开通信连接程序块，如图 11-1-26 所示。

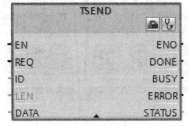

图 11-1-24　TSEND 数据发送程序块

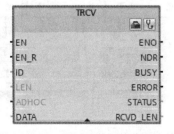

图 11-1-25　TRCV 数据接收程序块

图 11-1-26　TDISCON 断开通信连接程序块

【技能训练 2】　请查阅相关手册资料完成用 TCP 通信指令实现两个 PLC 之间的数据传输。

【引导问题 3】　阅读文献和查阅相关资料，简述什么是 MES，MES 在智能制造系统中有什么重要作用？

_____

_____

_____

_____

### 11.1.4　制造执行系统

制造执行系统（MES）是一套面向制造企业车间执行层的生产信息化管理系统。制造执行系统可以为企业提供包括制造数据管理、计划排程管理、生产调度管理、库存管理、质量管理、设备管理、项目看板管理、生产过程控制、底层数据集成分析等管理模块，为企业打造一个扎实、可靠、全面、可行的制造协同管理平台。

智能产线生产制造执行系统是针对离散行业智能制造综合实训系统（IFAE）设计的，它能通过信息传递对从订单下达到产品完成的整个生产过程进行优化管理。

在 IFAE 生产加工前，我们通过 MES 可以在 Web 管理平台上进行订单生成、实时监控生产流程、质量管理等。当生产发生实时事件时，MES 能对此及时做出反应、报告，并用当前的准确数据对它们进行指导和处理。如图 11-1-27、图 11-1-28 所示。

图 11-1-27　智能产线

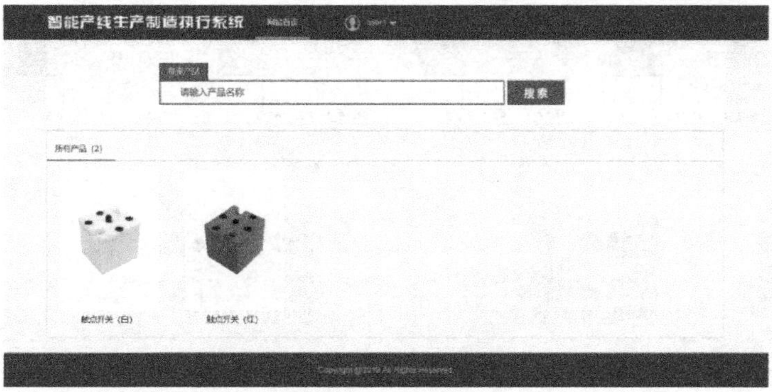

图 11-1-28　智能产线生产制造执行系统界面

【引导问题 4】　智能产线信息采集系统是什么？

_____

_____

_____

_____

## 11.1.5　智能产线信息采集系统

信息采集系统是将非结构化的信息从大量的网页中抽取出来保存到结构化的数据库中的软件。

智能产线信息采集系统是针对智能制造综合实训系统（IFAE）而设计的系统，应用于智能产线制造执行系统（MES），完成数据采集与监视控制。根据用户的设定从网页中分析提取出特定信息后整理并存放到指定的数据库（MySQL）中，然后通过本软件将订单信息传输至PLC 中，进行工艺生产。智能产线信息采集系统软件界面如图 11-1-29 所示。

图 11-1-29　智能产线信息采集系统软件界面

【技能训练 3】　参考前面学过的知识和做过的任务，按图 11-1-30 所示，完成智能产线 6个工作站的网络通信配置与组态工作。

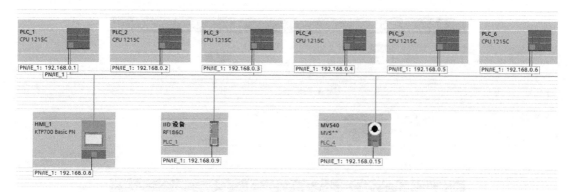

图 11-1-30　智能产线工作站网络通信与组态配置参考示例图

【技能训练4】　工作站网络通信调试

下载编写好的通信程序，测试各站通信程序是否正确。

在博途软件里编写好各站的通信程序后，点击下载，把程序下载到各站的 PLC 中，测试工作站网络通信程序是否实现相应功能。

## 任务评价与反馈

教师对学生工作过程与任务结果进行评价，并将评价结果填入表 11-1-1 中。

表 11-1-1　任务综合评价表

| 班级：　　　　　姓名：　　　　　学号： | | | | |
|---|---|---|---|---|
| 任务名称 | | | | |
| 评价项目 | | 等　　级 | 分值 | 得分 |
| 考勤(10%) | | 无无故旷课、迟到、早退现象 | 10 | |
| 工作过程 (60%) | 资料收集与学习 | 资料收集齐全完整，能完整学习相关资料并能正确理解知识内容 | 5 | |
| | 引导问题回答 | 能正确回答所有引导问题并能有自己的理解和看法 | 5 | |
| | 任务实施 | 技能训练1　6个工作站 S7 通信程序编写 | 12 | |
| | | 技能训练2　2个工作站 TCP 通信程序编写 | 4 | |
| | | 技能训练3　智能产线各工作站网络配置与组态 | 4 | |
| | | 技能训练4　工作站网络通信调试 | 10 | |
| | 工作态度 | 态度端正、工作认真、主动 | 10 | |
| | 协调能力 | 与小组成员、同学之间能合作交流，协同工作 | 5 | |
| | 职业素养 | 能做到安全生产，文明操作，保护环境，爱护设备设施 | 10 | |
| 任务成果 (30%) | 工作完整 | 能按要求完成所有学习任务 | 10 | |
| | 操作规范 | 能按照设备及实训室要求规范操作 | 5 | |
| | 任务结果 | 知识学习完整、正确理解，引导问题回答正确，按任务要求完成各子任务，成果提交完整 | 10 | |
| 合计 | | | 100 | |

## 任务小结

总结本任务学习过程中的收获、体会及存在的问题，并记录到下面空白处。

_____

_____

_____

_____

## 任务 11.2 人机界面监控系统设计与调试

任务 11.2 智能
产线人机界面
监控系统设计
与调试

### 任务工单

| 任务名称 | | | | 姓名 | |
|---|---|---|---|---|---|
| 班级 | | 组号 | | 成绩 | |
| 工作任务 | ◆ 扫描二维码，观看用触摸屏监控产线运行视频<br>◆ 阅读资讯内容，根据引导问题，学习相关知识点，完成引导问题<br>◆ 根据给出的智能产线工艺要求设计产线触摸屏监控画面并进行调试 | | | | 触摸屏监控产线运行视频 |
| 任务目标 | 知识目标<br>● 认识人机界面，掌握硬件安装接线，掌握软件安装<br>● 掌握 HMI 和 PLC 的通信连接<br>● 掌握人机交互界面画面设计、开发与调试<br>能力目标<br>● 能够根据需求应用博途 WinCC 软件进行工作站人机界面项目设计与调试<br>素质目标<br>● 良好的协调沟通能力、团队合作及敬业精神<br>● 良好的职业素养，遵守实践操作中的安全要求和规范操作注意事项<br>● 勤于思考、善于探索的良好学习作风<br>● 勤于查阅资料、善于自学、善于归纳分析 | | | | |
| 任务准备 | 软硬件环境准备<br>● 计算机 1 台，作为工程组态站<br>● TIA 博途软件平台里的 SIMATIC STEP 7 软件—V14 SP1 及以上版本<br>技术资料准备<br>● 智能自动化工厂综合实训平台各工作站的技术资料，包括工艺概览、组件列表、输入输出列表、电气原理图 | | | | |
| 任务分配 | 职务 | 姓名 | | 工作内容 | |
| | 组长 | | | | |
| | 组员 | | | | |
| | 组员 | | | | |

### 任务资讯与实施

【引导问题 1】 人机界面是（      ）和（          ）之间进行交互和信息交换的媒介，它实现信息的内部形式与人类可以接受形式之间的转换。

#### 11.2.1 人机界面

HMI 是 Human Machine Interface 的缩写，"人机接口"，也叫人机界面。人机界面是系统和用户之间进行交互和信息交换的媒介，它实现信息的内部形式与人类可以接受形式之间的转换。

【引导问题 2】 HMI 与 PLC 和组态 PC 通过（　　　　　）进行基于以太网的通信连接方式。需要注意的是一台 HMI 设备最多可以连接（　　　　　）控制器。

## 11.2.2　HMI 通信连接

HMI 可以连接 PLC、变频器、直流调速器、仪表等工业控制设备，利用显示屏显示，通过输入单元（如触摸屏、键盘、鼠标等）写入工作参数或输入操作命令，从而实现人与机器信息的交互，由硬件和软件两部分组成。HMI 与 PLC 和组态 PC 通过 PROFINET 进行基于以太网的通信连接方式，如图 11-2-1 所示。需要注意的是一台 HMI 设备最多可以连接 4 台控制器。

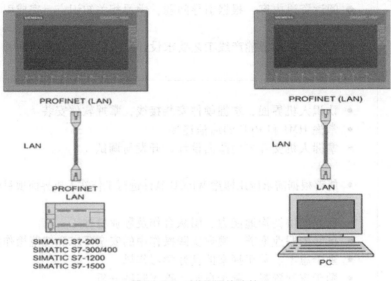

图 11-2-1　HMI 通信连接

【引导问题 3】 HMI 需要进行 IP 地址的设置时，要确保 HMI 与（　　　　　）IP 地址不同但是在（　　　　　）。

## 11.2.3　HMI 与 PLC 之间的通信

1）HMI 需要进行 IP 地址的设置，当 HMI 与要通信的设备（如 PLC、组态使用的 PC 机）建立连接时要确保 HMI 与要通信设备 IP 地址不同但是在同一网段，如图 11-2-2 所示。

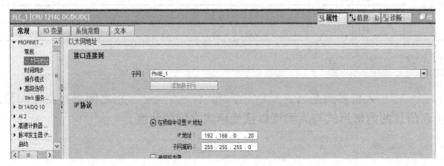

图 11-2-2　分配 HMI、PLC 地址

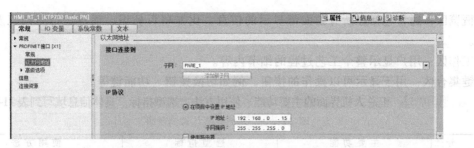

图 11-2-2　分配 HMI、PLC 地址（续）

2）HMI 和 PLC 的 IP 地址设置完成后，还需要在软件组态中进行连接。打开 HMI 的下拉列表，选择"连接"选项卡，可查看 HMI 的连接对象和访问点，如图 11-2-3 所示。

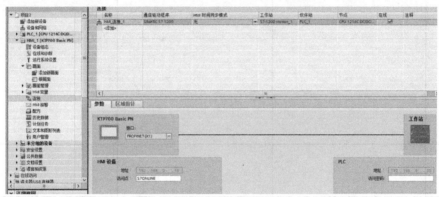

图 11-2-3　组态 HMI 通信连接

【引导问题 4】　对于监控画面的布局设计，为了方便监视和控制，通常可将画面的布局分为 3 个区域，即（　　　　　　）、（　　　　　　）、（　　　　　　）。

### 11.2.4　监控画面的设计

1）从整体结构方面来看，一个 WinCC 项目一般包含多幅画面，且各画面之间应该能按一定要求相互切换。因此，根据项目的总体要求和规划，要对画面的总体结构进行设计，确定需要创建的画面以及每个画面上需部署的主要功能；分析各画面之间的关系，并根据操作需要安排画面间切换的顺序。

2）对于监控画面的布局设计，为了方便监视和控制，通常可将画面的布局分为 3 个区域，概览区、工作区和键集合区，如图 11-2-4 所示。

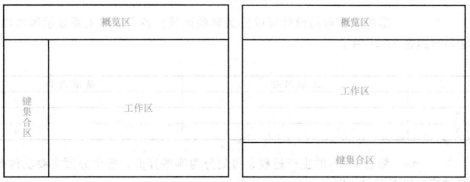

图 11-2-4　HMI 监控画面设计

概览区：通常包括在所有画面都显示的信息，比如项目标识、项目运行时间以及系统信息等。

工作区：用户显示整个工艺过程的细节内容。

键集合区：用于显示可以操作的按钮，例如切换按钮、功能键等。

【技能训练1】 汇总人机界面的主要功能、使用方法、选型指标，具体信息填写到表11-2-1中。

表 11-2-1　人机界面认知自检表

| 序　号 | 主要功能 | 选型指标 | 使用方法 |
|---|---|---|---|
| 1 | | | |
| 2 | | | |
| 3 | | | |
| 4 | | | |
| 5 | | | |

【技能训练2】 人机界面和 PLC 通信过程中存在哪些问题？解决方法是什么？具体信息请填写到表11-2-2中。

表 11-2-2　人机界面与 PLC 通信问题汇总表

| 序号 | 问题现象 | 原因分析 | 解决方法 | 结　果 |
|---|---|---|---|---|
| 1 | | | | □ 已解决<br>□ 未解决 |
| 2 | | | | □ 已解决<br>□ 未解决 |
| 3 | | | | □ 已解决<br>□ 未解决 |

【技能训练3】 监控画面布局设计可以分为哪些区域？各个区域主要显示哪些内容？具体信息请填写到表11-2-3中。

表 11-2-3　监控画面显示内容汇总表

| 序　号 | 区域名称 | 显示内容 |
|---|---|---|
| 1 | | |
| 2 | | |
| 3 | | |

【技能训练4】 结合 IFAE 的生产过程，可划分为哪些界面，各个界面主要功能是什么？具体信息请填写到表11-2-4中。

表 11-2-4　监控界面功能表

| 序　号 | 界面名称 | 功　能 |
|---|---|---|
| 1 | | |
| 2 | | |
| 3 | | |
| 4 | | |
| 5 | | |
| 6 | | |
| 7 | | |

【技能训练 5】　根据已给画面，如图 11-2-5~图 11-2-11 所示，正确完成对各工作站触摸屏的组态。

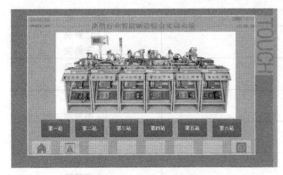

图 11-2-5　触摸屏启动主画面

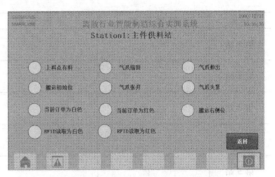

图 11-2-6　第 1 站主件供料站画面

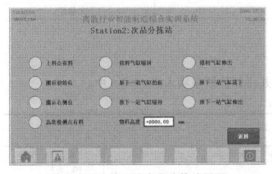

图 11-2-7　第 2 站次品分拣站画面

图 11-2-8　第 3 站旋转工作站画面

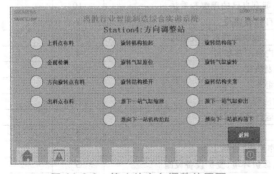

图 11-2-9　第 4 站方向调整站画面

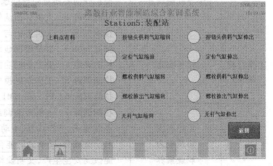

图 11-2-10　第 5 站装配站画面

【技能训练 6】　完成 PLC 和 HMI 对应程序的编写，并下载至 CPU。

【技能训练 7】　运行程序进行调试，记录调试运行情况，填入表 11-2-5 中。

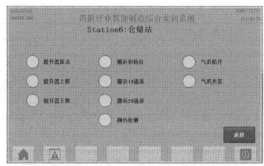

图 11-2-11　产品仓储站画面

表 11-2-5　人机界面调试运行问题汇总表

| 序号 | 问题现象 | 原因分析 | 解决方法 | 结　果 |
|------|---------|---------|---------|--------|
| 第 1 站 | | | | □ 已解决<br>□ 未解决 |
| 第 2 站 | | | | □ 已解决<br>□ 未解决 |
| 第 3 站 | | | | □ 已解决<br>□ 未解决 |
| 第 4 站 | | | | □ 已解决<br>□ 未解决 |
| 第 5 站 | | | | □ 已解决<br>□ 未解决 |
| 第 6 站 | | | | □ 已解决<br>□ 未解决 |

## 任务评价与反馈

　　教师对学生工作过程与任务结果进行评价，并将评价结果填入表 11-2-6 中。

表 11-2-6　任务综合评价表

| 班级： | | 姓名： | 学号： | | |
|--------|--|--------|--------|--|--|
| | 任务名称 | | | | |
| | 评价项目 | 等　　级 | 分值 | 得分 | |
| 考勤(10%) | | 无无故旷课、迟到、早退现象 | 10 | | |
| 工作过程<br>（60%） | 资料收集与学习 | 资料收集齐全完整,能完整学习相关资料并能正确理解知识内容 | 5 | | |
| | 引导问题回答 | 能正确回答所有引导问题并能有自己的理解和看法 | 10 | | |
| | 任务实施 | 技能训练 1　人机界面认知自检表填写 | 2 | | |
| | | 技能训练 2　人机界面与 PLC 通信问题汇总表填写 | 3 | | |
| | | 技能训练 3　监控画面显示内容汇总填写 | 2 | | |
| | | 技能训练 4　监控界面功能表填写 | 3 | | |
| | | 技能训练 5　工作站触摸屏组态 | 5 | | |
| | | 技能训练 6　PLC 和 HMI 对应程序的编写 | 10 | | |
| | | 技能训练 7　人机界面调试运行及问题记录 | 5 | | |
| | 工作态度 | 态度端正、工作认真、主动 | 5 | | |
| | 协调能力 | 与小组成员、同学之间能合作交流,协同工作 | 5 | | |
| | 职业素养 | 能做到安全生产,文明操作,保护环境,爱护设备设施 | 5 | | |
| 任务成果<br>（30%） | 工作完整 | 能按要求完成所有学习任务 | 10 | | |
| | 操作规范 | 能按照设备及实训室要求规范操作 | 5 | | |
| | 任务结果 | 知识学习完整、正确理解,图纸识读和绘制正确,成果提交完整 | 15 | | |
| 合计 | | | 100 | | |

## 任务小结

_____

_____

_____

_____

# 任务 11.3 整机运行与调试

## 任务工单

| 任务名称 | | | | 姓名 | |
|---|---|---|---|---|---|
| 班级 | | 组号 | | 成绩 | |
| 工作任务 | ◆ 扫描二维码，观看智能产线整机运行视频<br>◆ 阅读资讯内容，根据引导问题，学习相关知识点，完成引导问题<br>◆ 根据给出的智能产线工艺要设计产线整机运行的 PLC 控制程序及进行整机运行调试 | | | | 智能产线整机<br>运行视频 |
| 任务目标 | 知识目标<br>• 认识整机工艺流程<br>• 掌握智能产线整机 PLC 程序编写和运行联调方法<br>能力目标<br>• 能够根据智能产线整机工艺需求编写整机联调运行程序<br>• 能够对智能产线实现整机运行和综合调试并填写相关记录<br>素质目标<br>• 良好的协调沟通能力、团队合作及敬业精神<br>• 良好的职业素养，遵守实践操作中的安全要求和规范操作注意事项<br>• 勤于思考、善于探索的良好学习作风<br>• 勤于查阅资料、善于自学、善于归纳分析 | | | | |
| 任务准备 | 软硬件环境<br>• 计算机 1 台，作为工程组态站<br>• TIA 博途软件平台里的 SIMATIC STEP 7 软件—V14 SP1 及以上版本<br>技术资料<br>• 智能自动化工厂综合实训平台各工作站的技术资料，包括工艺概览、组件列表、输入输出列表、电气原理图 | | | | |
| 任务分配 | 职务 | 姓名 | | 工作内容 | |
| | 组长 | | | | |
| | 组员 | | | | |
| | 组员 | | | | |

**任务资讯与实施**

【引导问题 1】 了解阅读文献和资料，了解 IFAE 智能产线整机工艺流程，并用简易流程图的形式描述智能产线整机工艺流程。

### 11.3.1 IFAE 智能产线整机工艺流程

IFAE 实训系统由 6 个工作站组成，第 1 站主件供料站实现主件的上料功能；第 2 站次品分拣站通过高度检测来判断主件是否合格，并剔除不合格的；第 3 站旋转工作站通过方向检测来判断主件放置姿态是否正确，并调整姿态错误的主件的放置方向；第 4 站方向调整站通过材质检测来判断主件放置姿态是否正确，并进一步调整姿态错误的主件的放置方向，确定主件最终的放置姿态；第 5 站产品组装站会将两种辅料装配到主件上，完成产品的组装工作；第 6 站产品分拣站通过颜色检测区分不同的产品，并将产品放入相应的物流通道中，完成产品生产的最终工序。具体如图 11-3-1 所示。

图 11-3-1　IFAE 智能制造实训系统组成示意图

## 11.3.2 IFAE 智能产线工作站整机工艺流程（见图 11-3-2）

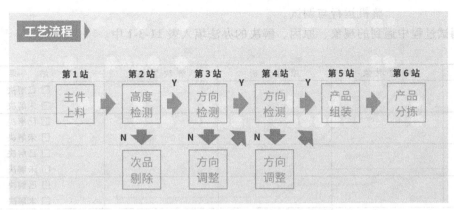

图 11-3-2 IFAE 智能产线工作站整机工艺流程示意图

第一站：主件供料站

本站由人工将待加工主件放置在上料传送带上，由电动机带动移动至上料点位置。然后气爪夹取工件并由同步带传输组件将主件传输至右侧位，再放置在下一工作站次品分拣工作站的承载料平台上。

第二站：次品分拣工作站

本站将从上一站搬运过来的主件从初始位置向右侧位输送，期间由高度检测传感器对主件进行检测，并记录结果。根据主件的高度检测结果进行不同操作。当高度检测不合格，认为是次品，将主件剔除推至次品盒中；当高度检测合格，则推向下一站即旋转工作站继续处理。

第三站：旋转工作站

本站由转盘组件来驱动。转盘组件每次转动角度为 60°，每转动一次即为一个工位。上一工作站传输过来的主件送到本站初始位置后，经过方向检测工位、方向调整工位，直到出料点位置。根据检测的结果来进行分别处理，检测合格（即工件方向符合组装要求）则不做处理；如不合格则需对其进行 90°旋转。

第四站：方向调整站

由上一站送来的工件先通过视频检测采集处理后由同步传输带组件移动到调整工位，视频检测结果如果正确（即方向符合组装条件），则不做任何处理；如果位置不正确则在方向调整工位对其进行 180°旋转。最后主件由推料气缸推送至下一工作站即产品组装站。

第五站：产品组装工作站

由上一站送来的工件在入料点由气缸夹紧固定，并由推杆组件将加工辅件 1（按钮）压入主件。然后由无杆气缸传输组件带动，将成品移送到安装辅件 2（螺母）旋入主件中，完成产品的组装。

第六站：产品分拣站

在本站中，利用提升机构，将组装好的装配成品从产品组装站中取出送至颜色识别位置处，再由颜色识别检测组件进行检测，最后根据检测结果将产品放入相应的物流滑槽中，至此完成整个产线的生产任务。

【技能训练 1】 IFAE 智能产线整机运行程序设计与调试。

【技能训练 2】 多工作站通信程序设计。

编写各工作站 PLC 控制程序。

【技能训练 3】 各工作站程序下载。

【技能训练 4】 整机运行与调试。

将调试过程中遇到的现象、原因、解决的办法填入表 11-3-1 中。

表 11-3-1 调试运行表

| 序号 | 问题现象 | 原因分析 | 解决方法 | 结　果 |
|------|----------|----------|----------|--------|
| 第1站 | | | | ☐ 已解决<br>☐ 未解决 |
| 第2站 | | | | ☐ 已解决<br>☐ 未解决 |
| 第3站 | | | | ☐ 已解决<br>☐ 未解决 |
| 第4站 | | | | ☐ 已解决<br>☐ 未解决 |
| 第5站 | | | | ☐ 已解决<br>☐ 未解决 |
| 第6站 | | | | ☐ 已解决<br>☐ 未解决 |

## 🔗 任务评价与反馈

教师对学生工作过程与任务结果进行评价，并将评价结果填入表 11-3-2 中。

表 11-3-2 任务综合评价表

| 班级： | 姓名： | 学号： | | |
|--------|--------|--------|--------|--------|
| 任务名称 | | | | |
| 评价项目 | | 等　级 | 分值 | 得分 |
| 考勤(10%) | | 无无故旷课、迟到、早退现象 | 10 | |
| 工作过程<br>(60%) | 资料收集与学习 | 资料收集齐全完整，能完整学习相关资料并能正确理解知识内容 | 5 | |
| | 引导问题回答 | 能正确回答所有引导问题并能有自己的理解和看法 | 5 | |
| | 任务实施 | 技能训练1　绘制整个产线工艺流程图 | 2 | |
| | | 技能训练2　编写各工作站 PLC 通信 | 8 | |
| | | 技能训练3　编写各工作站 PLC 控制程序 | 10 | |
| | | 技能训练4　程序下载和综合调试及记录 | 10 | |
| | 工作态度 | 态度端正、工作认真、主动 | 5 | |
| | 协调能力 | 与小组成员、同学之间能合作交流，协同工作 | 5 | |
| | 职业素养 | 能做到安全生产，文明操作，保护环境，爱护设备设施 | 10 | |
| 任务成果<br>(30%) | 工作完整 | 能按要求完成所有学习任务 | 10 | |
| | 操作规范 | 能按照设备及实训室要求规范操作 | 5 | |
| | 任务结果 | 知识学习完整、正确理解，按要求完成任务，成果提交完整 | 15 | |
| 合计 | | | 100 | |

## 🔗 任务小结

总结本任务学习过程中的收获、体会及存在的问题，并记录到下面空白处。

_____

_____

_____

_____

# 项目12　智能产线现场故障处理

项目介绍：某公司的一条小型生产线在现场遇到了故障异常现象，作为技术人员参与其中，跟同事一起根据故障现象进行分析，排查故障区域的相关设备及元器件，找到故障问题所在，并解决该故障，恢复生产线正常运行。完成智能产线现场故障诊断相关的工作，主要包括：能够根据故障现象进行分析，并对故障定位；能够运用在线诊断功能读取模块信息，查找故障原因并进行故障修复；能够完成智能产线现场复位后的联机调试，并完整地记录故障维修及处理过程。

| 项目 12　智能产线现场故障处理 | 学时：6 学时 |
| --- | --- |
| 学习目标 | |

**知识目标**

　(1) 理解产线工艺及设备功能，能够完成智能产线故障的分析与定位

　(2) 掌握 PLC 控制系统硬件、软件及通信故障诊断方法

**能力目标：**

　(1) 能正确规范记录故障维修及处理过程

　(2) 能实施智能产线现场复位后的联机调试，恢复产线正常运行

　(3) 能熟练使用编程软件读取故障信息

**素质目标**

　(1) 学生应树立职业意识，并按照企业的"8S"（整理、整顿、清扫、清洁、素养、安全、节约、学习）质量管理体系要求自己

　(2) 操作过程中，必须时刻注意安全用电，严禁带电作业，严格遵守电工安全操作规程

　(3) 爱护工具和仪器仪表，自觉地做好维护和保养工作

　(4) 具有吃苦耐劳、严谨细致、爱岗敬业、团队合作、勇于创新的精神，具备良好的职业道德

**教学重点与难点**

**教学重点**

　(1) 运用故障分析方法对故障点进行定位

　(2) 西门子博途软件在线工具的使用

**教学难点**

　(1) 故障定位之后如何解决

　(2) 对软件结构的宏观把握

（续）

| 任务名称 | 任务目标 |
|---|---|
| 任务 12.1　智能产线故障分析与排除 | （1）理解产线工艺及设备功能，能够完成智能产线故障的分析与定位<br>（2）正确规范记录故障维修及处理过程<br>（3）实施智能产线现场复位后的联机调试，恢复产线正常运行 |
| 任务 12.2　PLC 在线诊断 | （1）熟练使用编程软件读取故障信息<br>（2）掌握 PLC 控制系统硬件、软件及通信故障诊断方法 |

# 任务 12.1　智能产线故障分析与排除

任务 12.1　智能产线
故障分析与排除

## 任务工单

| 任务名称 | | | | 姓名 | |
|---|---|---|---|---|---|
| 班级 | | 组号 | | 成绩 | |
| 工作任务 | ◆ 理解产线工艺及设备功能，能够完成智能产线故障的分析与定位<br>◆ 正确规范记录故障维修及处理过程<br>◆ 实施智能产线现场复位后的联机调试，恢复产线正常运行 | | | | |
| 任务目标 | 知识目标<br>● 了解智能产线常见的故障类型<br>● 掌握正确规范记录故障方法<br>● 了解智能产线故障分析和定位及一般排故方法<br>能力目标<br>● 能通过故障现象分析故障产生原因并找到故障点<br>● 能正确规范记录故障维修及处理的过程<br>● 能实施智能产线现场复位后的联机调试，恢复产线正常运行<br>素质目标<br>● 良好的协调沟通能力、团队合作及敬业精神<br>● 良好的职业素养，遵守实践操作中的安全要求和规范操作注意事项<br>● 勤于思考、善于探索的良好学习作风<br>● 勤于查阅资料、善于自学、善于归纳分析 | | | | |
| 任务准备 | 工具准备<br>● 扳手（17#）、螺丝刀（一字/内六角）、万用表<br>技术资料准备<br>● 智能自动化工厂综合实训平台各工作站的技术资料，包括工艺概览、组件列表、输入输出列表、电气原理图<br>环境准备<br>● 实践安装操作场所和平台 | | | | |
| 任务分配 | 职务 | 姓名 | | 工作内容 | |
| | 组长 | | | | |
| | 组员 | | | | |
| | 组员 | | | | |

## 任务资讯与实施

【技能训练1】　在你面对的工作站里，总共发现几个故障？具体信息填写到表12-1-1中。

表12-1-1　故障信息描述

| 序号 | 故障点/所在位置 | 故障现象 | 故障解决对策 | 结果 |
|---|---|---|---|---|
| 1 | | | | □ 已解决<br>□ 未解决 |
| 2 | | | | □ 已解决<br>□ 未解决 |
| 3 | | | | □ 已解决<br>□ 未解决 |

【引导问题1】　在你排故的过程中，走了哪些弯路？你认为怎样的办法会更高效？

_____

_____

_____

### 12.1.1　工作站常见故障分析与排除（见表12-1-2）

表12-1-2　故障分析排除表

| 编号 | 异 常 情 况 | 处 理 方 法 |
|---|---|---|
| 1 | 气缸不动作 | 检查气泵是否开启，气路是否通畅 |
| 2 | 气缸动作过快或过慢 | 调整气量大小 |
| 3 | 物位移动不到准确位置 | 调整传感器、气缸的安装位置 |
| 4 | 气缸不动作 | 检查电磁阀接线、程序中对应的信号是否有输出 |
| 5 | 磁性开关不正确触发 | 调整磁性开关位置 |
| 6 | 高度检测值过大或过小 | 调整激光位移传感器安装位置 |

注意：故障及异常并不限于表中所述，应从机械、电气、程序等方面思考故障原因。

【引导问题2】　简述工作站气缸可能发生哪些故障，有哪些处理方法？

_____

_____

_____

### 12.1.2　气缸常见故障分析与排除

气缸故障分析排除见表12-1-3所示。

表12-1-3　气缸故障分析排除表

| 故 障 | 原 因 | 对 应 措 施 |
|---|---|---|
| 输出力不足 | 压力不足 | 检查压力是否正常 |
| | 活塞密封圈破损 | 更换活塞密封圈 |

（续）

| 故　障 | 原　因 | 对 应 措 施 |
|---|---|---|
| 缓冲不良 | 缓冲密封圈破损 | 更换缓冲密封圈 |
| | 缓冲阀松动 | 重新调整后锁定 |
| | 缓冲不通路堵塞 | 去除杂质（固化的润滑油、密封胶带等） |
| | 负荷过大 | 在外部设置缓冲机构 |
| | 速度过快 | 在外部设置缓冲机构或减速回路 |
| 速度慢 | 排气通路太小 | 检查速度控制阀、配管的大小 |
| | 相对于气缸的实际输出，负荷过大 | 提高压力或更换为内径更大的气缸 |
| | 活塞杆弯曲 | 更换活塞杆 |
| 动作不稳定 | 咬合 | 检查安装单元，避免横向负载 |
| | 缸筒生锈、损伤 | 损伤大时更换 |
| | 混入冷凝水、杂质 | 拆卸、清扫、设置过滤器 |
| | 发生爬行 | 速度低于 50mm/s 时要使用液压制动缸或液压转换器 |
| 活塞杆和轴承部位漏气 | 活塞杆密封圈磨损 | 更换活塞杆密封圈 |
| | 活塞杆偏心 | 调整气缸的安装，避免横向负载 |
| | 活塞杆有损伤 | 修补，损伤过大时就更换 |
| | 卡进了杂质 | 去除杂质，安装防尘罩 |
| 活塞杆弯曲损伤 | 气缸的安装不同心 | 再次调整安装，固定型气缸时在活塞前端安装活塞；为旋转、轴销型时，调整安装时使气缸的运动平面和负荷的运动平面一致 |
| | 缓冲不起作用，在行程端有冲击 | 吸收冲量的缓冲容量不足时，在外部设置缓冲装置或在气压回路中设置缓冲机构 |

【引导问题 3】　在产线运行时发现气缸动作到位后磁性开关不亮，分析一下故障原因？该采取什么措施排除故障？

_____

_____

_____

_____

## 12.1.3　磁性开关故障分析排除（见表 12-1-4）

表 12-1-4　磁性开关故障分析排除表

| 故　障 | 原　因 | 措　施 |
|---|---|---|
| 磁性开关等不亮 | 磁性开关安装位置不对 | 调整磁性开关的限位，气缸在不同的限位位置时，拖拽磁性开关使其亮起固定即可 |
| | 导线损坏 | 更换导线 |
| 磁性开关灯亮起时气缸不动作 | 气缸压力不够 | 检查气缸压力是否充足、进气阀开度是否正常 |
| | 电磁阀与 PLC 连接出现故障 | 检查导线连接与变量表是否正确 |

【引导问题 4】　在旋转工作站中，发现转盘不动，该转盘由步进电动机驱动，阅读和查阅文献资料，简述分析该故障可能产生的原因？

_____

_____

_____

_____

## 12.1.4 步进电动机常见故障与排除（见表 12-1-5）

表 12-1-5  步进电动机常见故障分析排除表

| 故 障 | 原 因 | 对 应 措 施 |
|---|---|---|
| 电动机不转 | 电源灯不亮 | 正常范围供电 |
| | 驱动器报警 | 排除故障后，重新上电 |
| | 使能信号为低 | 此信号拉高或不接 |
| | 控制信号问题 | 1. 检查控制信号的幅值和宽度是否满足要求<br>2. 电动机高速起动，控制器信号需做加减速处理<br>3. 输出信号不同选择不同的接线方式（NPN 选择共阳，PNP 选择供阴） |
| 电动机转向错误 | 电动机接线错误 | 任意交换电动机同一相的两根线（例如 A+、A−交换接线位置） |
| | 电动机线有断路 | 检查并接对 |
| 报警指示灯亮 | 电动机线接错 | 检查接线 |
| | 电压过高或温度过热 | 检查电源电压；放置待温度下降再使用 |
| | 电动机或驱动损坏 | 更换电动机或驱动器 |
| 位置不准 | 信号受干扰 | 1. 排除干扰<br>2. 做屏蔽线处理 |
| | 屏蔽地未接或未接好 | 可靠接地 |
| | 细分错误 | 设对细分 |
| | 控制信号问题 | 检查控制信号是否满足时序要求 |

【引导问题 5】 在方向调整工作站中，发现气爪抓住物料后无法上行，试分析该故障可能产生的原因？

_____

_____

_____

_____

## 12.1.5 气爪常见故障分析与排除（见表 12-1-6）

表 12-1-6  常见故障分析排除表

| 常见异常情况 | 实 物 图 | 处理方法 | 实 物 图 |
|---|---|---|---|
| 气爪无法与物料对准 | | 按下急停键，关闭气阀，使用六角扳手调整气爪支架位置，如右图 | |

(续)

| 常见异常情况 | 实 物 图 | 处理方法 | 实 物 图 |
|---|---|---|---|
| 气爪抓住物料后无法上行 |  | 按下急停键,关闭气阀,使用一字螺丝刀调整气爪夹紧时的传感器,使其亮起,如右图 |  |
| 气爪放下物料后无法上行 |  | 按下急停键,关闭气阀,使用六角扳手调整气爪夹取物料深浅程度,如右图 |  |
| 气爪无法与第二站放料台对准 |  | 按下急停键,关闭气阀,使用六角扳手调整气爪前后位置,如右图 | 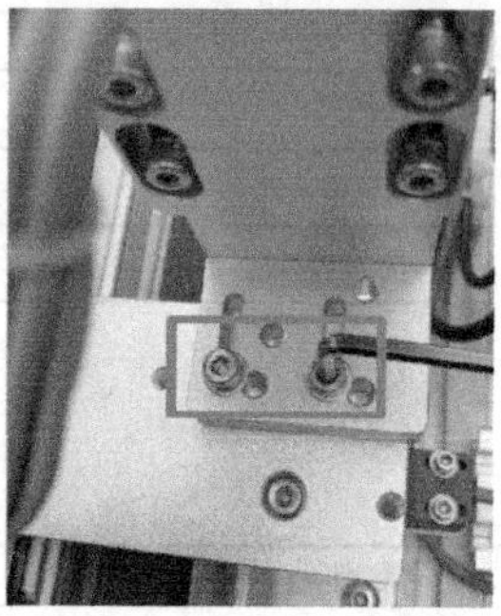 |
| 气阀漏气 | 工作现场能明显听到漏气声 | 右手指按住玻璃气管下方几秒后松开即可,如果还出现漏气,检查气管上方生料带是否损坏,及时更换,如右图 |  |

【引导问题6】 在智能产线中组态 HMI 设备时,发现在博途中无法搜索到 HMI 设备,试分析该故障可能产生的原因?

## 12.1.6　HMI 设备常见故障分析排除（见表 12-1-7）

表 12-1-7　常见故障分析排除表

| 序号 | 常见问题 | 解决方法 |
|---|---|---|
| 1 | 博途下载无法搜索到 HMI 设备 | 1)检查以太网连接是否可靠<br>2)查看 HMI 的 IP 地址与 PC 网卡是否在同一网段 |
| 2 | 可以搜索到 HMI,无法下载 | 1)检查 HMI 中"传输设置"中起动传输是否为 ON<br>2)传输模式是否开启 |
| 3 | 未组态"退出"按钮,无法退出"start"模式 | 关闭 HMI 电源,重新上电 |

【技能训练 2】　在智能产线运行过程中出现过什么故障，分析故障原因，并排除故障，填入到表 12-1-8 智能产线故障分析排除表中。

表 12-1-8　智能产线常见故障分析排除表

| 序号 | 故障位置 | 故障描述 | 原　因 | 解决方法 |
|---|---|---|---|---|
| 1 | | | | |
| 2 | | | | |
| 3 | | | | |
| 4 | | | | |
| 5 | | | | |
| 6 | | | | |

【技能训练 3】　排除智能产线故障并恢复正常运行。

### 任务评价与反馈

教师对学生工作过程与任务结果进行评价，并将评价结果填入表 12-1-9 中。

表 12-1-9　任务综合评价表

班级：　　　　　姓名：　　　　　学号：

| 任务名称 | | | | |
|---|---|---|---|---|
| 评价项目 | | 等　级 | 分值 | 得分 |
| 考勤(10%) | | 无无故旷课、迟到、早退现象 | 10 | |
| 工作过程<br>(60%) | 资料收集与学习 | 资料收集齐全完整,能完整学习相关资料并能正确理解知识内容 | 5 | |
| | 引导问题回答 | 能正确回答所有引导问题并能有自己的理解和看法 | 10 | |
| | 任务实施 | 技能训练 1　故障信息表记录和填写 | 10 | |
| | | 技能训练 2　智能产线常见故障分析排除表 | 10 | |
| | | 技能训练 3　排除故障并恢复正常运行 | 10 | |
| | 工作态度 | 态度端正、工作认真、主动 | 5 | |
| | 协调能力 | 与小组成员、同学之间能合作交流,协同工作 | 5 | |
| | 职业素养 | 能做到安全生产,文明操作,保护环境,爱护设备设施 | 5 | |
| 任务成果<br>(30%) | 工作完整 | 能按要求完成所有学习任务 | 10 | |
| | 操作规范 | 能按照设备及实训室要求规范操作 | 10 | |
| | 任务结果 | 知识学习完整、正确理解,按要求完成任务,成果提交完整 | 10 | |
| 合计 | | | 100 | |

## 任务小结

总结本任务学习过程中的收获、体会及存在的问题，并记录到下面空白处。

_____

_____

_____

_____

任务 12.2
PLC 在线
诊断基础

## 任务 12.2　PLC 在线诊断

## 任务工单

| 任务名称 | | | | 姓名 | |
|---|---|---|---|---|---|
| 班级 | | 组号 | | 成绩 | |
| 工作任务 | ◆ 阅读资讯内容，根据引导问题，学习相关知识点，完成引导问题<br>◆ 使用西门子 TIA Portal 在线诊断工具对生产线上的故障现象进行分析、查找及排除 | | | | |
| 任务目标 | 知识目标<br>• 了解西门子 TIA 博途软件故障查找及排除的工具<br>• 掌握西门子 PLC 硬件模块诊断与程序模块诊断<br>能力目标<br>• 能熟练使用编程软件读取故障信息<br>• 能熟练使用西门子 TIA 博途在线诊断工具对生产线上的故障现象进行分析、查找及排除<br>素质目标<br>• 良好的协调沟通能力、团队合作及敬业精神<br>• 良好的职业素养，遵守实践操作中的安全要求和规范操作注意事项<br>• 勤于思考、善于探索的良好学习作风<br>• 勤于查阅资料、善于自学、善于归纳分析 | | | | |
| 任务准备 | 软硬件环境准备<br>• 计算机 1 台，作为工程组态站<br>• TIA 博途软件平台里的 SIMATIC STEP 7 软件—V14 SP1 及以上版本<br>技术资料准备<br>• 智能自动化工厂综合实训平台各工作站的技术资料，包括工艺概览、组件列表、输入输出列表、电气原理图 | | | | |
| 任务分配 | 职务 | 姓名 | | 工作内容 | |
| | 组长 | | | | |
| | 组员 | | | | |
| | 组员 | | | | |

**任务资讯与实施**

【技能训练 1】 针对练习项目，对照以表 12-2-1 清单完成 PLC 在线诊断的相关操作练习。

表 12-2-1 示例项目检查清单

| 编号 | 说 明 | 已 达 成 |
|---|---|---|
| 1 | 示例项目已成功恢复 | |
| 2 | 示例项目中的 CPU 1214C 已成功加载 | |
| 3 | CPU 1214C 已在线连接 | |
| 4 | 用在线和诊断检查 CPU 1214C 的状态 | |
| 5 | CPU 1214C 中的模块的离线/在线比较已进行 | |
| 6 | "观察表_1" 已创建 | |
| 7 | 在工作站中选择 3~5 个变量(须包含输入点和输出点),填写到观察表中进行监控 | |
| 8 | 选择一个输出点,通过控制观察表中的输出端接通,观察相应的动作 | |
| 9 | 通过控制观察表中的输出端关闭,观察相应的动作 | |
| 10 | 新建并打开强制表 | |
| 11 | 选取一个变量按照约定的语法输入到强制表中 | |
| 12 | 通过在强制表中强制输出端接通,观察相应的动作 | |
| 13 | 重新关闭输出端的强制 | |

【引导问题 1】 PLC PROFINET I/O 系统常见诊断方法有通过 LED 状态诊断,(　　　　),在 OB8x 中诊断,(　　　　　),WEB 诊断等。

## 12.2.1 PLC 在线诊断基础

### 1. PLC PROFINET I/O 系统常见诊断方法

PROFINET I/O 系统常见诊断方法有:通过 LED 状态诊断、通过 STEP 7 硬件在线诊断、在 OB8x 中诊断、SFC51 读取系统状态列表、WEB 诊断等,以通过 STEP7 硬件在线诊断和 WEB 诊断为例,如图 12-2-1 所示为 STEP7 硬件在线诊断示意图,在诊断缓冲区中可以看到诊断信息。

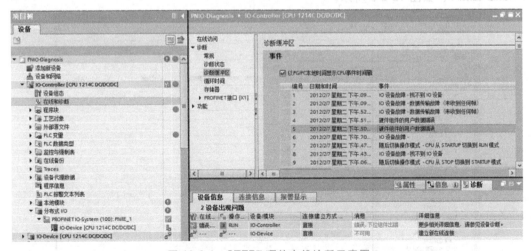

图 12-2-1 STEP7 硬件在线诊断示意图

在浏览器中输入控制器的 IP 地址,可以在 PLC 的 WEB 界面看到诊断信息,如图 12-2-2 所示。

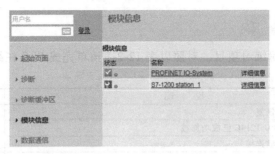

图 12-2-2　PLC WEB 诊断

### 2. 在线/离线比较

项目导航中的诊断符号用于表示比较状态，它可显示项目结构在线/离线比较的结果。符号含义见表 12-2-2 所示。

表 12-2-2　在线/离线比较符号含义

| 符　　号 | 含　　义 |
| --- | --- |
| ❗ | 文件夹含有其在线和离线版本不同的对象（只在项目导航中） |
| ◑ | 对象的在线和离线版本不同 |
| ◖ | 对象只存在于在线 |
| ◗ | 对象只存在于离线 |
| ● | 对象的在线和离线版本相同 |

### 3. 观察和控制变量

观察表可对变量进行观察和控制。在项目航导中双击"添加新的监控与强制表"（Add new watch table），如图 12-2-3 所示。

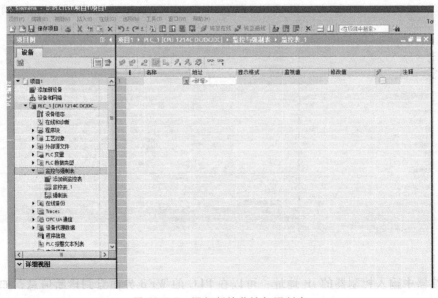

图 12-2-3　添加新的监控与强制表

双击"添加新监控表",如图 12-2-4 所示,可以将单个变量记录到表格中,或者在变量表中选择要观察的变量并从详细视图中将其拖至观察表中。

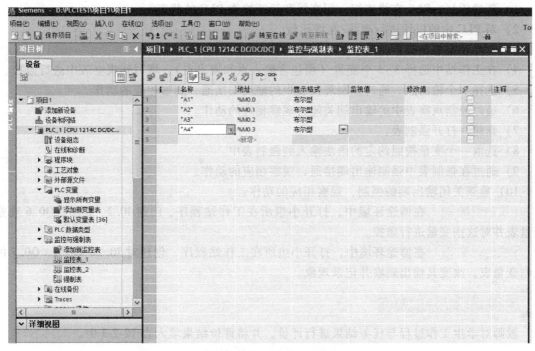

图 12-2-4 添加新监控表

借助"Force"(强制)函数,可为变量分配永久值。指定强制值的方式类似于监控变量,但更改可以在 CPU 关闭或停止后双击"强制表"。双击"强制表",如图 12-2-5 所示,将复制的操作变量添加到强制表中。在强制状态下,可通过直接访问 I/O 输入操作数。

图 12-2-5 添加强制表

### 12.2.2　PLC 在线诊断步骤

1）新建项目，PLC 在线连接，用在线和诊断检查 PLC 的状态。

2）对 PLC 中的模块进行离线/在线比较。

3）创建观察变量表。

4）在工作站中选择 3~5 个变量（须包含输入点和输出点），填写到观察表中进行监控。

5）选择一个输出点，通过控制观察表中的输出端接通，观察相应的动作。。

6）通过控制观察表中的输出端关闭，观察相应的动作。

7）新建并打开强制表。

8）选取一个变量按照约定的语法输入到强制表中。

9）通过在强制表中强制输出端接通，观察相应的动作。

10）重新关闭输出端的强制，观察相应的动作。

【技能训练 2】　在博途环境中，打开小组所在工作站程序，创建 I0.2、I0.3、Q0.6 观察变量表并对这些变量进行监控。

【技能训练 3】　在博途环境中，打开小组所在工作站程序，创建对 I0.2、Q0.6、Q0.7 的强制变量表，改变其输出观察并记录现象。

## 任务评价与反馈

教师对学生工作过程与任务结果进行评价，并将评价结果填入表 12-2-3 中。

表 12-2-3　任务综合评价表

| 班级：　　　　姓名：　　　　学号： | | | | |
|---|---|---|---|---|
| 任务名称 | | | | |
| 评价项目 | | 等　　级 | 分值 | 得分 |
| 考勤(10%) | | 无无故旷课、迟到、早退现象 | 10 | |
| 工作过程<br>(60%) | 资料收集与学习 | 资料收集齐全完整,能完整学习相关资料并能正确理解知识内容 | 5 | |
| | 引导问题回答 | 能正确回答所有引导问题并能有自己的理解和看法 | 10 | |
| | 任务实施 | 技能训练 1　PLC 在线诊断的相关操作练习 | 15 | |
| | | 技能训练 2　创建观察变量表并会对变量进行监控 | 5 | |
| | | 技能训练 3　会新建并打开强制表,并能改变输出和观察记录现象 | 5 | |
| | 工作态度 | 态度端正、工作认真、主动 | 5 | |
| | 协调能力 | 与小组成员、同学之间能合作交流,协同工作 | 5 | |
| | 职业素养 | 能做到安全生产,文明操作,保护环境,爱护设备设施 | 10 | |
| 任务成果<br>(30%) | 工作完整 | 能按要求完成所有学习任务 | 10 | |
| | 操作规范 | 能按照设备及实训室要求规范操作 | 5 | |
| | 任务结果 | 知识学习完整、正确理解,图纸识读和绘制正确,成果提交完整 | 15 | |
| 合计 | | | 100 | |

## 任务小结

总结本任务学习过程中的收获、体会及存在的问题，并记录到下面空白处。

_____

_____

_____

_____

# 附　录

## 附录 A　IFAE 智能产线各工作站 I/O 地址分配表

IFAE 智能产线各工作站 I/O 地址分配表见表 A-1~表 A-6。

表 A-1　主件供料工作站 I/O 地址分配表

| PLC 地址 | 端子符号 | 功能说明 | 状态 | |
|---|---|---|---|---|
| | | | 0 | 1 |
| I0.0 | S1 | 自动/手动 | 手动(断开) | 自动(接通) |
| I0.1 | S2 | 起动 | 断开 | 接通 |
| I0.2 | S3 | 停止 | 接通 | 断开 |
| I0.3 | S4 | 急停 | 接通 | 断开 |
| I0.4 | B1 | 搬运初始位 | 未到位(灭) | 到位(亮) |
| I0.5 | B2 | 搬运右侧位 | 未到位(灭) | 到位(亮) |
| I0.6 | B3 | 上料点有料 | 无料(灭) | 有料(亮) |
| I0.7 | 1B2 | 升降气缸抬起 | 抬起未到位(灭) | 抬起到位(亮) |
| I1.0 | 1B1 | 升降气缸落下 | 落下未到位(灭) | 落下到位(亮) |
| I1.1 | 2B2 | 气爪松开 | 松开未到位(灭) | 松开到位(亮) |
| I1.2 | 2B1 | 气爪夹紧 | 夹紧未到位(灭) | 夹紧到位(亮) |
| I1.3 | S1 | 复位 | 断开 | 接通 |
| I1.4 | S5 | HMI 起动 | 断开 | 接通 |
| I1.5 | S6 | HMI 急停 | 接通 | 断开 |
| Q0.0 | L1 | 起动按钮指示灯 | 灭 | 亮 |
| Q0.1 | K1 | 搬运电动机使能 | 运动 | 停止 |
| Q0.2 | K2 | 搬运电动机方向 | 向左 | 向右 |
| Q0.3 | 1Y | 升降气缸落下线圈 | 抬起 | 落下 |
| Q0.4 | 2Y1 | 气爪松开线圈 | — | 松开 |
| Q0.5 | 2Y2 | 气爪夹紧线圈 | — | 夹紧 |
| Q0.6 | K3 | 上料电动机使能 | 运动 | 停止 |

说明:I/O 地址不是绝对的,需要根据实际硬件组态的地址空间而定

表 A-2　次品分拣工作站 I/O 地址分配表

| PLC 地址 | 端子符号 | 功能说明 | 状态 | |
|---|---|---|---|---|
| | | | 0 | 1 |
| I0.0 | S1 | 自动/手动 | 手动(断开) | 自动(接通) |
| I0.1 | S2 | 起动 | 断开 | 接通 |

（续）

| PLC 地址 | 端子符号 | 功能说明 | 状态 | |
|---|---|---|---|---|
| | | | 0 | 1 |
| I0.2 | S3 | 停止 | 接通 | 断开 |
| I0.3 | S4 | 急停 | 接通 | 断开 |
| I0.4 | B1 | 搬运初始位 | 未到位（灭） | 到位（亮） |
| I0.5 | B2 | 搬运右侧位 | 未到位（灭） | 到位（亮） |
| I0.6 | B3 | 上料点有料 | 无料（灭） | 有料（亮） |
| I0.7 | B4 | 高度检测点有料 | 无料（灭） | 有料（亮） |
| I1.0 | 1B1 | 排料气缸缩回 | 缩回未到位 | 缩回到位 |
| I1.1 | 1B2 | 排料气缸伸出 | 伸出未到位 | 伸出到位 |
| I1.2 | 2B2 | 升降气缸抬起 | 抬起未到位 | 抬起到位 |
| I1.3 | 2B1 | 升降气缸落下 | 落下未到位 | 落下到位 |
| I1.4 | 3B1 | 推料气缸缩回 | 缩回未到位 | 缩回到位 |
| I1.5 | 3B2 | 推料气缸伸出 | 伸出未到位 | 伸出到位 |
| I2.0 | S1 | 复位 | 断开 | 接通 |
| AI.0 | B5 | 红外测距物料高度 | 模拟量:0-13824 | |
| Q0.0 | L1 | 起动按钮指示灯/三色灯绿灯 | 灭 | 亮 |
| Q0.1 | K1 | 搬运电动机使能 | 运动 | 停止 |
| Q0.2 | K2 | 搬运电动机方向 | 向左 | 向右 |
| Q0.3 | 1Y | 排料气缸伸出线圈 | 缩回 | 伸出 |
| Q0.4 | 2Y | 升降气缸落下线圈 | 抬起 | 落下 |
| Q0.5 | 3Y1 | 推料伸出线圈 | / | 伸出 |
| Q0.6 | 3Y2 | 推料缩回线圈 | / | 缩回 |
| Q0.7 | L2 | 三色灯黄灯 | 灭 | 亮 |
| Q1.0 | L3 | 三色灯红灯 | 灭 | 亮 |
| Q1.1 | H1 | 三色灯蜂鸣器 | 不响 | 响 |

说明:I/O 地址不是绝对的,需要根据实际硬件组态的地址空间而定

表 A-3 旋转工作站 I/O 地址分配表

| PLC 地址 | 端子符号 | 功能说明 | 状态 | |
|---|---|---|---|---|
| | | | 0 | 1 |
| I0.0 | S1 | 自动/手动 | 手动（断开） | 自动（接通） |
| I0.1 | S2 | 起动 | 断开 | 接通 |
| I0.2 | S3 | 停止 | 接通 | 断开 |
| I0.3 | S4 | 急停 | 接通 | 断开 |
| I0.4 | B1 | 上料点有料 | 无料（灭） | 有料（亮） |
| I0.5 | B2 | 方向检测点有料 | 无料（灭） | 有料（亮） |
| I0.6 | B3 | 方向旋转点有料 | 无料（灭） | 有料（亮） |
| I0.7 | B4 | 对射光纤 | 无料（灭） | 有料（亮） |
| I1.0 | 1B2 | 升降气缸抬起 | 抬起未到位（灭） | 抬起到位（亮） |
| I1.1 | 1B1 | 升降气缸落下 | 落下到位（灭） | 落下到位（亮） |
| I1.2 | 2B2 | 旋转气缸原位 | 原点未到位（灭） | 原点到位（亮） |
| I1.3 | 2B1 | 旋转气缸旋转位 | 落下到位（灭） | 落下到位（亮） |
| I1.4 | 4B2 | 气爪松开 | 松开未到位（灭） | 松开到位（亮） |
| I1.5 | S1 | 复位 | 断开 | 接通 |
| I2.0 | 4B1 | 气爪夹紧 | 夹紧未到位（灭） | 夹紧到位（亮） |
| I2.1 | 3B1 | 推料气缸缩回 | 缩回未到位（灭） | 缩回到位（亮） |
| I2.2 | 3B2 | 推料气缸伸出 | 伸出未到位（灭） | 伸出到位（亮） |
| I2.3 | B5 | 旋转工作台原点 | 原点未到位（灭） | 原点到位（亮） |
| Q0.0 | L1 | 起动按钮指示灯 | 灭 | 亮 |

（续）

| PLC 地址 | 端子符号 | 功能说明 | 状态 | |
|---|---|---|---|---|
| | | | 0 | 1 |
| Q0.1 | N1 | 步进电动机脉冲 | 停止 | 运动 |
| Q0.2 | 1Y | 升降气缸落下线圈 | 抬起 | 落下 |
| Q0.3 | 2Y | 旋转气缸旋转线圈 | 原点 | 旋转 |
| Q0.4 | 3Y | 推料气缸伸出线圈 | 缩回 | 伸出 |
| Q0.5 | 4Y1 | 气爪松开线圈 | — | 松开 |
| Q0.6 | 4Y2 | 气爪夹紧线圈 | — | 夹紧 |
| Q0.7 | D1 | 步进电动机方向 | 逆时针旋转 | 顺时针旋转 |
| 说明：I/O 地址不是绝对的，需要根据实际硬件组态的地址空间而定 | | | | |

表 A-4　方向调整工作站 I/O 地址分配表

| PLC 地址 | 端子符号 | 功能说明 | 状态 | |
|---|---|---|---|---|
| | | | 0 | 1 |
| I0.0 | S1 | 自动/手动 | 手动（断开） | 自动（接通） |
| I0.1 | S2 | 起动 | 断开 | 接通 |
| I0.2 | S3 | 停止 | 接通 | 断开 |
| I0.3 | S4 | 急停 | 接通 | 断开 |
| I0.4 | B1 | 上料点有料 | 无料（灭） | 有料（亮） |
| I0.5 | B2 | 金属检测 | 无金属（灭） | 有金属（亮） |
| I0.6 | B3 | 方向旋转点有料 | 无料（灭） | 有料（亮） |
| I0.7 | B4 | 出料点有料 | 无料（灭） | 有料（亮） |
| I1.0 | 1B2 | 1#升降气缸抬起 | 抬起未到（灭） | 抬起到位（亮） |
| I1.1 | 1B1 | 1#升降气缸落下 | 落下未到位（灭） | 落下到位（亮） |
| I1.2 | 2B2 | 旋转气缸原位 | 原点未到位（灭） | 原点到位（亮） |
| I1.3 | 2B1 | 旋转气缸旋转位 | 落下未到位（灭） | 落下到位（亮） |
| I1.4 | 5B1 | 气爪夹紧 | 夹紧未到位（灭） | 夹紧到位（亮） |
| I1.5 | 5B2 | 气爪松开 | 松开未到位（灭） | 松开到位（亮） |
| I2.0 | 4B1 | 推料气缸缩回 | 缩回未到位（灭） | 缩回到位（亮） |
| I2.1 | 4B2 | 推料气缸伸出 | 伸出未到位（灭） | 伸出到位（亮） |
| I2.2 | S1 | 复位 | 断开 | 接通 |
| I2.3 | 3B1 | 2#升降气缸落下 | 落下未到位（灭） | 落下到位（亮） |
| Q0.0 | L1 | 起动按钮指示灯 | 灭 | 亮 |
| Q0.1 | K1 | 搬运电动机使能 | 停止 | 运动 |
| Q0.2 | 1Y | 1#升降气缸线圈 | 抬起 | 落下 |
| Q0.3 | 2Y | 旋转气缸旋转线圈 | 原点 | 旋转 |
| Q0.4 | 3Y | 2#升降气缸线圈 | 抬起 | 落下 |
| Q0.5 | 4Y | 推料气缸线圈 | 缩回 | 伸出 |
| Q0.6 | 5Y1 | 气爪松开线圈 | — | 松开 |
| Q0.7 | 5Y2 | 气爪夹紧线圈 | — | 夹紧 |
| 说明：I/O 地址不是绝对的，需要根据实际硬件组态的地址空间而定 | | | | |

表 A-5　产品组装工作站 I/O 地址分配表

| PLC 地址 | 端子符号 | 功能说明 | 状态 | |
|---|---|---|---|---|
| | | | 0 | 1 |
| I0.0 | S1 | 自动/手动 | 手动（断开） | 自动（接通） |
| I0.1 | S2 | 起动 | 断开 | 接通 |
| I0.2 | S3 | 停止 | 接通 | 断开 |
| I0.3 | S4 | 急停 | 接通 | 断开 |
| I0.4 | B1 | 上料点有料 | 无料（灭） | 有料（亮） |
| I0.5 | 1B1 | 按钮头供料气缸缩回 | 缩回未到位（灭） | 缩回到位（亮） |

（续）

| PLC 地址 | 端子符号 | 功能说明 | 状态 | |
|---|---|---|---|---|
| | | | 0 | 1 |
| I0.6 | 1B2 | 按钮头供料气缸伸出 | 伸出未到位（灭） | 伸出到位（亮） |
| I0.7 | 2B1 | 定位气缸缩回 | 缩回未到位（灭） | 缩回到位（亮） |
| I1.0 | 2B2 | 定位气缸伸出 | 伸出未到位（灭） | 伸出到位（亮） |
| I1.1 | 3B2 | 螺栓供料气缸伸出 | 伸出未到位（灭） | 伸出到位（亮） |
| I1.2 | 3B1 | 螺栓供料气缸缩回 | 缩回未到位（灭） | 缩回到位（亮） |
| I1.3 | 5B1 | 螺栓推出气缸缩回 | 缩回未到位（灭） | 缩回到位（亮） |
| I1.4 | 5B2 | 螺栓推出气缸伸出 | 伸出未到位（灭） | 伸出到位（亮） |
| I1.5 | S1 | 复位 | 断开 | 接通 |
| I2.0 | 4B1 | 无杆气缸缩回 | 缩回未到位（灭） | 缩回到位（亮） |
| I2.1 | 4B2 | 无杆气缸伸出 | 伸出未到位（灭） | 伸出到位（亮） |
| Q0.0 | L1 | 起动按钮指示灯 | 灭 | 亮 |
| Q0.1 | N1 | 拧螺栓步进电动机脉冲 | 停止 | 运动 |
| Q0.2 | 1Y | 按钮头供料气缸线圈 | 缩回 | 伸出 |
| Q0.3 | 2Y | 定位气缸线圈 | 缩回 | 伸出 |
| Q0.4 | 3Y | 螺栓供料气缸线圈 | 缩回 | 伸出 |
| Q0.5 | 5Y1 | 螺栓推出气缸伸出线圈 | — | 伸出 |
| Q0.6 | 5Y2 | 螺栓推出气缸缩回线圈 | — | 缩回 |
| Q0.7 | 4Y | 无杆气缸线圈 | 缩回 | 伸出 |

说明：I/O 地址不是绝对的，需要根据实际硬件组态的地址空间而定

表 A-6　产品分拣工作站 I/O 地址分配表

| PLC 地址 | 端子符号 | 功能说明 | 状态 | |
|---|---|---|---|---|
| | | | 0 | 1 |
| I0.0 | S1 | 自动/手动 | 手动（断开） | 自动（接通） |
| I0.1 | S2 | 起动 | 断开 | 接通 |
| I0.2 | S3 | 停止 | 接通 | 断开 |
| I0.3 | S4 | 急停 | 接通 | 断开 |
| I0.4 | B1 | 提升机原点 | 原点未到位（灭） | 原点到位（亮） |
| I0.5 | | 占位 | | |
| I0.6 | | 占位 | | |
| I0.7 | B2 | 搬运初始位 | 初始位未到达（灭） | 初始位到达（亮） |
| I1.0 | B3 | 搬运 1#通道位 | 1#通道位未到达（灭） | 1#通道位到达（亮） |
| I1.1 | B4 | 搬运 2#通道位 | 2#通道位未到达（灭） | 2#通道位到达（亮） |
| I1.2 | B5 | 颜色检测 | 白色（灭） | 红色（亮） |
| I1.3 | 1B2 | 气爪松开 | 松开未到位（灭） | 松开到位（亮） |
| I1.4 | 1B1 | 气爪夹紧 | 夹紧未到位（灭） | 夹紧到位（亮） |
| I1.5 | S1 | 复位 | 断开 | 接通 |
| Q0.0 | L1 | 起动按钮指示灯 | 灭 | 亮 |
| Q0.1 | P1 | 提升电动机脉冲 | 停止 | 运动 |
| Q0.2 | D1 | 提升电动机方向 | 逆时针 | 顺时针 |
| Q0.3 | K1 | 搬运电动机使能 | 停止 | 运动 |
| Q0.4 | K2 | 搬运电动机方向 | 向左 | 向右 |
| Q0.5 | 1Y1 | 气爪松开线圈 | — | 松开 |
| Q0.6 | 1Y2 | 气爪夹紧线圈 | — | 夹紧 |

说明：I/O 地址不是绝对的，需要根据实际硬件组态的地址空间而定